Faserforschung und Textiltechnik

WISSENSCHAFTLICH-TECHNISCHE ZEITSCHRIFT
FÜR DIE CHEMIEFASER- UND TEXTILINDUSTRIE

BEGRÜNDET VON
ERICH CORRENS UND WALTER FRENZEL

HERAUSGEGEBEN VON E. CORRENS —
W. BOBETH — H. BÖHRINGER — H. KLARE —
B. PHILIPP — CH. RUSCHER

SCHRIFTLEITER J. BRÄMER UND I. RUSCHER

23. Jahrgang 1972

AKADEMIE-VERLAG BERLIN

Die Zeitschrift „Faserforschung und Textiltechnik“ erscheint monatlich in Heften zu 48 Textseiten im Format A 4. Der Preis für das Einzelheft beträgt M 15,– (Sonderpreis für DDR M 9,–), für den Vierteljahrbezug M 45,– (Sonderpreis für DDR M 27,–), zuzügl. Bestellgeld. Die Berechnung erfolgt zu Beginn eines Vierteljahrs für 3 Hefte. Bestellungen aus dem Gebiet der Deutschen Demokratischen Republik an ein Postamt, eine Buchhandlung oder den Verlag, aus der Deutschen Bundesrepublik an eine Buchhandlung oder die Auslieferungsstelle Kunst und Wissen, Erich Bieber, 7 Stuttgart 1, Wilhelmstraße 4–6, aus dem Ausland an eine Importbuchhandlung, den Deutschen Buch-Export und -Import GmbH., 701 Leipzig, Postschließfach 276, oder den Akademie-Verlag GmbH., 108 Berlin, Leipziger Str. 3–4 (Fernruf: 220441; Telex-Nr. 0112020; Postscheckkonto 35021) erbeten. Bestellnummer dieses Bandes: 1014/23. Alleinige Anzeigenannahme DEWAG-WERBUNG, 1054 Berlin, Wilhelm-Pieck-Str. 49 und alle DEWAG-Betriebe in den Bezirksstädten der DDR. – Bestellungen in der UdSSR nehmen entgegen: Städtische Abteilungen von „SOJUZPECHATJ“ bzw. Postämter und Postkontore.

Herausgeber und verantwortlich für den Inhalt: Prof. Dr. Dr. Erich Correns, Institut für Polymerenchemie der Akademie der Wissenschaften der DDR, 153 Teltow-Seehof, Fernruf: Teltow 4831; Prof. Dr.-Ing. habil. Wolfgang Bobeth, Institut für Technologie der Fasern der Akademie der Wissenschaften der DDR, 801 Dresden, Hohe Str. 6, Fernruf: 44721; Prof. Dr.-Ing. Hans Böhringer, 682 Rudolstadt; Prof. Dr. Hermann Klare, Prof. Dr. habil. Burkart Philipp und Dr. habil. Christian Ruscher, Institut für Polymerenchemie der Akademie der Wissenschaften der DDR, 153 Teltow-Seehof, Fernruf: Teltow 4831. Schriftleiter: Joachim Brämer und Dipl.-Chem. Ingeborg Ruscher, 153 Teltow-Seehof, Kantstr. 55. Verlag: Akademie-Verlag GmbH., 108 Berlin, Leipziger Str. 3–4. Satz und Druck: Druckhaus „Maxim Gorki“, 74 Altenburg. – Veröffentlicht unter der Lizenznummer 1280 des Presseamtes beim Vorsitzenden des Ministerrates der Deutschen Demokratischen Republik.

Inhaltsverzeichnis Jahrgang 23

Heft 1: Seiten 1 bis 54
Heft 2: Seiten 55 bis 96
Heft 3: Seiten 97 bis 140
Heft 4: Seiten 141 bis 186
Heft 5: Seiten 187 bis 234
Heft 6: Seiten 235 bis 276
Heft 7: Seiten 277 bis 318
Heft 8: Seiten 319 bis 358
Heft 9: Seiten 359 bis 414
Heft 10: Seiten 415 bis 456
Heft 11: Seiten 457 bis 500
Heft 12: Seiten 501 bis 544

Verfasserverzeichnis

(KM) = Kurze Mitteilungen

Abd El-Megeid, F. F., und *Abou-State, M. A.*: Die Wirkung einiger chemischer Behandlungen auf die Eigenschaften gereinigter ägyptischer Baumwollabfallfasern . . . 435

Abou-State, M. A., und *Abd El-Megeid, F. F.*: Die Wirkung einiger chemischer Behandlungen auf die Eigenschaften gereinigter ägyptischer Baumwollabfallfasern 435

Ahlers, K.-D., *Berger, W.*, *Otto, C.*, und *Kuprat, D.*: Beiträge zu Problemen der Prüfung der Thermostabilisierung von Polyamid 6. . . 512

Angelowa, A., *Woinowa, S.*, *Dimitrow, D.*, *Stanew, S.*, und *Mintschewa, W.*: Stabilitätserhöhung des Polyäthylenterephthalats durch stabilisierende Zusätze aus Phosphorigsäureestern 205

Auerbach, D.: Prüfung von Kurzfasern für das elektrostatische Beflocken 220

Bartsch, D., und *Paul, D.*: Bestimmung von Hohlräumen in Fasern durch Quecksilberporosimetrie . . 187

—, und *Paul, D.*: Zinknachweis in Cellulosegeneratfäden durch elektronenmikroskopische Autoradiographie 523

Baudisch, J., *Hampe, H.*, und *Philipp, B.*: Vergleichende Untersuchungen zum Quell- und Löseverlauf von Cellulosefasern in verschiedenen Medien. Teil I. Übersicht über die experimentellen Ergebnisse 425

Becker, D., *Zimmermann, H.*, und *Kolbig, Ch.*: Die Bestimmung von unlöslichen bzw. unschmelzbaren Partikeln in Polyäthylenterephthalat nach dem Coulter-Prinzip . . 478

Berger, W., *Hartig, S.*, und *Peters, W.*: Polyvinylalkohol enthaltende Polyacrylnitrilfaserstoffe (KM) . . 447

—, und *Ewert, K.-H.*: Über das polarographische Verhalten einiger Derivate der Terephthal- und Isophthalsäure. 1. Mitt.: Die Reduktion der Hydrazide an der Quecksilbertropfelektrode 507

—, *Otto, C.*, *Ahlers, K.-D.*, und *Kuprat, D.*: Beiträge zu Problemen der Prüfung der Thermostabilisierung von Polyamid 6 512

Beršev, E. N., und *Kirillov, V. V.*: Orientierung der Fasern in einem elektrostatischen Feld. Teil 1. Orientierung zu einer vorgegebenen Fläche. Teil 2. Bestimmen des statistischen minimalen Orientierungswinkels 97, 160

Beyreuther, R.: Untersuchung des pneumatischen Freistrahlprinzips zur Messung bzw. Regelung der Feinheit von Chemieseiden im technologischen Prozeß 457

Blažej, A., *Sutá, Št.*, *Markušovská, E.*, und *Vyskočil, I.*: Einfluß von Wärme auf Polyäthylenterephthalat-Faserstoffe (PÄT) 85

Bobeth, W., *Mally, A.*, und *Kulesa, J.*: Nutzungsmöglichkeiten der Mikroskopie zur Analyse der Beschaffenheit von durch Pfropfpolymerisation modifizierten Viskosefasern. Teil 3. Untersuchungen an mit Divinylbenzol gepfropften Viskosefasern 35

Buschatz, H.: Laborspinnapparatur für Viskosefäden 266

Calugaru, E.-M., *Theil, I.*, und *Feldman, D.*: Zur Fraktionierung von Polykondensaten 123

Čefelin, P., und *Markes, R.*: Die Polykondensation des Bis-(2-hydroxäthyl)-terephthalats in dünnen Schmelzeschichten. 329

Danz, R., und *Dechant, J.*: Ultrarotspektroskopische Untersuchungen an Polymeren bei erhöhten Temperaturen 199

Dautzenberg, Herbert, *Linow, K.-J.*, und *Philipp, B.*: Zur Charakterisierung von Cellulosenitrat und -carbanilat in verdünnter Lösung mittels Lichtstreuung, Sedimentationsmessung und Viskosimetrie . 141

—: Zur Berücksichtigung des Fluoreszenzlichtes bei Streulichtmessungen 519

Dautzenberg, Horst, *Philipp, B.*, und *Schumann, J.*: Zum Einfluß des Luftsauerstoffs auf die Änderung der chemischen Zusammensetzung von Viskosen während des Nachreifeprozesses 192

—, *Schumann, J.*, und *Philipp, B.*: Zur spektralfotometrischen Bestimmung von Xanthogenaten 256

—, *Philipp, B.*, und *Schumann, J.*: Zur potentiometrischen Titration von Trithiocarbonat in Gegenwart anderer sulfidischer Anionen . . . 372

—, *Philipp, B.*, und *Schumann, J.*: Zur Analytik oxydativ entstandener Viskosenebenprodukte 488

Dechant, J., und *Danz, R.*: Ultrarotspektroskopische Untersuchungen an Polymeren bei erhöhten Temperaturen 199

Diačik, I., *Jambrich, M.*, und *Mitterpach, I.*: Beitrag zum Studium von Strukturveränderungen synthetischer Fasern bei Deformation in der Faserlängsrichtung. I. Polyamidfasern (PA-6-Fasern). II. Polypropylenfasern (PP-Fasern). III. Polyesterfasern (PE-Fasern) 28, 70, 115

Dietrich, K., *Tolsdorf, S.*, und *Reinisch, G.*: Zur Schmelzviskosität von Polycaprolactam mit niedrigen Aminoendgruppenkonzentrationen. 325

—, und *Reinisch, G.*: Lösungsviskosimetrische Untersuchungen von Gemischen von Polycaprolactam und Polyäthylenterephthalat in Phenol/Tetrachloräthan (1:1) als Lösungsmittel 366

Dimitrow, D., *Woinowa, S.*, *Stanew, S.*, *Mintschewa, W.*, und *Angelowa, A.*: Stabilitätserhöhung des Polyäthylenterephthalats durch stabilisierende Zusätze aus Phosphorigsäureestern 205

Dinse, H.-D.: Erfahrungen bei der gaschromatographischen Bestimmung von ε-Caprolactam in Polyamid 6 (KM) 304

—, und *Ewert, K.-H.*: Über die Anwendung der Trübungsmessung zur Titandioxidbestimmung in mattierten Polyäthylenterephthalatmaterialien (KM) 349

Dvořák, J., und *Schwertassek, K.*: Über den Nachweis eines enzymatischen Abbaus an Polyesterfasern im lebenden Organismus 66

Ewert, K.-H., und *Dinse, H.-D.*: Über die Anwendung der Trübungsmessung zur Titandioxidbestimmung in mattierten Polyäthylenterephthalatmaterialien (KM) . . . 349

—, und *Berger, W.*: Über das polarographische Verhalten einiger Derivate der Terephthal- und Isophthalsäure. 1. Mitt.: Die Reduktion der Hydrazide an der Quecksilbertropfelektrode 507

Feldman, D., *Theil, I.*, und *Calugaru, E.-M.*: Zur Fraktionierung von Polykondensaten 123

Fichman, V. D., und *Vinogradov, Ju. A.*: Untersuchung der Bildungsdynamik von Fäden beim Naßspinnprozeß 169

Frigge, K.: Bestimmung des Orientierungsgrades von faserbildenden Polymeren mittels Breitlinien-Kernresonanz 164

Geitel, K.-H.: Zur Bestimmung der Bauschigkeit aus den textilphysikalischen Eigenschaften der Fasern und Texturfäden 103

Götze, W., Winkler, F., und *Pietschmann, S.:* Zur Bestimmung des Weißgrades an Prüflingen mit durchbrochenem Muster (KM) . . 347

—, *Winkler, F.*, und *Pietschmann, S.:* Zur Bestimmung des Weißgrades an optisch aufgehelltem Prüfgut (KM) 348

Gohlke, U., und *Reinisch, G.:* Vergleichende Untersuchungen über Verlauf und Mechanismus phosphorsäurekatalysierter Caprolactampolymerisationen. Teil 1. Teil 2 . . 415, 421

Hampe, H., Philipp, B., und *Baudisch, J.:* Vergleichende Untersuchungen zum Quell- und Löseverlauf von Cellulosefasern in verschiedenen Medien. Teil I. Übersicht über die experimentellen Ergebnisse 425

Hannes, E., und *Holy, G.:* Einfluß der Herstellungsbedingungen auf die Lösungsviskosität und die Aminoendgruppenkonzentration von Polyamid 6 208

Hartig, S., Peters, W., und *Berger, W.:* Polyvinylalkohol enthaltende Polyacrylnitrilfaserstoffe (KM) . 447

Heise, M., und *von Hornuff, G.:* Über grenzflächenaktive Eigenschaften von Fettsäurepolyglykolestern unter Berücksichtigung ihrer Anwendung als Präparationsmittel 291

—, und *von Hornuff, G.:* Einfluß des Äthoxylierungsgrades auf die Struktur von Fettsäurepolyglykolestern 298

—, und *von Hornuff, G.:* Beeinflussung der elektrostatischen Aufladung und der Reibung von Polyamidseide durch Fettsäurepolyglykolester 340

Henkel, H., Seyfarth, H. E., Langner, K., Schönherr, F., und *Wiesener, E.:* Untersuchungen über strukturelle Veränderungen beim Recken von Polyesterseide 235

Hirsch, G., von Hornuff, G., und *Schiffner, R.:* Die Lichtechtheit der mit kationischen Farbstoffen gefärbten Polyacrylnitrilfaserstoffe in Abhängigkeit von der Copolymerzusammensetzung und den Erspinnungsbedingungen 212

Hirte, R., und *Teichgräber, M.:* Die übermolekulare Struktur hochpolymerer Verbindungen. Teil VIII.: Ein erweitertes Fourierverfahren zur quantitativen Analyse der röntgenographischen Streukurven von Polycaprolactam als polymeres Mehrphasensystem. Theorie des Mehrphasensystems. Teil IX. Ein erweitertes Fourierverfahren zur quantitativen Analyse der röntgenographischen Streukurven von Polycaproamid als polymeres Mehrphasensystem. Eine erste Anwendung des Verfahrens . . . 21, 359

Holy, G., und *Hannes, E.:* Einfluß der Herstellungsbedingungen auf die Lösungsviskosität und die Aminoendgruppenkonzentration von Polyamid 6 208

von Hornuff, G., Hirsch, G., und *Schiffner, R.:* Die Lichtechtheit der mit kationischen Farbstoffen gefärbten Polyacrylnitrilfaserstoffe in Abhängigkeit von der Copolymerzusammensetzung und den Erspinnungsbedingungen 212

—, und *Heise, M.:* Über grenzflächenaktive Eigenschaften von Fettsäurepolyglykolestern unter Berücksichtigung ihrer Anwendung als Präparationsmittel 291

—, und *Heise, M.:* Einfluß des Äthoxylierungsgrades auf die Struktur von Fettsäurepolyglykolestern. 298

—, und *Heise, M.:* Beeinflussung der elektrostatischen Aufladung und der Reibung von Polyamidseide durch Fettsäurepolyglykolester 340

—, und *Müller, G.:* Beiträge zur thermischen Analyse von Cellulosefaserstoffen 466

Jacobasch, H.-J., Jehring, H., und *Schumann, U.:* Zur Untersuchung der Adsorption kationaktiver Tenside an Faserstoffen mit Hilfe der Wechselstrompolarographie . . . 42

—, und *Wiedemann, G.:* Über physikalisch-chemische Untersuchungen des Oberflächenverhaltens von Glasseiden 261

Jacopian, V., und *Paul, D.:* Morphologische Untersuchungen an Bagasse und ihren Aufschlußprodukten (KM) 446

Jain, K. Ch., und *Perner, H.:* Der Einfluß von Fadenfeinheit und Nähfadenzugkraft auf die Festigkeit von Nähgewirken aus Baumwollfäden 501

Jambrich, M., Diačik, I., und *Mitterpach, I.:* Beitrag zum Studium von Strukturveränderungen synthetischer Fasern bei Deformation in der Faserlängsrichtung. I. Polyamidfasern (PA-6-Fasern). II. Polypropylenfasern (PP-Fasern). III. Polyesterfasern (PE-Fasern) . 28, 70, 115

Jehring, H., Jacobasch, H.-J., und *Schumann, U.:* Zur Untersuchung der Adsorption kationaktiver Tenside an Faserstoffen mit Hilfe der Wechselstrompolarographie . . 42

Kapelle, R., Wulf, K., Philipp, B., und *Mann, G.:* Rheologische Untersuchungen an Spinnlösungen. 6. Mitt.: Zum Barus-Effekt bei konzentrierten Polymerlösungen . . 14

Kaszyński, A., und *Markowska, D.:* Spinnen von Viskosen, die bei verschiedenen Temperaturen nachgereift sind und unterschiedliche Mengen an Nebenprodukten enthalten 482

Kirillov, V. V., und *Beršev, E. N.:* Orientierung der Fasern in einem elektrostatischen Feld. Teil 1. Orientierung zu einer vorgegebenen Fläche. Teil 2. Bestimmen des statistischen minimalen Orientierungswinkels 97, 160

Kolbig, Ch., Zimmermann, H., und *Lehmann, R.:* Zum Verhalten von Experimentalfäden aus Formaldehyd-Copolymerisaten bei Chemikalieneinwirkungen 8

—, *Becker, D.*, und *Zimmermann, H.:* Die Bestimmung von unlöslichen bzw. unschmelzbaren Partikeln in Polyäthylenterephthalat nach dem Coulter-Prinzip . . . 478

Koura, A., Schleicher, H., und *Philipp, B.:* Untersuchungen zur Quellung und Lösung von Cellulose in aminhaltigen Flüssigkeitsgemischen. 2. Mitt.: Untersuchungen zur Löslichkeit von Cellulose in Dimethylsulfoxid/Amin-Gemischen . 128

—, *Linow, K.-J., Philipp, B.*, und *Schleicher, H.:* Untersuchungen zur Quellung und Lösung von Cellulose in aminhaltigen Flüssigkeitsgemischen. 3. Mitt.: Beziehung der Viskosität zur rel. Molekülmasse und Molekülabmessung von Cellulose in aminhaltigen Flüssigkeitsgemischen im Vergleich zu wäßrigen Lösungsmitteln 286

Kučerová, M., und *Slávik, I.:* Versuche zur Veresterung der Carboxylgruppen der Cellulose 157

Kulesa, J., Bobeth, W., und *Mally, A.:* Nutzungsmöglichkeiten der Mikroskopie zur Analyse der Beschaffenheit von durch Pfropfpolymerisation modifizierten Viskosefaserstoffen. Teil 3. Untersuchungen an mit Divinylbenzol gepropften Viskosefasern . . . 35

Kuprat, D., Berger, W., Otto, C., und *Ahlers, K.-D.:* Beiträge zu Problemen der Prüfung der Thermostabilisierung von Polyamid 6 . 512

Langner, K., Seyfarth, H. E., Henkel, H., Schönherr, F., und *Wiesener, E.:* Untersuchungen über strukturelle Veränderungen beim Recken von Polyesterseide 235

Laskowski, I., Philipp, B., und *Schleicher, H.:* Untersuchungen zur Quellung und Lösung von Cellulose in aminhaltigen Flüssigkeitsgemischen. 1. Mitt.: Literaturübersicht und Untersuchungen zum Verhalten von Cellulose in Gemischen von SO_2 und Diäthylamin mit einer organischen Flüssigkeit . 60

Lehmann, R., Zimmermann, H., und *Kolbig, Ch.:* Zum Verhalten von Experimentalfäden aus Formaldehyd-Copolymerisaten bei Chemikalieneinwirkung 8

Linow, K.-J., und *Philipp, B.:* Zur Konzentrationsabhängigkeit der Viskosität höher konzentrierter Polymerlösungen 3

—, *Dautzenberg, Herbert*, und *Philipp, B.:* Zur Charakterisierung von Cellulosenitrat und -carbanilat in verdünnter Lösung mittels Lichtstreuung, Sedimentationsmessung und Viskosimetrie 141

Linow, K.-J., Koura, A., Philipp, B., und *Schleicher, H.*: Untersuchungen zur Quellung und Lösung von Cellulose in aminhaltigen Flüssigkeitsgemischen. 3. Mitt.: Beziehung der Viskosität zur rel. Molekülmasse und Molekülabmessung von Cellulose in aminhaltigen Flüssigkeitsgemischen im Vergleich zu wäßrigen Lösungsmitteln 286

—, *Schleicher, H.*, und *Schubert, K.*: Untersuchungen zur Quellung und Lösung von Cellulose in aminhaltigen Flüssigkeitsgemischen. 4. Mitt.: Zum Verhalten von Cellulose in ammoniak- und salzhaltigen Lösungsmittelsystemen 335

Löbel, W.: Zur Einschätzung der Aufladbarkeit von Textilien bei der Verarbeitung 385

Mally, A., Bobeth, W., und *Kulesa, J.*: Nutzungsmöglichkeiten der Mikroskopie zur Analyse der Beschaffenheit von durch Propfpolymerisation modifizierten Viskosefaserstoffen. Teil 3. Untersuchungen an mit Divinylbenzol gepfropften Viskosefasern 35

Mann, G., Wulf, K., Philipp, B., und *Kapelle, R.*: Rheologische Untersuchungen an Spinnlösungen. 6. Mitt.: Zum Barus-Effekt bei konzentrierten Polymerlösungen. . 14

Markes, R., und *Čefelin, P.*: Die Polykondensation des Bis-(2-hydroxäthyl)-terephthalats in dünnen Schmelzeschichten 329

Markowska, D., und *Kaszyński, A.*: Spinnen von Viskosen, die bei verschiedenen Temperaturen nachgereift sind und unterschiedliche Mengen an Nebenprodukten enthalten 482

Markušovská, E., Blažej, A., Sutá, Št., und *Vyskočil, I.*: Einfluß von Wärme auf Polyäthylenterephthalat-Faserstoffe (PÄT) . . . 85

Martin, H.: Berechnungsgrundlage zum Aufstellen von Tabellen für Weiflängen und Feinheitsbereiche bei vorgegebener Strangfeinheit (KM) 305

Merani, G., Polo-Friz, L., und *Rosi, V.*: Zusammenhänge zwischen Feinstruktur und Eigenschaften von Polyamid 6. I. Röntgenmessungen an Faserstoffen in Abhängigkeit von der Reckung. II. Röntgenmessungen an gereckten Fäden nach Behandlung mit Wasser oder mit wäßriger Phenollösung . . . 319, 379

Mintschewa, W., Woinowa, S., Dimitrow, D., Stanew, S., und *Angelowa, A.*: Stabilitätserhöhung des Polyäthylenterephthalats durch stabilisierende Zusätze aus Phosphorigsäureestern 205

Mitterpach, I., Jambrich, M., und *Diačik, I.*: Beitrag zum Studium von Strukturveränderungen synthetischer Fasern bei Deformation in der Faserlängsrichtung. I. Polyamidfasern (PA-6-Fasern). II. Polypropylenfasern (PP-Fasern). III. Polyesterfasern (PE-Fasern) 28, 70, 115

Müller, E. H., und *Schultze-Gebhardt, F.*: Strukturänderungen beim thermischen Schrumpfen gereckter Polyamid-6-Fäden. 247

Müller, G., und *von Hornuff, G.*: Beiträge zur thermischen Analyse von Cellulosefaserstoffen 466

Nestler, H.: Der Einsatz der Gas/Flüssig-Chromatographie zur Kontrolle des Produktionsprozesses von Polyäthylenterephthalatfaserstoffen 280

Neverov, A. P., und *Pakšver, É. A.*: Untersuchung rheologischer Eigenschaften von Polyacrylnitril-Gelfäden mittels Recken. 1. Mitt.: Untersuchungsmethodik. 2. Mitt.: Abhängigkeit der rheologischen Eigenschaften von der Zusammensetzung des Wasser/Dimethylformamid-Fällbades 75, 119

Otto, C., Berger, W., Ahlers, K.-D., und *Kuprat, D.*: Beiträge zu Problemen der Prüfung der Thermostabilisierung von Polyamid 6 512

Pakšver, É. A., und *Neverov, A. P.*: Untersuchung rheologischer Eigenschaften von Polyacrylnitril-Gelfäden mittels Recken. 1. Mitt.: Untersuchungsmethodik. 2. Mitt.: Abhängigkeit der rheologischen Eigenschaften von der Zusammensetzung des Wasser/Dimethylformamid-Fallbädes 75, 119

Paul D., und *Bartsch, D.*: Bestimmung von Hohlräumen in Fasern durch Quecksilberporosimetrie . . 187

—, und *Jacopian, V.*: Morphologische Untersuchungen an Bagasse und ihren Aufschlußprodukten (KM) 446

—, und *Bartsch, D.*: Zinknachweis in Celluloseregeneratfäden durch elektronenmikroskopische Autoradiographie 523

Perner, H., und *Jain, K. Ch.*: Der Einfluß von Fadenfeinheit und Nähfadenzugkraft auf die Festigkeit von Nähgewirken aus Baumwollfäden 501

Peters, W., Hartig, S., und *Berger, W.*: Polyvinylalkohol enthaltende Polyacrylnitrilfaserstoffe (KM) . . 447

Philipp, B., und *Linow, K.-J.*: Zur Konzentrationsabhängigkeit der Viskosität höher konzentrierter Polymerlösungen 3

—, *Wulf, K., Mann, G.*, und *Kapelle, R.*: Rheologische Untersuchungen an Spinnlösungen. 6. Mitt.: Zum Barus-Effekt bei konzentrierten Polymerlösungen 14

—, *Schleicher, H.*, und *Laskowski, I.*: Untersuchungen zur Quellung und Lösung von Cellulose in aminhaltigen Flüssigkeitsgemischen. 1. Mitt.: Literaturübersicht und Untersuchungen zum Verhalten von Cellulose in Gemischen von SO_2 und Diäthylamin mit einer organischen Flüssigkeit 60

Philipp, B., Koura, A., und *Schleicher, H.*: Untersuchungen zur Quellung und Lösung von Cellulose in aminhaltigen Flüssigkeitsgemischen. 2. Mitt.: Untersuchungen zur Löslichkeit von Cellulose in Dimethylsulfoxid/Amin-Gemischen . 128

—, *Dautzenberg, Horst*, und *Linow, K.-J.*: Zur Charakterisierung von Cellulosenitrat und -carbanilat in verdünnter Lösung mittels Lichtstreuung, Sedimentationsmessung und Viskosimetrie 141

—, *Dautzenberg, Horst*, und *Schumann, J.*: Zum Einfluß des Luftsauerstoffs auf die Änderung der chemischen Zusammensetzung von Viskosen während des Nachreifeprozesses 192

—, *Dautzenberg, Horst*, und *Schumann, J.*: Zur spektralfotometrischen Bestimmung von Xanthogenaten 256

—, *Linow, K.-J., Koura, A.*, und *Schleicher, H.*: Untersuchungen zur Quellung und Lösung von Cellulose in aminhaltigen Flüssigkeitsgemischen. 3. Mitt.: Beziehung der Viskosität zur rel. Molekülmasse und Molekülabmessung von Cellulosen in aminhaltigen Flüssigkeitsgemischen im Vergleich zu wäßrigen Lösungsmitteln 286

—, *Dautzenberg, Horst*, und *Schumann, J.*: Zur potentiometrischen Titration von Trithiocarbonat in Gegenwart anderer sulfidischer Anionen 372

—, *Hampe, H.*, und *Baudisch, J.*: Vergleichende Untersuchungen zum Quell- und Löseverlauf von Cellulosefasern in verschiedenen Medien. Teil I. Übersicht über die experimentellen Ergebnisse 425

—, *Dautzenberg, Horst*, und *Schumann, J.*: Zur Analytik oxydativ entstandener Viskosenebenprodukte 488

Pietschmann, S., Winkler, F., und *Götze, W.*: Zur Bestimmung des Weißgrades an Prüflingen mit durchbrochenem Muster (KM) . . . 347

—, *Winkler, F.*, und *Götze, W.*: Zur Bestimmung des Weißgrades an optisch aufgehelltem Prüfgut (KM). 348

Polo-Friz, L., Rosi, V., und *Merani, G.*: Zusammenhänge zwischen Feinstruktur und Eigenschaften von Polyamid 6. I. Röntgenmessungen an Faserstoffen in Abhängigkeit von der Reckung. II. Röntgenmessungen an gereckten Fäden nach Behandlung mit Wasser oder mit wäßriger Phenollösung . . . 319, 379

Reinisch, G., Dietrich, K., und *Tolsdorf, S.*: Zur Schmelzviskosität von Polycaprolactam mit niedrigen Aminoendgruppenkonzentrationen. 325

—, und *Dietrich, K.*: Lösungsviskosimetrische Untersuchungen von Gemischen von Polycaprolactam und Polyäthylenterephthalat in Phenol/Tetrachloräthan (1:1) als Lösungsmittel 366

—, und *Gohlke, U.*: Vergleichende Untersuchungen über Verlauf und Mechanismus phosphorsäurekatalysierter Caprolactampolymerisationen. Teil 1. Teil 2 . . . . . . 415, 421

Ronca, G., und *Sorta, E.*: Ein Beitrag zur Theorie der Faserkräuselung 55

—, und *Sorta, E.*: Kräuselung von Bikomponentenfasern, Auftreten und Verteilung von Kräuselungsumkehrpunkten sowie deren Einfluß auf die Kraft-Dehnungs-Kurve der Fasern 277

Rosi, V., *Polo-Friz, L.*, und *Merani, G.*: Zusammenhänge zwischen Feinstruktur und Eigenschaften von Polyamid 6. I. Röntgenmessungen an Faserstoffen in Abhängigkeit von der Reckung. II. Röntgenmessungen an gereckten Fäden nach Behandlung mit Wasser oder mit wäßriger Phenollösung . . 319, 379

Schiffner, R., *von Hornuff, G.*, und *Hirsch, G.*: Die Lichtechtheit der mit kationischen Farbstoffen gefärbten Polyacrylnitrilfaserstoffe in Abhängigkeit von der Copolymerzusammensetzung und den Erspinnungsbedingungen 212

Schleicher, H., *Philipp, B.*, und *Laskowski, I.*: Untersuchungen zur Quellung und Lösung von Cellulose in aminhaltigen Flüssigkeitsgemischen. 1. Mitt.: Literaturübersicht und Untersuchungen von Cellulose in Gemischen von SO_2 und Diäthylamin mit einer organischen Flüssigkeit 60

—, *Koura, A.*, und *Philipp, B.*: Untersuchungen zur Quellung und Lösung von Cellulose in aminhaltigen Flüssigkeitsgemischen. 2. Mitt.: Untersuchungen zur Löslichkeit von Cellulose in Dimethylsulfoxid/Amin-Gemischen 128

—, *Linow, K.-J.*, *Koura, A.*, und *Philipp, B.*: Untersuchungen zur Quellung und Lösung von Cellulose in aminhaltigen Flüssigkeitsgemischen. 3. Mitt.: Beziehung der Viskosität zur rel. Molekülmasse und Molekülabmessung von Cellulosen in aminhaltigen Flüssigkeitsgemischen im Vergleich zu wäßrigen Lösungsmitteln 286

—, *Linow, K.-J.*, und *Schubert, K.*: Untersuchungen zur Quellung und Lösung von Cellulose in aminhaltigen Flüssigkeitsgemischen. 4. Mitt.: Zum Verhalten von Cellulose in ammoniak- und salzhaltigen Lösungsmittelsystemen 335

Schönherr, F., *Seyfarth, H. E.*, *Henkel, H.*, *Langner, K.*, und *Wiesener, E.*: Untersuchungen über strukturelle Veränderungen beim Recken von Polyesterseide 235

Schubert, K., *Schleicher, H.*, und *Linow, K.-J.*: Untersuchungen zur Quellung und Lösung von Cellulose in aminhaltigen Flüssigkeitsgemischen. 4. Mitt.: Zum Verhalten von Cellulose in ammoniak- und salzhaltigen Lösungsmittelsystemen 335

Schultze-Gebhardt, F., und *Müller, E. H.*: Strukturänderungen beim thermischen Schrumpfen gereckter Polyamid-6-Fäden. 247

Schumann, H.-D.: Beiträge zur Schmelzepolykondensation von Polyäthylenterephthalat im offenen System. IV. Zur zeitlichen Verfolgung der Polykondensation durch IR-Spektroskopie 80

Schumann, J., *Dautzenberg, Horst*, und *Philipp, B.*: Zum Einfluß des Luftsauerstoffs auf die Änderung der chemischen Zusammensetzung von Viskosen während des Nachreifeprozesses 192

—, *Dautzenberg, Horst*, und *Philipp, B.*: Zur spektralfotometrischen Bestimmung von Xanthogenaten . . 256

—, *Dautzenberg, Horst*, und *Philipp, B.*: Zur potentiometrischen Titration von Trithiocarbonat in Gegenwart anderer sulfidischer Anionen . 372

—, *Dautzenberg, Horst*, und *Philipp, B.*: Zur Analytik oxydativ entstandener Viskosenebenprodukte . 488

Schumann, U., *Jacobasch, H.-J.*, und *Jehring, H.*: Zur Untersuchung der Adsorption kationaktiver Tenside an Faserstoffen mit Hilfe der Wechselstrompolarographie . . . 42

Schwertassek, K., und *Dvořák, J.*: Über den Nachweis eines enzymatischen Abbaus an Polyesterfasern im lebenden Organismus . . 66

Seyfarth, H. E., *Henkel, H.*, *Langner, K.*, *Schönherr, F.*, und *Wiesener, E.*: Untersuchungen über strukturelle Veränderungen beim Recken von Polyesterseide 235

Slávik, I., und *Kučerová, M.*: Versuche zur Veresterung der Carboxylgruppen der Cellulose 157

Sorta, E., und *Ronca, G.*: Ein Beitrag zur Theorie der Faserkräuselung 55

—, und *Ronca, G.*: Kräuselung von Bikomponentenfasern, Auftreten und Verteilung von Kräuselungsumkehrpunkten sowie deren Einfluß auf die Kraft-Dehnungs-Kurve der Fasern 277

Stanew, S., *Woinowa, S.*, *Dimitrow, D.*, *Mintschewa, W.*, und *Angelowa, A.*: Stabilitätserhöhung des Polyäthylenterephthalats durch stabilisierende Zusätze aus Phosphorigsäureestern 205

Sutá, Št., *Blažej, A.*, *Markusovská, E.*, und *Vyskočil, I.*: Einfluß von Wärme auf Polyäthylenterephthalat-Faserstoffe (PÄT) 85

Szegö, L.: Eigenschaften der Mischgarne aus Polyester- und Cellulosefasern 175

Teichgräber, M., und *Hirte, R.*: Die übermolekulare Struktur hochpolymerer Verbindungen. Teil VIII. Ein erweitertes Fourierverfahren zur quantitativen Analyse der röntgenographischen Streukurven von Polycaprolactam als polymeres Mehrphasensystem. Theorie des Mehrphasensystems. Teil IX. Ein erweitertes Fourierverfahren zur quantitativen Analyse der röntgenographischen Streukurven von Polycaproamid als polymeres Mehrphasensystem. Eine erste Anwendung des Verfahrens 21, 359

Teichmann, R., und *Uhlig, E.*: Pfropfpolymerisation auf Cellulose nach der Mangan(IV)-Methode. II. Analytische Untersuchungen an Cellulose/Polyacrylnitril-Pfropfcopolymeren 148

Terrier, F.: Über die Gleichmäßigkeit der Feinheit von endlos schmelzersponnenen Fäden — Einfluß des Spinnaggregats 438

Theil, I., *Calugaru, E.-M.*, und *Feldman, D.*: Zur Fraktionierung von Polykondensaten 123

Tolsdorf, S., *Dietrich, K.*, und *Reinisch, G.*: Zur Schmelzviskosität von Polycaprolactam mit niedrigen Aminoendgruppenkonzentrationen. 325

Uhlig, E., und *Teichmann, R.*: Pfropfpolymerisation auf Cellulose nach der Mangan(IV)-Methode. II. Analytische Untersuchungen an Cellulose/Polyacrylnitril-Pfropfcopolymeren 148

Vinogradov, G. V., und *Fichmann, V. D.*: Untersuchung der Bildungsdynamik von Fäden beim Naßspinnprozeß 169

Vyskočil, I., *Blažej, A.*, *Šuta, Št.*, und *Markušovská, E.*: Einfluß von Wärme auf Polyäthylenterephthalat-Faserstoffe (PÄT) 85

Wiedemann, G., und *Jacobasch, H.-J.*: Über physikalisch-chemische Untersuchungen des Oberflächenverhaltens von Glasseiden . 261

Wiesener, E., *Seyfarth, H. E.*, *Henkel, H.*, *Langner, K.*, und *Schönherr, F.*: Untersuchungen über strukturelle Veränderungen beim Recken von Polyesterseide 235

Winkler, F., *Götze, W.*, und *Pietschmann, S.*: Zur Bestimmung des Weißgrades an Prüflingen mit durchbrochenem Muster (KM) . . 347

—, *Götze, W.*, und *Pietschmann, S.*: Zur Bestimmung des Weißgrades an optisch aufgehelltem Prüfgut (KM) 348

—: Standardisierte Begriffe der Textilprüfung und verwandter Begriffe. 1. Statische Zugprüfung. Grundblatt 391

—: Standardisierte Begriffe der Textilprüfung und verwandter Gebiete. 1. Statische Zugprüfung. Beiblatt F 525

Woinowa, S., *Dimitrow, D.*, *Stanew, S.*, *Mintschewa, W.*, und *Angelowa, A.*: Stabilitätserhöhung des Polyäthylenterephthalats durch stabilisierende Zusätze aus Phosphorigsäureestern 205

Wulf, K., *Philipp, B.*, *Mann, G.*, und *Kapelle, R.*: Rheologische Untersuchungen an Spinnlösungen. 6. Mitt.: Zum Barus-Effekt bei konzentrierten Polymerlösungen . 14

Zimmermann, H., *Lehmann, R.*, und *Kolbig, Ch.*: Zum Verhalten von Experimentalfäden aus Formaldehyd-Copolymerisaten bei Chemikalieneinwirkungen 8

—, *Becker, D.*, und *Kolbig, Ch.*: Die Bestimmung von unlöslichen bzw. unschmelzbaren Partikeln in Polyäthylenterephthalat nach dem Coulter-Prinzip 478

Sachverzeichnis

Adsorption, Zur Untersuchung der — kationaktiver Tenside an Faserstoffen mit Hilfe der Wechselstrompolarographie 42

Ägyptischer Baumwollabfallfasern, Die Wirkung einiger chemischer Behandlungen auf die Eigenschaften gereinigter — 435

Äthoxylierungsgrades, Einfluß des — auf die Struktur von Fettsäurepolyglykolestern 298

Aminhaltigen Flüssigkeitsgemischen, Untersuchung zur Quellung und Lösung von Cellulose in —. 1. bis. 4. Mitt. . 60, 128, 286, 335

Aminoendgruppenkonzentration, Einfluß der Herstellungsbedingungen auf die Lösungsviskosität und die — von Polyamid 6 208

Aminoendgruppenkonzentrationen, Zur Schmelzeviskosität von Polycaprolactam mit niedrigen — . . . 325

Ammoniak-, Zum Verhalten von Cellulose in — und salzhaltigen Lösungsmittelsystemen (Untersuchungen zur Quellung und Lösung von Cellulose in aminhaltigen Flüssigkeitsgemischen. 4. Mitt.) . . 335

Analyse, Beiträge zur thermischen — von Cellulosefaserstoffen 466

Analyse, Nutzungsmöglichkeiten der Mikroskopie zur — der Beschaffenheit von durch Pfropfpolymerisation modifizierten Viskosefasern. Teil 3 35

Analytik, Zur — oxydativ entstandener Viskosenebenprodukte . 488

Analytische Untersuchungen an Cellulose/Polyacrylnitril-Propfcopolymeren, (Pfropfpolymerisation auf Cellulose nach der Mangan(IV)-Methode. II.) — 148

Anionen, Zur potentiometrischen Titration von Trithiocarbonat in Gegenwart anderer sulfidischer — . 372

Aufladbarkeit, Zur Einschätzung der — von Textilien bei der Verarbeitung 385

Aufschlußprodukten, Morphologische Untersuchungen an Bagasse und ihren — (KM) 446

Autoradiographie, Zinknachweis in Celluloseregeneratfäden durch elektronenmikroskopische — 523

Bagasse, Morphologische Untersuchungen an — und ihren Aufschlußprodukten (KM) 446

Barus-Effekt, Zum — bei konzentrierten Polymerlösungen (Rheologische Untersuchungen an Spinnlösungen L. 6. Mitt.) 14

Baumwollabfallfasern, Die Wirkung einiger chemischer Behandlungen auf die Eigenschaften gereinigter ägyptischer — 435

Baumwollfäden, Der Einfluß von Fadenfeinheit und Nähfadenzugkraft auf die Festigkeit von Nähgewirken aus — 501

Bauschigkeit, Zur Bestimmung der — aus den textilphysikalischen Eigenschaften der Fasern und Texturfäden 103

Beflocken, Prüfung von Kurzfasern für das elektrostatische — 220

Berechnungsgrundlage zum Aufstellen von Tabellen für Weiflängen und Feinheitsbereiche bei vorgegebener Strangfeinheit (KM) . . . 305

Bestimmung von Hohlräumen in Fasern durch Quecksilberporosimetrie 187

Bikomponentenfasern, Kräuselung von —, Auftreten und Verteilung von Kräuselungsumkehrpunkten sowie deren Einfluß auf die Kraft-Dehnungs-Kurve der Fasern . . . 277

Bildungsdynamik, Untersuchung der — von Fäden beim Naßspinnprozeß 169

Bis-(2-hydroxäthyl)-terephthalats, Die Polykondensation des — in dünnen Schmelzeschichten 329

Breitlinien-Kernresonanz, Bestimmung des Orientierungsgrades von faserbildenden Polymeren mittels — 164

Bücher, Neue:

Oeser, W.: Mechanische Spinnerei (*Weissenberger*) 47

Lyons, J. W.: The Chemistry and Uses of Fire Retardants (*Lange*) 47

Lord, P. R.: Spinning in the "70" (*Mey*) 47

Tögel, E.: Bleiche und Appretur (*Petzold*) 48

Leonard, E. C.: Vinyl and Diene Monomers. Part 2 (*Herma*) . . . 89

Kaelble, D. H.: Physical Chemistry of Adhäsion (*Wulf*) 89

Wegener, W., und *Ehrler, P.*: Auswirkungen von Speisegewichtsschwankungen in der Krempelvorlage auf die Vorgarnungleichmäßigkeit (*Beyreuther*) . 89

Wegener, W., und *Ehrler, P.*: Das Problem der Vorgarnvergleichmäßigung beim Streichgarn-Selfaktor (*Beyreuther*). . . 90

Boston, H. S., und *Tordorf, M.*: Review of Progress in Coloration and Related Topics. Vol. 1. 2. (*Teichmann*) 90

Giles, V. C. H.: A Laboratory Course in Dyeing (*Zosel*) 90

Peebles jr., L. H.: Molecular Weight Distributions in Polymers (*Fritzsche*) 91

Polymer Solutions (*Herbert Dautzenberg*) 134

Kennedy, J. P., und *Tornquist, E. G. M.*: Polymer Chemistry of Synthetic Elastomers. Part II. (*Dietrich*) 134

Angeli, H.-P.: Technik-Wörterbuch: Chromatographie (*Fritzsche*) 134

Webereitechnik (*Rothe*) 135

Lindner, K., und *Eichler, E.*: Tenside — Textilhilfsmittel — Waschrohstoffe. 2. Aufl., Bd. III (*Schiffner*) 180

Stewart, J. E.: Infrared Spectroscopy, Experimental Methods and Techniques (*Danz*). 180

Schimmel, G.: Elektronenmikroskopische Methodik (*Ruscher*) . 226

Leonard, E. C.: Vinyl and Diene Monomers. Part. 3 (*Herma*) . . 226

Stein, H., und *Erkens, A.*: Untersuchung über die Drehbewegung von Druckrollern bei Walzenstreckwerken in der Baumwoll- bzw. Zellwollspinnerei (*Fuchs*) . . 227

Sorenson, W. R., und *Campbell, T. W.*: Preparative Methods of Polymer Chemistry. Second Edition (*Reinisch*) 269

Bowen, C. J., und *Rowe, A. J.*: An Introduction to Ultracentrifugation (*Linow*) 270

Butler, G. B., und *O'Driscoll, K. F.*: Reviews in Macromolecular Chemistry. Vol. 1 (*Reinisch*) . . 309

Bikales, N. M., und *Segal, L.*: Cellulose and Cellulose Derivates. Part IV und V (*Linow* und *Philipp*) 309

Rao, S. R.: Xanthates and Related Compounds (*Horst Dautzenberg*) 310

Characterization of macromolecular structure (*Reinisch*) 311

The Physics and Chemistry of Wood Pulp Fibers (*Bischoff*) . . 312

Valk, G., *Jellinek, G.*, *Berndt, H.-J.*, und *Ringens, W.*: Untersuchungen an thermisch behandelten Cellulosetriacetatfasern (*Vollrath*) 312

Oosawa, F.: Polyelectrolytes (*Herbert Dautzenberg*) 351

Meyer, K.: Chemiefasern. Handelsnamen — Arten — Hersteller. Ergänzungsband 1971 (*Vollrath*) 351

Barden, E. L.: Flocked Materials. Technology and Applications (*Frenzel*) 351

Price, D.: Dynamic Mass Spectroscopy. Vol. 2 (*Dechant*). . . . 351

Madelung, O.: Festkörperprobleme. X. Advances in Solid State Physics (*Danz*) 352

Stange, K.: Angewandte Statistik. Erster Teil. Eindimensionale Probleme (*Winkler*) 406

Gallemaert, L., *Leclercqz, M.*, und *Meuris, I.*: Initiation à la bonneterie (*Tausch-Marton*) 407

Johnson, K.: Antistatic Agents. Technology and Applications (*Jacobasch*) 407

Jacob, St. W., *Rosenbaum, E. E.*, und *Wood, D. C.*: Dimethyl Sulfoxide. Volume 1. Basic Concepts of DMSO (*Schleicher*) 407

Chimia monomerov i polimerov (Chemie von Monomeren und Polymeren) (*Dawydoff*) 408

Hornbogen, E.: Durchstrahlungs-Elektronenmikroskopie fester Stoffe (*Schulz*) 408

Möller, K. D., und *Rothschild, W. G.*: Far-Infrared Spectroscopy (*Dechant*) 449

Sachs, L.: Statistische Auswertungsmethoden (*Martin*) 449

Madelung, O.: Festkörperprobleme. XI. Advances in Solid State Physics (*Danz*) 449

Hawkins, W. L.: Polymer Stabilisation (*Bartels*) 493

Sittig, M.: Polyamide Fiber Manufacture (*Dietrich*) 494

Frisch, K. C., und *Saunders, J. H.*: Plastic Foams. Part I (*Jaeger*) 494

Squires, G. L.: Meßergebnisse und ihre Auswertung (*Schulz*) 494

Carman, R. A.: Zahlen und Einheiten der Physik (*Schulz*) . . . 494

Voituriez, M.: Lexique Allemand-Français de Rhéologie (*Wulf*) . . 494

Sweeting, Orville J.: The Science and Technology of Polymer Films (*Herma*) 536

Textile Guide to Europe 1972 . . 536

Szwarc, M.: Anionnaja Polymerizacija (Anionische Polymerisation). Übersetzung aus dem Englischen von Dr. *A. A. Arest-Jakubovič*, Dr. *Al. Al. Berlin* und Dr. *E. F. Olejnik*. (*Dawydoff*) . . 537

Jenkins, A. D.: Progress in Polymer Science (*Bartels*) 537

Beckey, H. D.: Field Ionization Mass Spectrometry (*Danz*) . . . 537

ε-Caprolactam, Erfahrungen bei der gaschromatographischen Bestimmung von — in Polyamid 6 (KM) . 304

Caprolactampolymerisationen, Vergleichende Untersuchungen über Verlauf und Mechanismus phosphorsäurekatalysierter —. Teil 1. Teil 2 . . . . 415, 421

Carbanilat, Zur Charakterisierung von Cellulosenitrat und — in verdünnter Lösung mittels Lichtstreuung, Sedimentationsmessung und Viskosimetrie 141

Carboxylgruppen, Versuche zur Veresterung der — der Cellulose . . 157

Cellulose, Pfropfpolymerisation auf — nach der Mangan(IV)-Methode. II. 148

Cellulose, Untersuchung zur Quellung und Lösung von — in aminhaltigen Flüssigkeitsgemischen. 1. bis 4. Mitt. 60, 128, 286, 335

Cellulose, Versuche zur Veresterung der Carboxylgruppen der — . . 157

Cellulosefasern, Eigenschaften der Mischgarne aus Polyester- und — . .175

Cellulosefasern, Vergleichende Untersuchungen zum Quell- und Löseverlauf von — in verschiedenen Medien. Teil I 425

Cellulosefaserstoffen, Beiträge zur thermischen Analyse von — . . . 466

Cellulosenitrat, Zur Charakterisierung von — und -carbanilat in verdünnter Lösung mittels Lichtstreuung, Sedimentationsmessung und Viskosimetrie 141

Celluloseregeneratfäden, Zinknachweis in — durch elektronenmikroskopische Autoradiographie. . . 523

Chemieseiden, Untersuchung des pneumatischen Freistrahlprinzips zur Messung bzw. Regelung der Feinheit von — im technologischen Prozeß 457

Chemikalieneinwirkungen, Zum Verhalten von Experimentalfäden aus Formaldehyd-Copolymerisaten bei — 8

Chemischen Zusammensetzung, Zum Einfluß des Luftsauerstoffs auf die Änderung der — von Viskosen während des Nachreifeprozesses 192

Chemischer Behandlungen, Die Wirkung einiger — auf die Eigenschaften gereinigter ägyptischer Baumwollabfallfasern 435

Chromatographie, Der Einsatz der Gas/Flüssig- — zur Kontrolle des Produktionsprozesses von Polyäthylenterephthalatfaserstoffen . . 280

Copolymerzusammensetzung, Die Lichtechtheit der mit kationischen Farbstoffen gefärbten Polyacrylnitrilfaserstoffe in Abhängigkeit von der — und den Erspinnungsbedingungen 212

Coulter-Prinzip, Die Bestimmung von unlöslichen bzw. unschmelzbaren Partikeln in Polyäthylenterephthalat nach dem — . . 478

Deformation, Beitrag zum Studium von Strukturveränderungen synthetischer Fasern bei — in der Faserlängsrichtung. I. II. III. 28, 70, 115

Dimethylsulfoxid/Amin-Gemischen, Untersuchungen zur Löslichkeit von Cellulose in — (Untersuchungen zur Quellung und Lösung von Cellulose in aminhaltigen Flüssigkeitsgemischen. 2. Mitt.) 128

Divinylbenzol, Untersuchungen an mit — gepfropften Viskosefasern (Nutzungsmöglichkeiten der Mikroskopie zur Analyse der Beschaffenheit von durch Pfropfpolymerisation modifizierten Viskosefaserstoffen. Teil 3) 35

Durchbrochenem Muster, Zur Bestimmung des Weißgrades an Prüflingen mit — (KM) . . 347

Eigenschaften, Zusammenhänge zwischen Feinstruktur und — von Polyamid 6. I. II. 319, 379

Einfluß von Wärme auf Polyäthylenterephthalat-Faserstoffe (PÄT) . 85

Elektronenmikroskopische Autoradiographie, Zinknachweis in Celluloseregeneratfäden durch — 523

Elektrostatischen Aufladung, Beeinflussung der — und der Reibung von Polyamidseide durch Fettsäureglykolester 340

Elektrostatische Beflocken, Prüfung von Kurzfasern für das — . . 220

Elektrostatischen Feld, Orientierung der Fasern in einem —. Teil 1. Teil 2. . . . . .97, 160

Enzymatischen Abbaus, Über den Nachweis eines — an Polyesterfasern im lebenden Organismus . 66

Erspinnungsbedingungen, Die Lichtechtheit der mit kationischen Farbstoffen gefärbten Polyacrylnitrilfaserstoffe in Abhängigkeit von der Copolymerzusammensetzung und den — 212

Experimentalfäden, Zum Verhalten von — aus Formaldehyd-Copolymerisaten bei Chemikalieneinwirkungen 8

Fadenfeinheit, Der Einfluß von — und Nähfadenzugkraft auf die Festigkeit von Nähgewirken aus Baumwollfäden 501

Fäden, Untersuchung der Bildungsdynamik von — beim Naßspinnprozeß 169

Faserbildenden Polymeren, Bestimmung des Orientierungsgrades von — mittels Breitlinien-Kernresonanz 164

Faserkräuselung, Ein Beitrag zur Theorie der — 55

Faserlängsrichtung, Beitrag zum Studium von Strukturveränderungen synthetischer Fasern bei Deformation in der —. I. II. III. 28, 70, 115

Fasern, Bestimmung von Hohlräumen in — durch Quecksilberporosimetrie 187

Fasern, Orientierung der — in einem elektrostatischen Feld. Teil 1. Teil 2. . . . . .97, 160

Fasern, Zur Bestimmung der Bauschigkeit aus den textilphysikalischen Eigenschaften der — und Texturfäden 103

Faserstoffen, Zur Untersuchung der Adsorption kationaktiver Tenside an — mit Hilfe der Wechselstrompolarographie 42

Feinheit, Über die Gleichmäßigkeit der — von endlos schmelzersponnenen Fäden. Einfluß des Spinnaggregats 438

Feinheit, Untersuchung des pneumatischen Freistrahlprinzips zur Messung bzw. Regelung der — von Chemieseiden im technologischen Prozeß 457

Feinheitsbereiche, Berechnungsgrundlage zum Aufstellen von Tabellen für Weiflängen und — bei vorgegebener Strangfeinheit (KM) 305

Feinstruktur, Zusammenhänge zwischen — und Eigenschaften von Polyamid 6. I. II.. . . . . . 319, 379

Festigkeit, Der Einfluß von Fadenfeinheit und Nähfadenzugkraft auf die — von Nähgewirken aus Baumwollfäden 501

Fettsäurepolyglykolester, Beeinflussung der elektrostatischen Aufladung und der Reibung von Polyamidseide durch — 340

Fettsäurepolyglykolestern, Einfluß des Äthoxylierungsgrades auf die Struktur von — 298

Fettsäurepolyglykolestern, Über grenzflächenaktive Eigenschaften von — unter Berücksichtigung ihrer Anwendung als Präparationsmittel 291

Fluoreszenzlichtes, Zur Berücksichtigung des — bei Streulichtmessungen 519

Formaldehyd-Copolymerisaten, Zum Verhalten von Experimentalfäden aus — bei Chemikalieneinwirkungen 8

Fourierverfahren, Ein erweitertes — zur quantitativen Analyse der röntgenographischen Streukurven von Polycaprolactam als polymeres Mehrphasensystem. (Die übermolekulare Struktur hochpolymerer Verbindungen. Teil VIII. Teil IX.) 21, 359

Fraktionierung, Zur — von Polykondensaten 129

Gaschromatographischen Bestimmung, Erfahrungen bei der — von ε-Caprolactam in Polyamid 6 (KM) 304

Gas/Flüssig-Chromatographie, Der Einsatz der — zur Kontrolle des Produktionsprozesses von Polyäthylenterephthalatfaserstoffen . . 280

Glasseiden, Über physikalisch-chemische Untersuchungen des Oberflächenverhaltens von — . . 261

Gleichmäßigkeit, Über die — der Feinheit von endlos schmelzersponnenen Fäden. Einfluß des Spinnaggregats 438

Grenzflächenaktive Eigenschaften, Über — von Fettsäurepolyglykolestern unter Berücksichtigung ihrer Anwendung als Präparationsmittel . 291

Herstellungsbedingungen, Einfluß der — auf die Lösungsviskosität und die Aminoendgruppenkonzentration von Polyamid 6 208

Hochpolymerer Verbindungen, Die übermolekulare Struktur —. Teil VIII. Teil IX. . . . 21,359

Hohlräumen, Bestimmung von — in Fasern durch Quecksilberporosimetrie 187

Hydrazide, Die Reduktion der — an der Quecksilbertropfelektrode (Über das polarographische Verhalten einiger Derivate der Terephthal- und Isophthalsäure. 1. Mitt.) 507

IR-Spektroskopie, Zur zeitlichen Verfolgung der Polykondensation durch —. (Beiträge zur Schmelzepolykondensation von Polyäthylenterephthalat im offenen System. IV.) 80

Isophthalsäure, Über das polarographische Verhalten einiger Derivate der Terephthal- und —. 1. Mitt. 507

Kationischen Farbstoffen, Die Lichtechtheit der mit — gefärbten Polyacrylnitrilfaserstoffe in Abhängigkeit von der Copolymerzusammensetzung und den Erspinnungsbedingungen 212

Konzentrationsabhängigkeit, Zur — der Viskosität höher konzentrierter Polymerlösungen . . 3

Konzentrierter Polymerlösungen, Zur Konzentrationsabhängigkeit der Viskosität höher— . . . 3

Kräuselung von Bikomponentenfasern, Auftreten und Verteilung von Kräuselungsumkehrpunkten sowie deren Einfluß auf die Kraft-Dehnungs-Kurve der Fasern . . . 277

Kraft-Dehnungs-Kurve, Kräuselung von Bikomponentenfasern, Auftreten und Verteilung von Kräuselungsumkehrpunkten sowie deren Einfluß auf die — der Fasern . . . 277

Kurzfasern, Prüfung von — für das elektrostatische Beflocken . . . 220

Laborspinnapparatur für Viskosefäden 266

Lichtechtheit, Die — der mit kationischen Farbstoffen gefärbten Polyacrylnitrilfaserstoffe in Abhängigkeit von der Copolymerzusammensetzung und den Erspinnungsbedingungen 212

Lichtstreuung, Zur Charakterisierung von Cellulosenitrat und -carbanilat in verdünnter Lösung mittels —, Sedimentationsmessung und Viskosimetrie 141

Literaturschau . . . 52, 94, 137, 183, 230, 273, 315, 355, 411, 453, 498, 541

Löseverlauf, Vergleichende Untersuchungen zum Quell- und — von Cellulosefasern in verschiedenen Medien. Teil I. 425

Lösung, Untersuchungen zur Quellung und — von Cellulose in aminhaltigen Flüssigkeitsgemischen. 1. bis 4. Mitt. 60, 128, 286, 335

Lösungsmittel, Lösungsviskosimetrische Untersuchungen von Gemischen von Polycaprolactam und Polyäthylenterephthalat in Phenol/Tetrachloräthan (1:1) als — . . 366

Lösungsviskosimetrische Untersuchungen von Gemischen von Polycaprolactam und Polyäthylenterephthalat in Phenol/Tetrachloräthan (1:1) als Lösungsmittel . . . 366

Lösungsviskosität, Einfluß der Herstellungsbedingungen auf die — und die Aminoendgruppenkonzentration von Polyamid 6 208

Luftsauerstoffs, Zum Einfluß des — auf die Änderung der chemischen Zusammensetzung von Viskosen während des Nachreifeprozesses . . 192

Mangan(IV)-Methode, Pfropfpolymerisation auf Cellulose nach der —. II. 148

Mattierten, Über die Anwendung der Trübungsmessung zur Titandioxidbestimmung in — Polyäthylenterephthalatmaterialien (KM) . 349

Medien, Vergleichende Untersuchungen zum Quell- und Löseverlauf von Cellulosefasern in verschiedenen —. Teil I. 425

Mehrphasensystem, Ein erweitertes Fourierverfahren zur quantitativen Analyse der röntgenographischen Streukurven von Polycaproamid als polymeres —. (Die übermolekulare Struktur hochpolymerer Verbindungen. Teil VIII. Teil IX.) . . 21, 359

Mikroskopie, Nutzungsmöglichkeiten der — zur Analyse der Beschaffenheit von durch Pfropfpolymerisaten modifizierten Viskosefasern. Teil 3. 35

Mischgarne, Eigenschaften der — aus Polyester- und Cellulosefasern . 175

Modifizierten, Nutzungsmöglichkeiten der Mikroskopie zur Analyse der Beschaffenheit von durch Pfropfpolymerisation — Viskosefasern. Teil 3. 35

Molekülabmessung, Beziehung der Viskosität zur rel. Molekülmasse und — von Cellulosen in aminhaltigen Flüssigkeitsgemischen im Vergleich zu wäßrigen Lösungsmitteln. (Untersuchungen zur Quellung und Lösung von Cellulose in aminhaltigen Flüssigkeitsgemischen. 3. Mitt.) 286

Morphologische Untersuchungen an Bagasse und ihren Aufschlußprodukten (KM) 446

Nachgereift, Spinnen von Viskosen, die bei verschiedenen Temperaturen — sind und unterschiedliche Mengen an Nebenprodukten enthalten 482

Nachreifeprozesses, Zum Einfluß des Luftsauerstoffs auf die Änderung der chemischen Zusammensetzung von Viskosen während des —. 192

Nachrichten 1

Nähfadenzugkraft, Der Einfluß von Fadenfeinheit und — auf die Festigkeit von Nähgewirken aus Baumwollfäden 501

Nähgewirken, Der Einfluß von Fadenfeinheit und Nähfadenzugkraft auf die Festigkeit von — aus Baumwollfäden 501

Naßspinnprozeß, Untersuchung der Bildungsdynamik von Fäden beim —. 169

Nebenprodukten, Spinnen von Viskosen, die bei verschiedenen Temperaturen nachgereift sind und unterschiedliche Mengen an — enthalten 482

Oberflächenverhaltens, Über physikalisch-chemische Untersuchungen des — von Glasseiden 261

Optisch aufgehelltem, Zur Bestimmung des Weißgrades an — Prüfgut (KM) 348

Organismus, Über den Nachweis eines enzymatischen Abbaus an Polyesterfasern im lebenden — . . 66

Orientierung der Fasern in einem elektrostatischen Feld. Teil 1. Teil 2. . . . . 97, 160

Oxydativ, Zur Analytik — entstandener Viskosenebenprodukte . . 488

Patentschau 49, 91, 135, 181, 227, 270, 312, 352, 408, 450, 495, 538

Pfropfpolymerisation auf Cellulose nach der Mangan(IV)-Methode. II. 148

Pfropfpolymerisation, Nutzungsmöglichkeiten der Mikroskopie zur Analyse der Beschaffenheit von durch — modifizierten Viskosefasern. Teil 3. 35

Phenollösung, Röntgenmessungen an gereckten Fäden nach Behandlung mit Wasser oder mit wäßriger — (Zusammenhänge zwischen Feinstruktur und Eigenschaften von Polyamid 6. II.) 379

Phenol/Tetrachloräthan (1:1), Lösungsviskosimetrische Untersuchungen von Gemischen von Polycaprolactam und Polyäthylenterephthalat in — als Lösungsmittel 366

Phosphorigsäureestern, Stabilitätserhöhung des Polyäthylenterephthalats durch stabilisierende Zusätze aus — 205

Phosphorsäurekatalysierter, Vergleichende Untersuchungen über Verlauf und Mechanismus — Caprolactampolymerisationen. Teil 1. Teil 2 . . . . 415, 421

Physikalisch-chemische Untersuchungen, Über — des Oberflächenverhaltens von Glasseiden 261

Polarographische Verhalten, Über das — einiger Derivate der Terephthal- und Isophthalsäure. 1. Mitt. 507

Polyacrylnitril, Analytische Untersuchungen an Cellulose/— -Propfcopolymeren. (Propfpolymerisation auf Cellulose nach der Mangan(IV)-Methode. II.) 148

Polyacrylnitrilfaserstoffe, Die Lichtechtheit der mit kationischen Farbstoffen gefärbten — in Abhängigkeit von der Copolymerzusammensetzung und den Erspinnungsbedingungen 212

Polyacrylnitrilfaserstoffe, Polyvinylalkohol enthaltende — (KM) . 447

Polyacrylnitril-Gelfäden, Untersuchung rheologischer Eigenschaften von — mittels Recken. 1. Mitt. 2. Mitt. 75, 119

Polyäthylenterephthalat, Beiträge zur Schmelzepolykondensation von — im offenen System. IV. 80

Polyäthylenterephthalat, Die Bestimmung von unlöslichen bzw. unschmelzbaren Partikeln in — nach dem Coulter-Prinzip. 478

Polyäthylenterephthalat, Lösungsviskosimetrische Untersuchungen von Gemischen von Polycaprolactam und — in Phenol/Tetrachloräthan (1:1) als Lösungsmittel . . . 366

Polyäthylenterephthalatfaserstoffen, Der Einsatz der Gas/Flüssig-Chromatographie zur Kontrolle des Produktionsprozesses von — 280

Polyäthylenterephthalat-Faserstoffe, Einfluß von Wärme auf — (PÄT) 85

Polyäthylenterephthalatmaterialien. Über die Anwendung der Trübungsmessung zur Titandioxidbestimmung in mattierten — (KM) 349

Polyäthylenterephthalats, Stabilitätserhöhung des — durch stabilisierende Zusätze aus Phosphorigsäureestern 205

Polyamid 6, Beiträge zu Problemen der Prüfung der Thermostabilisierung von — 512

Polyamid 6, Einfluß der Herstellungsbedingungen auf die Lösungsviskosität und die Aminoendgruppenkonzentration von — . . 208

Polyamid 6, Erfahrungen bei der gaschromatographischen Bestimmung von ε-Caprolactam in — (KM) 304

Polyamid 6, Zusammenhänge zwischen Feinstruktur und Eigenschaften von —. I. II. . . . 319, 379

Polyamid-6-Fäden, Strukturänderungen beim thermischen Schrumpfen gereckter — 247

Polyamidfasern (PA-6-Fasern) (Beitrag zum Studium von Strukturveränderungen synthetischer Fasern bei Deformation in der Faserlängsrichtung. I.) 28

Polyamidseide, Beeinflussung der elektrostatischen Aufladung und der Reibung von — durch Fettsäurepolyglykolester 340

Polycaproamid, Ein erweitertes Fourierverfahren zur quantitativen Analyse der röntgenographischen Streukurven von — als polymeres Mehrphasensysrem. (Die übermolekulare Struktur hochpolymerer Verbindungen. Teil VIII. Teil IX) 21, 359

Polycaprolactam, Lösungsviskosimetrische Untersuchungen von Gemischen von — und Polyäthylenterephthalat in Phenol/Tetrachloräthan (1:1) als Lösungsmittel 366

Polycaprolactam, Zur Schmelzeviskosität von — mit niedrigen Aminoendgruppenkonzentrationen. 325

Polyester-, Eigenschaften der Mischgarne aus — und Cellulosefasern 175

Polyesterfasern (PE-Fasern) (Beitrag zum Studium der Strukturveränderungen synthetischer Fasern bei Deformation in der Faserlängsrichtung. III) 115

Polyesterfasern, Über den Nachweis eines enzymatischen Abbaus an — im lebenden Organismus . . 66

Polyesterseide, Untersuchungen über strukturelle Veränderungen beim Recken von — 235

Polykondensaten, Zur Fraktionierung von — 129

Polykondensation, Die — des Bis-(2-hydroxyäthyl)-terephthalats in dünnen Schmelzeschichten 329

Polymerlösungen, Zum Barus-Effekt bei konzentrierten — (Rheologische Untersuchungen an Spinnlösungen. 6. Mitt.) 14

Polymerlösungen, Zur Konzentrationsabhängigkeit der Viskosität höher konzentrierter — 3

Polypropylenfasern (PP-Fasern) (Beitrag zum Studium von Strukturveränderungen synthetischer Fasern bei Deformation in der Faserlängsrichtung. II.) — 70

Polyvinylalkohol enthaltende Polyacrylnitrilfaserstoffe (KM) 447

Potentiometrischen Titration, Zur — von Trithiocarbonat in Gegenwart anderer sulfidischer Anionen . 372

Pneumatischen Freistrahlprinzips, Untersuchung des — zur Messung bzw. Regelung der Feinheit von Chemieseiden im technologischen Prozeß 457

Präparationsmittel, Über grenzflächenaktive Eigenschaften von Fettsäurepolyglykolestern unter Berücksichtigung ihrer Anwendung als — 291

Produktionsprozesses, Der Einsatz der Gas/Flüssig-Chromatographie zur Kontrolle des — von Polyäthylenterephthalatfaserstoffen . . 280

Prüfgut, Zur Bestimmung des Weißgrades an optisch aufgehelltem — (KM) 348

Prüflingen, Zur Bestimmung des Weißgrades an — mit durchbrochenem Muster (KM) 347

Prüfung, Beiträge zu Problemen der — der Thermostabilisierung von Polyamid 6 512

Prüfung von Kurzfasern für das elektrostatische Beflocken . . 220

Quecksilberporosimetrie, Bestimmung von Hohlräumen in Fasern durch — 187

Quecksilbertropfelektrode, Die Reduktion der Hydrazide an der — (Über das polarographische Verhalten einiger Derivate der Terephthal- und Isophthalsäure. 1. Mitt.) 507

Quell- und Löseverlauf, Vergleichende Untersuchungen zum — von Cellulosefasern in verschiedenen Medien. Teil I. 425

Quellung, Untersuchung zur — und Lösung von Cellulose in aminhaltigen Flüssigkeitsgemischen. 1. bis 4. Mitt. 60, 128, 286, 335

Recken, Untersuchung rheologischer Eigenschaften von Polyacrylnitril-Gelfäden mittels —. 1. Mitt. 2. Mitt. 75, 119

Recken, Untersuchungen über strukturelle Veränderungen beim — von Polyesterseide 235

Reckung, Röntgenmessungen an Faserstoffen in Abhängigkeit von der — (Zusammenhänge zwischen Feinstruktur und Eigenschaften von Polyamid 6. I.) 319

Reduktion, Die — der Hydrazide an der Quecksilbertropfelektrode (Über das polarographische Verhalten einiger Derivate der Terephthal-und Isophthalsäure. 1. Mitt.) 507

Rheologischer Eigenschaften, Untersuchung — von Polyacrylnitril-Gelfäden mittels Recken. 1. Mitt. 2. Mitt. 75, 119

Rheologische Untersuchungen an Spinnlösungen. 6. Mitt. 14

Reibung, Beeinflussung der elektrostatischen Aufladung und der — von Polyamidseide durch Fettsäurepolyglykolester 340

Rel. Molekülmasse, Beziehung der Viskosität zur — und Molekülabmessung von Cellulose in aminhaltigen Flüssigkeitsgemischen im Vergleich zu wäßrigen Lösungsmitteln (Untersuchungen zur Quellung und Lösung von Cellulose in aminhaltigen Flüssigkeitsgemischen. 3. Mitt.) 286

Röntgenmessungen an Faserstoffen in Abhängigkeit von der Reckung (Zusammenhänge zwischen Feinstruktur und Eigenschaften von Polyamid 6. I.) 319

Röntgenmessungen an gereckten Fäden nach Behandlung mit Wasser oder mit wäßriger Phenollösung (Zusammenhänge zwischen Feinstruktur und Eigenschaften von Polyamid 6. II.) 379

Röntgenographischen Streukurven, Ein erweitertes Fourierverfahren zur quantitativen Analyse der — von Polycaproamid als polymeres Mehrphasensystem (Die übermolekulare Struktur hochpolymerer Verbindungen. Teil VIII. Teil IX.) 21, ... 359

Salzhaltigen Lösungsmittelsystemen, Zum Verhalten von Cellulose in ammoniak- und — (Untersuchungen zur Quellung und Lösung von Cellulose in aminhaltigen Flüssigkeitsgemischen. 4. Mitt.) . . 335

Schmelzepolykondensation, Beiträge zur — von Polyäthylenterephthalat im offenen System. IV. . 80

Schmelzersponnenen, Über die Gleichmäßigkeit der Feinheit von endlos — Fäden. Einfluß des Spinnaggregats 438

Schmelzeschichten, Die Polykondensation des Bis-(2-hydroxäthyl)-terephthalats in dünnen — 329

Schmelzeviskosität, Zur — von Polycaprolactam mit niedrigen Aminoendgruppenkonzentrationen . . . 325

Sedimentationsmessung, Zur Charakterisierung von Cellulosenitrat und -carbanilat in verdünnter Lösung mittels Lichtstreuung, — und Viskosimetrie 141

Spektralfotometrischen Bestimmung, Zur — von Xanthogenaten 256

Spinnaggregats, Einfluß des — (Über die Gleichmäßigkeit der Feinheit von endlos schmelzersponnenen Fäden.) 438

Spinnen von Viskosen, die bei verschiedenen Temperaturen nachgereift sind und unterschiedliche Mengen an Nebenprodukten enthalten 482

Spinnlösungen, Rheologische Untersuchungen an —. 6. Mitt.. . . . 14

Stabilitätserhöhung des Polyäthylenterephthalats durch stabilisierende Zusätze aus Phosphorigsäureestern 205

Standardisierte Begriffe der Textilprüfung und verwandter Begriffe. 1. Statische Zugprüfung. Grundblatt. Beiblatt F 391, 525

Standardisierung
FA Textilterminologie der Kammer der Technik
20. Mitt.: Kernmantelfäden, Begriffe — Kurzzeichen 307
21. Mitt.: Begriffe für Arbeitsgänge der Textil- und Chemiefaserstoffindustrie, Recken — Verziehen 308

Strangfeinheit, Berechnungsgrundlage zum Aufstellen von Tabellen für Weiflängen und Feinheitsbereiche bei vorgegebener — (KM) . . 305

Streulichtmessungen, Zur Berücksichtigung des Fluoreszenzlichtes bei — 519

Struktur, Die übermolekulare — hochpolymerer Verbindungen. Teil VIII. Teil IX. 21, 359

Struktur, Einfluß des Äthoxylierungsgrades auf die — von Fettsäurepolyglykolestern 298

Strukturänderungen beim thermischen Schrumpfen gereckter Polyamid-6-Fäden. 247

Strukturelle Veränderungen, Untersuchungen über — beim Recken von Polyesterseide 235

Strukturveränderungen, Beitrag zum Studium von — synthetischer Fasern bei Deformation in der Faserlängsrichtung. I. II. III. 28, 70, 115

Sulfidischer Anionen, Zur potentiometrischen Titration von Trithiocarbonat in Gegenwart anderer — . 372

Synthetischer Fasern, Beitrag zum Studium von Strukturveränderungen — bei Deformation in der Faserlängsrichtung. I. II. III. . . 28, 70, 115

Tagungen
Internationales Symposium über Makromoleküle Helsinki 1972. . 534

Temperaturen, Ultrarotspektroskopische Untersuchungen an Polymeren bei erhöhten — 199

Tenside, Zur Untersuchung der Adsorption kationaktiver — an Faserstoffen mit Hilfe der Wechselstrompolarographie 42

Terephthal-, Über das polarographische Verhalten einiger Derivate der — und Isophthalsäure. 1. Mitt. 507

Textilien, Zur Einschätzung der Aufladbarkeit von — bei der Verarbeitung 385

Textilphysikalischen Eigenschaften, Zur Bestimmung der Bauschigkeit aus den — der Fasern und Texturfäden 103

Textilprüfung, Standardisierte Begriffe der — und verwandter Gebiete. 1. Statische Zugprüfung. Grundblatt. Beiblatt F. . . . 391, 525

Texturfäden, Zur Bestimmung der Bauschigkeit aus den textilphysikalischen Eigenschaften der Fasern und — 103

Thermischen Analyse, Beiträge zur — von Cellulosefaserstoffen 466

Thermostabilisierung, Beiträge zu Problemen der Prüfung der — von Polyamid 6 512

Titandioxidbestimmung, Über die Anwendung der Trübungsmessung zur — in mattierten Polyäthylenterephthalatmaterialien (KM) . . . 349

Trithiocarbonat, Zur potentiometrischen Titration von — in Gegenwart anderer sulfidischer Anionen . 372

Trübungsmessung, Über die Anwendung der — zur Titandioxidbestimmung in mattierten Polyäthylenterephthalatmaterialien (KM) 349

Übermolekulare Struktur, Die — hochpolymerer Verbindungen. Teil VIII. Teil IX. 21, 359

Ultrarotspektroskopische Untersuchungen an Polymeren bei erhöhten Temperaturen 199

Unlöslichen, Die Bestimmung von — bzw. unschmelzbaren Partikeln in Polyäthylenterephthalat nach dem Coulter-Prinzip 478

Unschmelzbaren, Die Bestimmung von unlöslichen bzw. — Partikeln in Polyäthylenterephthalat nach dem Coulter-Prinzip 478

Verarbeitung, Zur Einschätzung der Aufladbarkeit von Textilien bei der — 385

Veresterung, Versuche zur — der Carboxylgruppen der Cellulose . . 157

Vergleichende Untersuchungen über Verlauf und Mechanismus phosphorsäurekatalysierter Caprolactampolymerisationen. Teil 1. Teil 2. . . . . 415, 421

Viskosefaserstoffen, Nutzungsmöglichkeiten der Mikroskopie zur Analyse der Beschaffenheit von durch Pfropfpolymerisation modifizierten —. Teil 3. 35

Viskosen, Spinnen von —, die bei verschiedenen Temperaturen nachgereift sind und unterschiedliche Mengen an Nebenprodukten enthalten 482

Viskosen, Zum Einfluß des Luftsauerstoffs auf die Änderung der chemischen Zusammensetzung von — während des Nachreifeprozesses 192

Viskosefäden, Laborspinnapparatur für — 266

Viskosenebenprodukte, Zur Analytik oxydativ entstandener — . . . 488

Viskosimetrie, Zur Charakterisierung von Cellulosenitrat und -carbanilat in verdünnter Lösung mittels Lichtstreuung, Sedimentationsmessung und — 141

Viskosität, Beziehung der — zur rel. Molekülmasse und Molekülabmessung von Cellulose in aminhaltigen Flüssigkeitsgemischen im Vergleich zu wäßrigen Lösungsmitteln (Untersuchungen zur Quellung und Lösung von Cellulose in aminhaltigen Flüssigkeitsgemischen. 3. Mitt.) 286

Viskosität, Zur Konzentrationsabhängigkeit der — höher konzentrierter Polymerlösungen 3

Wärme, Einfluß von — auf Polyäthylenterephthalat-Faserstoffe (PÄT) 85

Wäßrigen Lösungsmitteln, Beziehung der Viskosität zur rel. Molekülmasse und Molekülabmessung von Cellulosen in aminhaltigen Flüssigkeitsgemischen im Vergleich zu — (Untersuchungen zur Quellung und Lösung von Cellulose in aminhaltigen Flüssigkeitsgemischen. 3. Mitt.) 286

Wasser/Dimethylformamid-Fällbades, Abhängigkeit der rheologischen Eigenschaften von der Zusammensetzung des — (Untersuchung der rheologischen Eigenschaften von Polyacrylnitril-Gelfäden mittels Recken. 2. Mitt.). . . 119

Wasser, Röntgenmessungen an gereckten Fäden nach Behandlung mit — oder mit wäßriger Phenollösung (Zusammenhänge zwischen Feinstruktur und Eigenschaften von Polyamid 6. II.). 379

Wechselstrompolarographie, Zur Untersuchung der Adsorption kationaktiver Tenside an Faserstoffen mit Hilfe der — 42

Weiflängen, Berechnungsgrundlage zum Aufstellen von Tabellen für — und Feinheitsbereiche bei vorgegebener Strangfeinheit (KM) 305

Weißgrades, Zur Bestimmung des — an optisch aufgehelltem Prüfgut (KM) 348

Weißgrades, Zur Bestimmung des — an Prüflingen mit durchbrochenem Muster (KM) 347

Xanthogenaten, Zur spektralfotometrischen Bestimmung von — . . 256

Zinknachweis in Celluloseregeneratfäden durch elektronenmikroskopische Autoradiographie 523

Zusätze, Stabilitätserhöhung des Polyäthylenterephthalats durch stabilisierende — aus Phosphorigsäureestern 205

1
1972

Faserforschung und Textiltechnik

WISSENSCHAFTLICH-TECHNISCHE ZEITSCHRIFT
FÜR DIE CHEMIEFASER- UND TEXTILINDUSTRIE

BEGRUNDET VON
ERICH CORRENS UND WALTER FRENZEL

HERAUSGEGEBEN VON ERICH CORRENS
WOLFGANG BOBETH – HANS BÖHRINGER – HERMANN KLARE
BURKART PHILIPP – CHRISTIAN RUSCHER

SCHRIFTLEITER J. BRÄMER UND I. RUSCHER

AUS DEM INHALT

Zum zwanzigjährigen Bestehen
des Forschungsinstituts für Textiltechnologie
Karl-Marx-Stadt

Linow und Philipp
Zur Konzentrationsabhängigkeit
der Viskosität
höher konzentrierter Polymerlösungen

Zimmermann, Lehmann und Kolbig
Zum Verhalten von Experimentalfäden
aus Formaldehyd-Copolymerisaten
bei Chemikalieneinwirkungen

Wulf, Philipp, Mann und Kapelle
Rheologische Untersuchungen
an Spinnlösungen
6. Mitt.: Zum Barus-Effekt
bei konzentrierten Polymerlösungen

Teichgräber und Hirte
Die übermolekulare Struktur
hochpolymerer Verbindungen
Teil VIII. Ein erweitertes Fourierverfahren
zur quantitativen Analyse
der röntgenographischen Streukurven
von Polycaprolactam
als polymeres Mehrphasensystem.
Theorie des Mehrphasensystems

Jambrich, Diačik und Mitterpach
Beitrag zum Studium
von Strukturveränderungen
synthetischer Fasern bei Deformation
in der Faserlängsrichtung
I. Polyamidfasern (PA-6-Fasern)

Bobeth, Mally und Kulesa
Nutzungsmöglichkeiten der Mikroskopie
zur Analyse der Beschaffenheit
von durch Pfropfpolymerisation
modifizierten Viskosefaserstoffen
Teil 3. Untersuchungen
an mit Divinylbenzol
gepfropften Viskosefasern

Jacobasch, Jehring und Schumann
Zur Untersuchung der Adsorption
kationaktiver Tenside an Faserstoffen
mit Hilfe der Wechselstrompolarographie

Neue Bücher

Patentschau

Literaturschau

AKADEMIE-VERLAG BERLIN

Faserforsch. u. Textiltechnik · 23. Jahrg. · Heft 1 · Seiten 1–54 · Berlin im Januar 1972
FSTXA7 23 (1) 1–54 (1972) Preis: 15,– M · Sonderpreis DDR: 9,– M

Correns, Erich

Zum zwanzigjährigen Bestehen des Forschungsinstitutes für Textiltechnologie in Karl-Marx-Stadt

Banke, Karl-Heinz

Forschungsinstitut für Textiltechnologie in Karl-Marx-Stadt

Faserforsch. u. Textiltechnik **23** (1972) 1, S. 1—2

DK 678.4/.8:532.773:532.133:541.24

Linow, Karl-Joachim und *Philipp, Burkart*

Zur Konzentrationsabhängigkeit der Viskosität höher konzentrierter Polymerlösungen

Faserforsch. u. Textiltechnik **23** (1972) 1, S. 3—8. 9 Abb., 30 Lit.

Durch Einführung einer reduzierten spezifischen Viskosität in die Gleichung von *Schulz* und *Blaschke* wurde eine Beziehung erhalten, die verdünnte und konzentrierte Lösungen von Polymeren in „übereinstimmenden Zuständen" unabhängig von der Molmasse und dem betrachteten System charakterisiert, wobei ausschließlich die meßtechnisch rasch und eindeutig an verdünnten Lösungen bestimmbaren Größen $[\eta]_{SB}$ und k_{SB} zur Anpassung an das betreffende System dienen.

DK 677.494.644:677.494.744.6—13:677.019.341:677.019.342:677.017.63 539.379.24

Zimmermann, Heinz, Lehmann, Ruth, und *Kolbig, Christine*

Zum Verhalten von Experimentalfäden aus Formaldehyd-Copolymerisaten bei Chemikalieneinwirkungen

Faserforsch. u. Textiltechnik **23** (1972) 1, S. 8—13. 6 Abb., 3 Tab., 6 Lit.

Die chemische Beständigkeit von Acetalcopolymerisaten wurde anhand des Masseverlustes bei Einwirkung von Säuren, Alkalien und organischen Lösungsmitteln untersucht. Weiterhin wurden orientierende Untersuchungen über das Schrumpfverhalten in Abhängigkeit von der Temperatur und dem Reckverhältnis der Fäden durchgeführt.

DK 677.021.125.2:677.021.125.261:532.521.2:677.494.745.32:677.463

Wulf, Karl, Philipp, Burkart, Mann, Gerhard, und *Kapelle, Rudolf*

Rheologische Untersuchungen an Spinnlösungen
6. Mitt.: Zum Barus-Effekt
bei konzentrierten Polymerlösungen

Faserforsch. u. Textiltechnik **23** (1972) 1, S. 14—21. 11 Abb., 3 Tab., 30 Lit.

Nach einem kurzen Literaturüberblick über die Erscheinung und Deutung der Strahlaufweitung bei Polymerlösungen und -schmelzen werden eigene, an Viskose- und Polyacrylnitril Spinnlösungen erhaltene Ergebnisse zusammengefaßt dargestellt.

DK 678.675'126:539.26:539.22:548.735.44

Teichgräber Michael, und *Hirte, Rudolf*

Die übermolekulare Struktur hochpolymerer Verbindungen Teil VIII. Ein erweitertes Fourierverfahren zur quantitativen Analyse der röntgenographischen Streukurven von Polycaprolactam als polymeres Mehrphasensystem. Theorie des Mehrphasensystems

Faserforsch. u. Textiltechnik **23** (1972) 1. S. 21—27. 2 Abb., 26 Lit.

Ein früher beschriebenes Fourierverfahren zur Analyse der Röntgenstreukurve von Polymeren wird für die Anwendung auf polymere Mehrphasensysteme erweitert. Die Theorie ist auf das spezifische Streuverhalten von Polycaproamid zugeschnitten.

DK 677.494.675'126:539.382:677.014.87:677.014.84:677.017.2/.7

Jambrich, Martin, Diačik, Ivan und *Mitterpach, Ivan*

Beitrag zum Studium von Strukturveränderungen synthetischer Fasern bei Deformationen in der Faserlängsrichtung I. Polyamidfasern (PA-6-Fasern)

Faserforsch. u. Textiltechnik **23** (1972) 1, S. 28—34. 8 Abb., 1 Tab., 15 Lit.

Der Einfluß unterschiedlicher Bedingungen bei Deformation von PA-6-Fasern in Faserlängsrichtung auf die Änderungen physikalisch-mechanischer Eigenschaften, hauptsächlich der Orientierung der Kristall- und Nichtkristallbereiche, wird untersucht. Als geeignete Methoden wurden die Röntgenographie, die Messung der optischen Doppelbrechung, die Infrarot-Absorptions-Spektroskopie und die Messung der Schallausbreitungsgeschwindigkeit angewendet.
Die unterschiedlichen Bedingungen bei einseitig wirkender Deformation führen zu unterschiedlichem Verlauf der Orientierung der Kristall- und Nichtkristallbereiche der PA-6-Fasern, was sich letztlich in ihren physikalisch-mechanischen Eigenschaften auswirkt.

DK 677.463:677.862.25:547.358.4:677.014.842:677.016.673.42

Bobeth, Wolfgang, Mally, Annerose und *Kulesa, Jutta*

Nutzungsmöglichkeiten der Mikroskopie zur Analyse der Beschaffenheit von durch Pfropfpolymerisation modifizierten Viskosefaserstoffen
Teil 3. Untersuchungen an mit Divinylbenzol gepropften Viskosefasern

Faserforsch. u. Textiltechnik **23** (1972) 1, S. 35—41. 14 Abb., 5 Lit.

Durch mikroskopische Untersuchungen unter Einbeziehung von Quell- und Lösevorgängen sowie färberischer Effekte wird an mit Divinylbenzol gepfropften Viskosefaserstoffen eine Durchpfropfung bis zum Faserzentrum nachgewiesen; bei Pfropfausbeuten über 10% ist darüber hinaus eine bevorzugte Einlagerung des Propfoplymeren im Faserkern erkennbar. Die Anwendbarkeit von Mikroquell- und Mikrolösezeit-Messungen zur indirekten Bestimmung der Pfropfausbeute sowie zum Nachweis struktureller Veränderungen durch verschiedene Vorbeanspruchungen wird demonstriert.

DK 677.494:677.463:661.185.23:541.183.03:543.253

Jacobasch, Hans-Jörg, Jehring, Harry, und Schumann, Ursula

Zur Untersuchung der Adsorption kationaktiver Tenside an Faserstoffen mit Hilfe der Wechselstrompolarographie

Faserforsch. u. Textiltechnik **23** (1972) 1, S. 42—47. 8 Abb., 1 Tab., 15 Lit.

Die Eignung der Wechselstrompolarographie zur Untersuchung der Adsorption kationaktiver Tenside an Faserstoffen im Bereich der Monoschichtbildung wird untersucht. Die Adsorptionsisothermen von Alkylpyridiniumhalogeniden an Polyacrylnitril-, Polyamid-, Polyester- und Regeneratcellulose-Faserstoffen wurden aufgenommen. Die adsorbierte Tensidmenge steigt mit zunehmender Kettenlänge des Tensids.

Neue Bücher S. 47—48.

Patentschau S. 49—52.

Literaturschau S. 52—54.

Die Zeitschrift „Faserforschung und Textiltechnik" erscheint monatlich in Heften zu 48 Textseiten im Format A 4. Der Preis für das Einzelheft beträgt M 15,— (Sonderpreis für DDR M 9,—), für den Vierteljahresbezug M 45,— (Sonderpreis für DDR M 27,—), zuzügl. Bestellgeld. Die Berechnung erfolgt zu Beginn eines Vierteljahrs für 3 Hefte. Bestellungen aus dem Gebiet der Deutschen Demokratischen Republik an ein Postamt, eine Buchhandlung oder den Verlag, aus der Deutschen Bundesrepublik an eine Buchhandlung oder die Auslieferungsstelle Kunst und Wissen, Erich Bieber, 7 Stuttgart 1, Wilhelmstraße 4—6, aus dem Ausland an eine Importbuchhandlung, den Deutschen Buch-Export und -Import GmbH., 701 Leipzig, Postschließfach 276, oder den Akademie-Verlag GmbH., 108 Berlin, Leipziger Str. 3—4 (Fernruf: 220441; Telex-Nr. 0112020; Postscheckkonto 35021) erbeten. Bestellnummer dieses Heftes: 1014/23/1. Alleinige Anzeigenannahme DEWAG-WERBUNG, 102 Berlin, Rosenthaler Str. 28/31, und alle DEWAG-Betriebe in den Bezirksstädten der DDR. — Bestellungen in der UdSSR nehmen entgegen: Städtische Abteilungen von „SOJUZPECHATJ" bzw. Postämter und Postkontore.

Herausgeber und verantwortlich für den Inhalt: Prof. Dr. Erich Correns, Institut für Faserstoff-Forschung der Deutschen Akademie der Wissenschaften zu Berlin, 153 Teltow-Seehof, Fernruf: Teltow 4831; Prof. Dr.-Ing. habil Wolfgang Bobeth, Institut für Technologie der Fasern der Deutschen Akademie der Wissenschaften zu Berlin, 801 Dresden, Hohe Str. 6, Fernruf: 44721; Prof.-Dr. Ing. Hans Böhringer. Institut für Textiltechnologie der Chemiefasern Rudolstadt, Fernruf: Rudolstadt 2031; Prof. Dr. Hermann Klare, Prof. Dr. habil. Burkart Philipp und Dr. habil. Christian Ruscher, Institut für Faserstoff-Forschung der Deutschen Akademie der Wissenschaften zu Berlin, 153 Teltow-Seehof, Fernruf: Teltow 4831. Schriftleiter: Joachim Brämer und Dipl.-Chem. Ingeborg Ruscher, 153 Teltow-Seehof, Kantstr. 55. Verlag: Akademie-Verlag GmbH., 1054 Berlin, Wilhelm-Pieck-Str. 49, Satz und Druck: Druckhaus „Maxim Gorki", 74 Altenburg. — Veröffentlicht unter der Lizenznummer 1280 des Presseamtes beim Vorsitzenden des Ministerrates der Deutschen Demokratischen Republik.

Faserforschung und Textiltechnik

WISSENSCHAFTLICH-TECHNISCHE ZEITSCHRIFT FÜR DIE CHEMIEFASER- UND TEXTILINDUSTRIE

Band 23 | Januar 1972 | Heft 1

Zum zwanzigjährigen Bestehen des Forschungsinstituts für Textiltechnologie Karl-Marx-Stadt

sprechen Herausgeber und Schriftleitung der „Faserforschung und Textiltechnik" der Leitung und den Mitarbeitern des Instituts herzliche Glückwünsche für das bisher Geleistete und die zukünftige Forschungstätigkeit aus. Eine Anzahl der wissenschaftlichen Arbeiten des Instituts hat ihren Niederschlag auch in Veröffentlichungen seiner Mitarbeiter in unserer Zeitschrift gefunden, und der textiltechnische Teil der in jedem Heft erscheinenden Literaturschau von seinen Dokumentalisten erarbeitet wird. Auch ist beabsichtigt, die Verbindung unserer Zeitschrift zu dem Forschungsinstitut für Textiltechnologie in Zukunft noch enger zu gestalten.

Im Namen der Herausgeber

Prof. Dr. Dr. h. c. *Erich Correns*

Forschungsinstitut für Textiltechnologie Karl-Marx-Stadt

20 Jahre wissenschaftlich-technische Arbeit zum Nutzen der Fertigung hochqualitativer textiler Erzeugnisse auf der Grundlage rationeller technologischer Verfahren

Die im In- und Ausland bekannte und anerkannte textiltechnologische Forschungsstätte der DDR blickt am 1. 1. 1972 auf ihr zwanzigjähriges Bestehen zurück. Ihre Gründung im Bereich des Ministeriums für Leichtindustrie, ihr Aufbau und die wissenschaftlich-technische Arbeit ihres erfahrenen Kollektivs sind mit der Entwicklung der sozialistischen Textilindustrie der DDR auf das engste verbunden.

Von Anbeginn an waren die Aufgaben des FIFT als Forschungszentrum der Textilindustrie auf die Erarbeitung technologischer Grundlagen und die Überleitung sowie praktische Nutzung neuer Erkenntnisse der Entwicklung und Herstellung textiler Erzeugnisse auf der Grundlage rationeller technologischer Verfahren ausgerichtet. Dabei spielte und spielt die sozialistische Gemeinschaftsarbeit innerhalb der Textilindustrie wie auch mit der chemischen Industrie, insbesondere der Chemiefaserstoffindustrie und der Hilfsmittelindustrie, und mit dem Textilmaschinenbau eine hervorragende Rolle. Eine Vielzahl komplexer Aufgaben auf dem Gebiet der Verarbeitung, vor allem der synthetischen Faserstoffe GRISUTEN, WOLPRYLA und DEDERON fand unter maßgeblicher Mitarbeit des FIFT im Rahmen interdisziplinärer Kollektive der verschiedenen Wissensbereiche ihre Lösung. Das Kollektiv des FIFT wird deshalb auch weiter darum bemüht bleiben, diese sozialistische Gemeinschaftsarbeit mit dem Ziel der Steigerung des ökonomischen Effekts der Ergebnisse wissenschaftlich-technischer Aufgaben bei der Herstellung und Verarbeitung hochpolymerer Stoffe zu Textil- und Bekleidungserzeugnissen in der DDR zu fördern und zu vertiefen.

Heute umfaßt das seit Jahren überwiegend im Rahmen der Auftragsforschung der Industrie arbeitende Kollektiv des Institutes mehr als 400 Mitarbeiter, davon über 100 Hoch- und Fachschulkader der verschiedensten Fachdisziplinen. Das 1956 auf einem Areal von 13000 m² Fläche erbaute fünfgeschossige Hauptgebäude mit drei angrenzenden Shedhallen für Maschinenlaboratorien, Anbauten für Hörsaal, Speisesaal usw., wurde inzwischen durch einen im Jahre 1971 errichteten Neubau erweitert. Damit können neben wichtigen arbeitsorganisatorischen Maßnahmen, die den an die moderne textiltechnologische Forschung gestiegenen Anforderungen entsprechen, auch weitere Verbesserungen der Arbeits- und Lebensbedingungen des Institutskollektivs verwirklicht werden. Partei und Regierung der DDR gebührt für diese großzügige Förderung von Wissenschaft und Technik auf dem Gebiet der Textiltechnologie unser besonderer Dank.

In den vergangenen 20 Jahren löste das Kollektiv des Institutes eine Vielzahl von Forschungs- und Entwicklungsaufgaben, in deren Bearbeitungsablauf weltweit Patente erteilt wurden und über deren Ergebnisse in mehr als 500 Veröffentlichungen in der nationalen und internationalen Fachpresse berichtet worden ist.

Mit Stolz erinnert sich das Kollektiv des Institutes, das mit mehr als 20 wissenschaftlichen Institutionen des Auslandes, insbesondere der sozialistischen Länder, in Verbindung steht, des Besuches so hervorragender Persönlichkeiten, wie des Genossen *Walter Ulbricht*, Vorsitzender des Staatsrates der Deutschen Demokratischen Republik, und des Genossen *A. Kossygin*, Vorsitzender des Ministerrates der UdSSR. Entwicklungskollektive und Einzelpersönlichkeiten des Institutes erhielten für ihre besonderen wissenschaftlichen Leistungen hohe staatliche Auszeichnungen, wie den Vaterländischen Verdienstorden, den Nationalpreis, den Orden „Banner der Arbeit", den Ehrentitel „Verdienter Techniker des Volkes", „Verdienter Erfinder" und „Verdienter Aktivist".

Forschungsinstitut für Textiltechnologie Karl-Marx-Stadt

Aus der Vielzahl der auf den Gebieten der Spinnerei/Texturierung, Faserverbundstoffe, Fadenverbundstoffe, Veredlung sowie Textilprüf- und Meßtechnik speziell in den letzten Jahren abgeschlossenen Arbeiten und vorliegenden schöpferischen Leistungen seien folgende Beispiele hervorgehoben:

Malimo-Schichtträger und -Einlagestoffe für technische Textilien,
Maliwatt-Nähgewirke in hohen Feinheiten für verschiedene textile Erzeugnisse, wie z. B. Dekodruckstoffe,
Voltex-Verfahren auf Basis Nähwirktechnik für ein breites Erzeugnissortiment,
Nähcord-Verfahren auf Basis Nähwirktechnik,
Vlieswirkverfahren auf Basis Nähwirktechnik für die verschiedensten textilen Erzeugnisse,
Rundgestrickte Oberbekleidungsstoffe und elastische Möbelstoffe, Leichtgestricke verringerter Dehnbarkeit,
Wundverbandstoffe aus umstrickten Faservliesen,
Filtergewebe aus synthetischen Seiden zur Reinhaltung der Luft,
Röhrchengewebe für Bleiakkumulatoren,
Waschmaschinen- und schleuderfeste Bettwäsche sowie weitere Erzeugnisse mit hohem Veredlungseffekt.

Das internationale Interesse an den wissenschaftlichen Leistungen des Institutes wird u. a. durch die Vergabe der Lizenz für das Voltex-Verfahren an 14 Länder in Europa und Übersee bekundet.

Die in Zukunft im Forschungsinstitut für Textiltechnologie zu lösenden Aufgaben stehen mit der Erfüllung der anläßlich des VIII. Parteitages der Sozialistischen Einheitspartei Deutschlands für den Fünfjahrplan gestellten Hauptaufgabe zur weiteren Erhöhung des materiellen und kulturellen Lebensniveaus des Volkes in unmittelbarem Zusammenhang. Sie konzentrieren sich vorrangig auf solche Arbeiten der angewandten und Grundlagenforschung, deren Ergebnisse einesteils kurzfristig mit hoher Zuverlässigkeit und hohem volkswirtschaftlichem Effekt praxiswirksam werden, sowie anderenteils einen soliden, auf die Bedürfnisse der volkswirtschaftlichem und gesellschaftlichen Entwicklung der Deutschen Demokratischen Republik zielgerichteten wissenschaftlichen Vorlauf gewährleisten.

Dr.-Ing. *K.-H. Banke*

Direktor des Forschungsinstituts
für Textiltechnologie Karl-Marx-Stadt

Faserforschung und Textiltechnik 23 (1972) Heft 1

Zur Konzentrationsabhängigkeit der Viskosität höher konzentrierter Polymerlösungen

Karl-Joachim Linow und Burkart Philipp

Deutsche Akademie der Wissenschaften zu Berlin, Institut für Faserstoff-Forschung in Teltow-Seehof

DK 678.4/.8:532.773:532.133:541.24

Durch Einführung einer reduzierten spezifischen Viskosität in die Gleichung von *Schulz* und *Blaschke* wurde eine Beziehung erhalten, die verdünnte und konzentrierte Lösungen von Polymeren in ,,übereinstimmenden Zuständen" unabhängig von der Molmasse und dem betrachteten System charakterisiert, wobei ausschließlich die meßtechnisch rasch und eindeutig an verdünnten Lösungen bestimmbaren Größen $[\eta]_{SB}$ und k_{SB} zur Anpassung an das betreffende System dienen.

О зависимости вязкости растворов полимеров новыменной концентрации от концентрации

Путем введения приведенной удельной вязкости в уравнение Шульца и Блашке было получено сооотношение, характеризующее разбавленные и концентрированные растворы полимеров в ,,совпадающих состояниях" независимо от молекулярного веса и рассматриваемой системы. При этом для применения упомянутого соотношения к рассматриваемым системам используются только быстро и однозначно определяемые в разбавленных растворах величины $[\eta]_{SB}$ и k_{SB}.

Concentration Dependence of the Viscosity of Concentrated Polymer Solutions

By introducing a reduced specific viscosity into the equation of *Schulz* and *Blaschke* a relationship has been obtained that allows to characterise diluted and concentrated polymer solutions in corresponding states independent of the molecular weight of the system investigated. For adapting to this system only the quantities $[\eta]_{SB}$ and k_{SB} are required which can be measured conveniently and unequivocally with diluted solutions.

1. Einführung

Im Vergleich zu der großen Zahl heute bekannter Viskositätskonzentrationsbeziehungen für verdünnte Polymerlösungen (vgl. [1]), deren Zweck in erster Linie eine rechnerische Ermittlung der Viskositätszahl $[\eta]$ aus Einpunktmessungen (vgl. [2]) ist, befassen sich verhältnismäßig wenige Veröffentlichungen mit der Konzentrationsabhängigkeit der Viskosität mäßig und höher konzentrierter Polymerlösungen. Das Ziel dieser Arbeiten liegt entweder ausschließlich in der empirischen Aufstellung mathematischer Zusammenhänge zur Berechnung von η bei gegebener Konzentration unter Verwendung systemabhängiger Konstanten (vgl. [3, 4]), oder zusätzlich in einer Verknüpfung solcher Zusammenhänge mit Vorstellungen zum Lösungszustand dieser Systeme, wie etwa der Netzwerkbildung [5], der Veränderung der Knäueldimensionen [6, 7] und einer gegenseitigen Durchdringung der Knäuel [8, 9] bei steigender Konzentration sowie der thermodynamischen Lösungsgüte [10]. Zur Aufstellung ,,reduzierter Viskositäts-Konzentrations-Gleichungen" wurde wiederholt — einem Vorschlag von *Simha* [11, 12] folgend — von dem Quotienten $\eta_{\text{spez}}/c \cdot [\eta]$ als reduzierter Viskositätsgröße ausgegangen und diese gegen eine ,,reduzierte Konzentration" aufgetragen, wobei der Zusammenhang zwischen beiden Größen meist unter Verwendung der durch Zusatzglieder erweiterten [12, 13, 14] η/c-Beziehungen nach *Huggins* [15], *Martin* [16] oder *Baker* [17] formuliert wurde. Ausgehend von unseren früheren Arbeiten zur Konzentrationsabhängigkeit der Viskosität verdünnter Polymerlösungen [18, 19, 20] wird im folgenden gezeigt, wie man unter Verwendung einer ,,reduzierten spezifischen Viskosität" anstelle einer ,,reduzierten Konzentration" zu einer vielseitig anwendbaren Viskositäts/Konzentrations-Beziehung für konzentrierte Systeme gelangt. Hierbei steht zunächst der praktisch-analytische Gesichtspunkt der Berechnung einer der drei Größen Lösungsviskosität η, Viskositätszahl $[\eta]$ und Konzentration c aus den beiden anderen im Vordergrund, während hieraus abgeleitete Überlegungen zum Lösungszustand konzentrierter Systeme einer späteren Arbeit vorbehalten sind.

2. Aufstellung einer reduzierten η/c-Beziehung für verdünnte Lösungen

Für verdünnte Lösungen ist nach *Schulz* und *Blaschke* [21]

$$\frac{\eta_{\text{spez}}}{c} = [\eta]\,(1 + k_{SB} \cdot \eta_{\text{spez}}), \tag{1}$$

wobei die obere Gültigkeitsgrenze dieser Beziehung nach unseren früheren Ergebnissen [19] bei

$$\eta^{\times}_{\text{spez}} = 1{,}104/k_{SB} \tag{2}$$

erreicht wird und sich somit ergibt:

$$\frac{\eta_{\text{spez}}}{c} = [\eta]\left(1 + \frac{1{,}104 \cdot \eta_{\text{spez}}}{\eta^{\times}_{\text{spez}}}\right), \tag{3}$$

bzw.

$$\frac{\eta_{\text{spez}}}{c \cdot [\eta]} - 1 = 1{,}104\, \eta_{\text{spez}}/\eta^{\times}_{\text{spez}}\,. \tag{4}$$

Diese Gleichung ermöglicht im Gültigkeitsbereich von (1) die Erfassung des Viskositäts/Konzentrations-Verlaufs der verschiedensten Polymer/Lösungsmittel-Systeme durch eine einzige Gerade (Bild 1) unter Verwendung der leicht zugänglichen substanz- bzw. systemspezifischen Konstanten $[\eta]$ und $\eta^{\times}_{\text{spez}}$ als Reduktionsgröße, d. h. unabhängig vom betrachteten System liegt bei einem bestimmten Wert von $\eta_{\text{spez}}/\eta^{\times}_{\text{spez}}$ ein ,,übereinstimmender Zustand" hinsichtlich der durch $\eta_{\text{spez}}/c\,[\eta] - 1$ erfaßten Abweichung vom Viskositätsverhalten der ,,unendlich verdünnten" Lösung vor, in der keine Wechselwirkung zwischen den Einzelknäueln mehr auftritt.

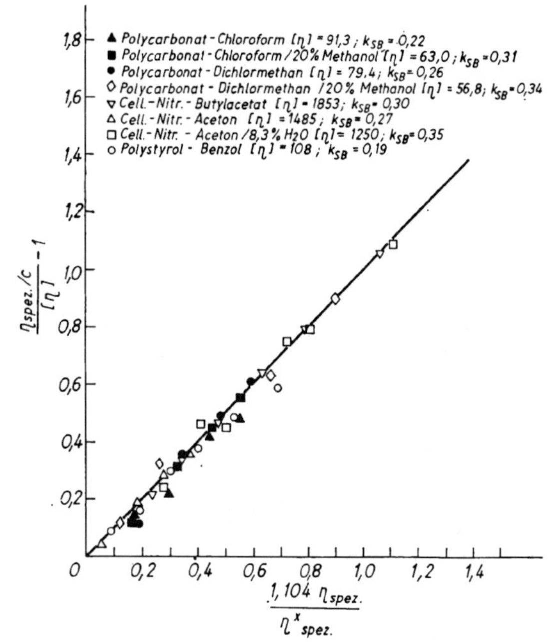

Bild 1. Reduzierte Darstellung der Konzentrationsabhängigkeit der Viskosität verdünnter Polymerlösungen

3. *Aufstellung einer reduzierten η/c-Beziehung für konzentrierte Polymerlösungen*

Nach Verlassen des Gültigkeitsbereiches von (1), also bei $\eta_{\text{spez}} > \eta^{\times}_{\text{spez}}$, führt eine Auftragung nach (4) nicht mehr zu einer Geraden, sondern zu einer gegen die Abszisse gekrümmten Kurve bei nur geringer Streuung der Einzelwerte für verschiedene Polymerproben mit unterschiedlichem *DP* bzw. für verschiedene Systeme (Bild 2 als Beispiel), d. h., die Abweichung vom Viskositätsverhalten der „unendlich verdünnten" Lösung nimmt bei weiterer Erhöhung von $\eta_{\text{spez}}/\eta^{\times}_{\text{spez}}$ weniger als proportional zu. Entsprechend Bild 3 ist eine Linearisierung durch logarithmische Auftragung der reduzierten Größen möglich. Hierbei wird für eine Vielzahl unterschiedlicher Polymerproben und Polymersysteme, von denen Bild 3 nur eine Anzahl der ausgewerteten Literaturdaten wiedergibt, im Konzentrationsbereich zwischen < 5 und ca. 50% eine gemeinsame Gerade erhalten, wobei sich aus dem bisher von uns herangezogenen Material die Ausgleichsgerade

$$\lg\left(\frac{\eta_{\text{spez}}}{c[\eta]} - 1\right) = -0{,}008 + 0{,}80 \lg \frac{\eta_{\text{spez}}}{\eta^{\times}_{\text{spez}}} \qquad (5)$$

bzw.

$$\frac{\eta_{\text{spez}}}{c[\eta]} - 1 = 0{,}982\left(\frac{\eta_{\text{spez}}}{\eta^{\times}_{\text{spez}}}\right)^{0{,}80} \qquad (6)$$

ergibt. Hierbei muß offen bleiben, ob die Differenz des Zahlenfaktors 0,982 vom Wert 1,104 (Gleichung (4)) tatsächlich eine Korrekturgröße gegenüber den Beziehungen für verdünnte Lösungen oder nur eine zufällige Abweichung bei der Mittelwertbildung aus dem verfügbaren Datenmaterial darstellt. Was die Frage des Übergangs von Gleichung (4) zu Gleichung (6) beim Überschreiten eines bestimmten Wertes von η_{spez} anbelangt, so sprechen die in den Bildern 1 und 3 wiedergegebenen sowie zusätzlich aus einer Arbeit von *Simha* u. Mitarb. [4] herangezogene Meßwerte dafür, daß die Größe $\eta^{\times}_{\text{spez}}$ tatsächlich eine physikalische Bedeutung hat, indem sich bei ihrer Überschreitung der Exponent der reduzierten η/c-Beziehung in einem recht engen Intervall von 1,0 auf 0,80 erniedrigt (Bild 4).

Gleichung (6) verwendet zwar in Analogie zu anderen bereits beschriebenen Beziehungen [4, 13, 14] ebenfalls den Quotienten $\eta_{\text{spez}}/c[\eta]$, unterscheidet sich jedoch von diesen durch die Einführung einer normierten

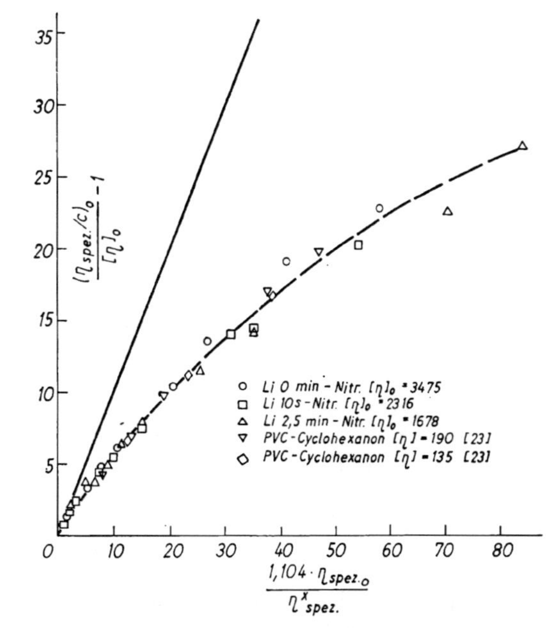

Bild 2. Reduzierte *Schulz/Blaschke*-Auftragung für halbkonzentrierte Lösungen. Verschiedene Systeme

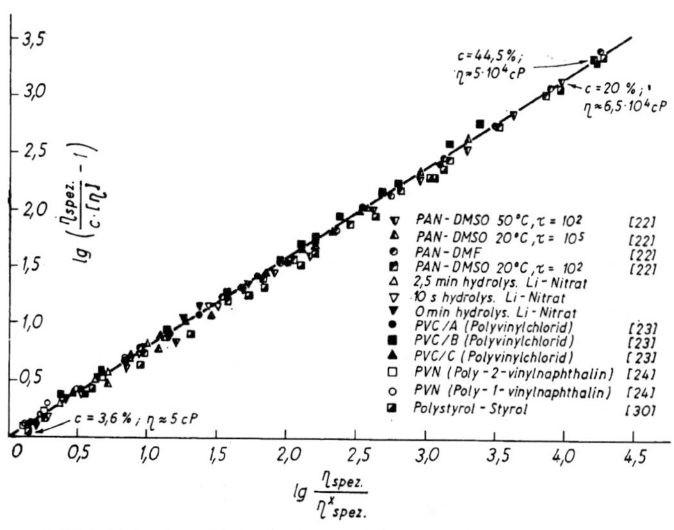

Bild 3. Viskositäts/Konzentrations-Verhalten von halbkonzentrierten und konzentrierten Lösungen. Verschiedene Polymere

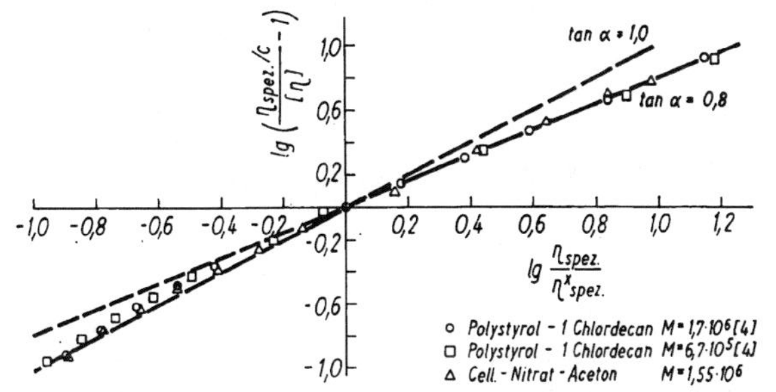

Bild 4. Viskositäts/Konzentrations-Verhalten verdünnter und halbkonzentrierter Lösungen von Polymeren im Übergangsbereich

spezifischen Viskosität anstelle einer normierten Konzentration als zweiter reduzierter Größe. Sie bietet den Vorteil, daß die zur Normierung benutzte Größe $\eta_{\text{spez}}^{\times}$ von der relativen Molmasse unabhängig ist im Gegensatz zu der von anderen Autoren eingeführten „kritischen Konzentration" $c_{\text{kr.}}$ [3] oder γ [3], wobei $\eta_{\text{spez}}^{\times}$ für das betreffende System eindeutig über den aus Messungen an einer einzigen Polymerprobe zu ermittelnden Wert von k_{SB} bestimmt ist. Eine Einschränkung der Gültigkeit von Gleichung (6), etwa auf bestimmte Polymerklassen, einen bestimmten Molmassebereich oder einen bestimmten Bereich der thermodynamischen Lösungsgüte wurde von uns für nicht ionogene Polymere in keinem Falle festgestellt. Für Polyelektrolyte stehen entsprechende Untersuchungen noch aus. Wie aus dem in den Bildern 5 und 6 dargestellten, allerdings bisher recht begrenzten Versuchsmaterial hervorgeht, scheint Gleichung (6) auch zum Vergleich konzentrierter Polymerlösungen bei unterschiedlicher Temperatur und bei unterschiedlichem Schergefälle geeignet zu sein. Wenn die den jeweiligen Meßbedingungen entsprechenden Werte für $[\eta]$ und $\eta_{\text{spez}}^{\times}$ eingesetzt werden, liegen die bei Variation von Temperatur und Schergefälle erhaltenen Meßpunkte ebenfalls auf der Ausgleichsgeraden von Bild 3.

Gleichung (6) ermöglicht zunächst aus einer Messung der spezifischen Viskosität für eine beliebige Polymerprobe in einem Polymer/Lösungsmittel-System bekannter k_{SB} bei Kenntnis der Polymerkonzentration eine recht gute Abschätzung von $[\eta]$ bzw. bei Kenntnis von $[\eta]$ eine Berechnung der Konzentration. Mit ca. 5% ist dabei die relative Standardabweichung nur etwa doppelt so groß wie bei der üblichen Ermittlung von $[\eta]$ aus verdünnter Lösung. Außerdem erlaubt Gleichung (6) die Berechnung der absoluten Viskosität einer konzentrierten Polymerlösung im technisch interessanten Konzentrationsbereich bei vorgegebener Konzentration mit Hilfe der meßtechnisch leicht zugänglichen Größen $[\eta]$ und k_{SB}, indem man Gleichung (6) umformt zu

$$\eta_{\text{spez}} = \left(\frac{0{,}982[\eta]\cdot c}{\eta_{\text{spez}}^{0,8}} + \frac{[\eta]\,c}{\eta_{\text{spez}}^{\times 0,8}}\right)^{5} \tag{7}$$

und aus (7) dann η_{spez} nach einem Iterationsverfahren mit der gewünschten Genauigkeit ermittelt. Da der zweite Summand in (7) in dem z. B. für technische Spinnlösungen üblichen Konzentrationsbereich etwa 3 bis 4 Zehnerpotenzen kleiner ist als der erste, führt diese Iteration schon nach drei bis sechs Schritten zum Ziel. Für verdünntere Lösungen empfiehlt sich eine Umformung von (6) zu

$$\eta_{\text{spez}}^{0,8} = \frac{[\eta]\cdot c}{\eta_{\text{spez}}^{0,2} - \dfrac{0{,}98\,[\eta]\,c}{\eta_{\text{spez}}^{\times 0,8}}} \tag{8}$$

und anschließende Berechnung von η_{spez} ebenfalls durch ein Iterationsverfahren.

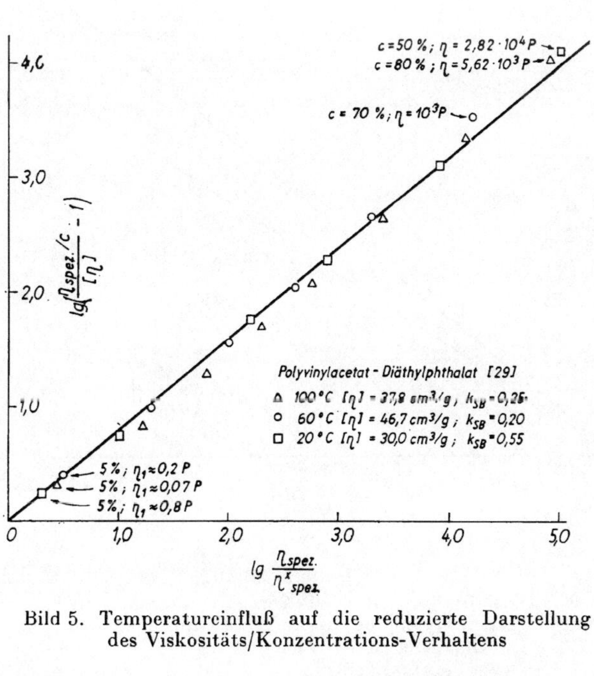

Bild 5. Temperatureinfluß auf die reduzierte Darstellung des Viskositäts/Konzentrations-Verhaltens

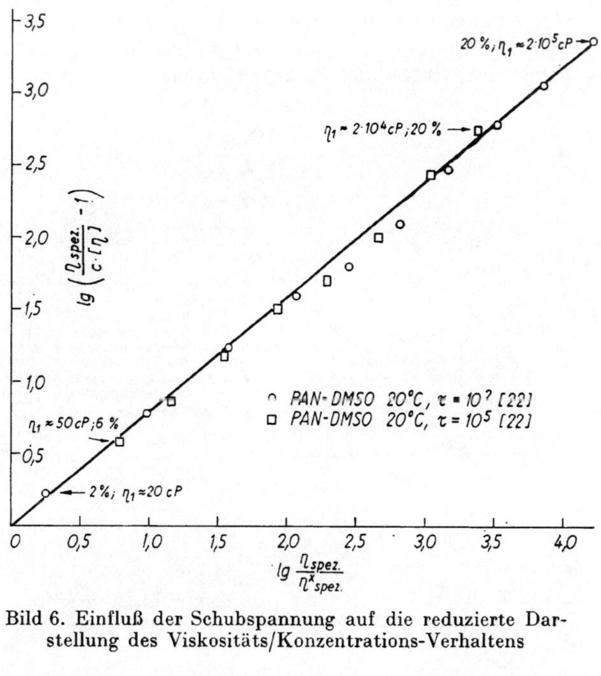

Bild 6. Einfluß der Schubspannung auf die reduzierte Darstellung des Viskositäts/Konzentrations-Verhaltens

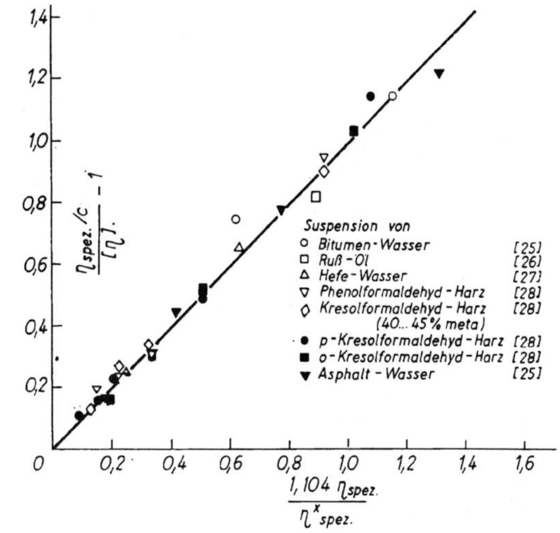

Bild 7. Reduzierte Darstellung der Konzentrationsabhängigkeit der Viskosität verdünnter Suspensionen

4. Anwendung der reduzierten η/c-Beziehung auf Polymersuspensionen

Der früher von uns aufgezeigte [19] Zusammenhang zwischen der für verdünnte Lösungen von Fadenmolekülen gültigen Viskositäts/Konzentrations-Beziehung nach *Schulz/Blaschke* und dem von *Einstein* für verdünnte Kugelsuspensionen abgeleiteten Viskositätsgesetz gab Anlaß, die Anwendbarkeit der reduzierten Gleichungen (4) und (6) auf Polymersuspensionen anhand von Literaturdaten [25 bis 28] zu prüfen. Hierzu werden zunächst für verdünnte Suspensionen aus einer Auftragung von Literaturdaten η_{spez}/c gegen η_{spez} als formale Größe eine Viskositätszahl $[\eta]$ sowie k_{SB} ermittelt, wobei wir für verschiedene Systeme Werte von $[\eta]$ zwischen 2,25 und 11,0 und k_{SB}-Werte zwischen 0,4 und 1,2 erhielten. Die Abweichungen der so berechneten Werte von 2,5 für $[\eta]$ bzw. 0,4 für k_{SB} sind möglicherweise auf Abweichungen von der Kugelgestalt oder auf Quellungserscheinungen bei den suspendierten Teilchen sowie auf mögliche Aggregationen zurückzuführen.

Eine Auftragung der erhaltenen Daten in Bild 7 nach Gleichung (4) zeigt, daß auch die Meßwerte der Suspensionen durch eine einheitliche, durch den Koordinatenursprung gehende Gerade erfaßt werden, deren Steigung mit Werten zwischen 1,0 und 1,05 weitgehend der für verdünnte Lösungen von Fadenmolekülen gefundenen entspricht. Im Gegensatz zu den Polymer*lösungen* bleibt der lineare Zusammenhang zwischen den reduzierten Größen $\eta_{spez}/c \cdot [\eta] - 1$ und $\eta_{spez}/\eta^{\times}_{spez}$ für die Suspensionen auch bei höheren Konzentrationen erhalten. Eine logarithmische Auftragung der uns zur Verfügung stehenden Daten ergab die Ausgleichsgerade (Bild 8)

$$\lg\left(\frac{\eta_{spez}}{[\eta]\cdot c} - 1\right) = 0{,}031 + 0{,}981 \lg \frac{\eta_{spez}}{\eta^{\times}_{spez}} \qquad (9)$$

bzw.

$$\eta_{spez}/c \cdot [\eta] - 1 = 1{,}07 \left(\frac{\eta_{spez}}{\eta^{\times}_{spez}}\right) 0{,}981\,, \qquad (10)$$

wobei die Abweichung des Exponenten vom Wert 1 nicht gesichert ist und der Faktor 1,07 recht gut mit dem Steigungsfaktor 1,104 der Gleichung (4) übereinstimmt.

Entsprechend Bild 9 könnte man die beiden nach Gleichung (6) und Gleichung (10) erhaltenen Geraden als Grenzgeraden für den Viskositäts/Konzentrations-Verlauf von echten Lösungen von Hochpolymeren einerseits, Suspensionen kompakter Partikel andererseits betrachten. Man kann vermuten, daß in dem durch die beiden Geraden eingeschlossenen Gebiet solche Systeme ihren Platz finden, deren Zustand zwischen dem der Lösung und der Suspension liegt. Zu denken wäre dabei einerseits an stark verzweigte bzw. stark gelhaltige Polymerlösungen, zum anderen an lyophile, gelbildende Suspensionen mit stark gequollenen Teilchen. Geeignete Meßwerte an solchen Systemen standen uns bisher nicht zur Verfügung, jedoch fanden wir einen Übergang von

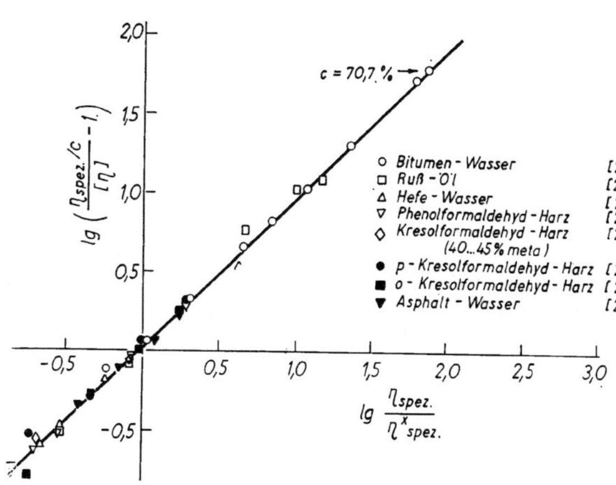

Bild 8. Reduzierte Darstellung des Viskositäts/Konzentrations-Verhaltens verdünnter und konzentrierter Suspensionen

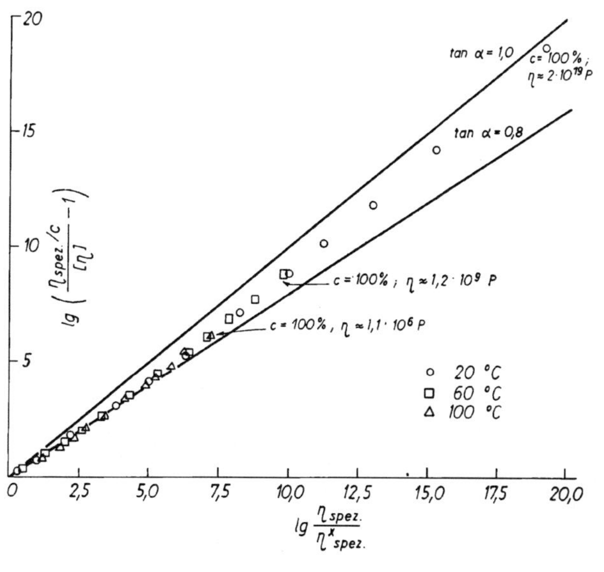

Bild 9. Viskositäts/Konzentrations-Verhalten konzentrierter Lösungen von Polyvinylacetat in Diäthylphthalat mit Übergang zum Festkörper [29]

der „Lösungsgeraden" zur „Suspensionsgeraden" beim Auftragen der Meßdaten für das System Polyvinylacetat/Diäthylphthalat über den gesamten möglichen Mischungsbereich, wobei die Viskositäten der höchstkonzentrierten Mischungen aus Relaxationsmessungen von *Kishimoto* [29] berechnet wurden und dabei z. B. für ein Gemisch mit 95% Polymeren eine Viskosität von $6 \cdot 10^{14}$P erhalten wurde. Bis zu Polymerkonzentrationen entsprechend einer spezifischen Viskosität von $2 \cdot 10^5$ liegen die Meßpunkte recht gut auf der „Lösungsgeraden", nähern sich aber bei weiterer Konzentrationserhöhung zunehmend der „Suspensionsgeraden". Im Falle der von *Nishimura* [30] durchgemessenen konzentrierten Polystyrollösungen in Styrol folgten die Meßpunkte bis zur höchsten Konzentration von 51% ($\eta_{spez} = 5 \cdot 10^5$) eindeutig der „Lösungsgeraden", so daß ein Übergang zur „Suspensionsgeraden" bei hochkonzentrierten Lösungen bisher nur am System Polyvinylacetat/Diäthylphthalat gezeigt werden kann.

5. *Zusammenfassung und Schlußfolgerungen*

In der vorliegenden Arbeit wurde gezeigt, wie — ausgehend von der Viskositäts/Konzentrations-Beziehung nach *Schulz* und *Blaschke* — durch Einführung einer reduzierten spezifischen Viskosität Beziehungen erhalten werden können, die verdünnte und konzentrierte Lösungen nichtionogener Polymerer in „übereinstimmenden Zuständen" unabhängig von der Molmasse der betrachteten Probe und vom betrachteten System charakterisieren und eine einheitliche Darstellung des Viskositäts/Konzentrations-Verlaufes solcher Systeme bis zu Polymerkonzentrationen von etwa 50% ermöglichen, wobei ausschließlich die meßtechnisch rasch und eindeutig bestimmbaren Größen $[\eta]$ und k_{SB} zur Anpassung an das betreffende System dienen. Der zur Reduktion benutzten „kritischen spezifischen Viskosität" $\eta^{\times}_{spez}$, die die obere Gültigkeitsgrenze der *Schulz/Blaschke*-Beziehung kennzeichnet, kommt dabei offenbar nicht nur eine formale, sondern eine darüber hinausgehende physikalische Bedeutung im Hinblick auf eine hier einsetzende Änderung des Lösungszustandes (Änderung der Knäueldimensionen, „Durchdringung" von Knäueln) zu, die sich in einer Änderung des Exponenten unserer reduzierten Gleichung (Gleichung (4) und (5)) äußert und an anderer Stelle näher diskutiert wird. Für eine analytische und verfahrenstechnische Anwendung zur Berechnung der Viskosität konzentrierter Polymerlösungen erscheint die hier vorgeschlagene Beziehung in einem breiteren Konzentrationsbereich einsetzbar als die bisher bekannten einfachen Potenzansätze $\eta = a \cdot c^b$ [8] oder die vor allem auf *Simha* u. Mitarb. zurückgehenden Erweiterungen der Gleichungen nach *Huggins* [15], *Martin* [16] oder *Baker* [17], zumal sie zusätzlich eine Berücksichtigung von Temperatur- und Schergefälleeinfluß erlaubt und in ihrer Anwendung auf Polymersuspensionen erweitert werden kann.

Unseren Mitarbeiterinnen Frau *E. Linow* und Fräulein *G. Räder* danken wir für die sorgfältige Durchführung der umfangreichen Rechnungen.

Literatur

[1] *Rutgers, I. R.*: Relative viscosity and concentration. Rheologica Acta, Darmstadt **2** (1962) S. 305—348.

[2] *Marx-Figini, M.*: Zur Frage der Ermittlung von $[\eta]$ nach verschiedenen Extrapolationsmethoden. Makromol. Chemie **36** (1960) S. 220—231.

[3] *Simha, R.*, und *Utracki, L.*: Corresponding state relations for the Newtonian viscosity of polymer solutions. II. Further systems and concentrated solutions. J. Polymer Sci., A—2; Polymer Physics **5** (1967) S. 853—874.

[4] *Simha, R., und Chan, F. S.*: Corresponding state relations for the Newtonian viscosity of concentrated polymer solutions. Temperature dependence. J. physic. Chem. **75** (1971) S. 256—267.

[5] *Schurz, J.*: Bericht über das Rundgespräch für Cellulosechemiker über den Lösungszustand in verdünnten, konzentrierten und technischen Celluloselösungen in Baden-Baden 1966. Papier **21** (1967) S. 70—73.

[6] *Onogi, S., Kobayashi, T., Kojima, Y.*, und *Taniguchi, Y.*: Non-Newtonian flow of concentrated solutions of high polymers, J. appl. Polymer Sci. **7** (1963) S. 847—859.

[7] *Onogi, S., Masuda, T., Miyanaga, N.*, und *Kimura, Y.*: Dependence of viscosity of concentrated polymer solutions upon molecular weight and concentration. J. Polymer. Sci., A—2, Polymer Physics **5** (1967) S. 899—913.

[8] *Bueche, F.*: Physical Properties of Polymers. New York/London/ Sidney: Interscience Publ. 1962.

[9] *Porter, R. S.*, und *Johnson, J.-E.*: Shear viscosities of polyisobutene systems — A study of polymer entanglement. Polymer, London **3** (1962) S. 11—16.

[10] *Hayahara, T.*, und *Takao, S.*: Relationship between Polymer concentration and molecular weight in the viscosity behavior of concentrated solution. Kolloid-Z./Z. Polymere **225** (1967) S. 106—111.

[11] *Utracki, L.*, und *Simha, R.*: Corresponding state relations for the viscosity of moderately concentrated polymer solutions. J. Polymer Sci., A: General Papers **1** (1963) S. 1089—1098.

[12] *Utracki, L.*, und *Simha, R.*: Dilute solution viscosities of polymers near the critical temperature; corresponding state relations. J. physic. Chem. **67** (1963) S. 1052 bis 1055.

[13] *Lyons, P. F.*, und *Tobolsky, A. V.*: Viscosity of polypropylene oxide solutions over the entire concentration range. Polymer engng. Sci. **10** (1970) S. 1—3.

[14] *Chou, L., Y.*, und *Zakin, J. L.*: The effect of concentration on the viscosities of solutions of linear flexible high polymers. J. Colloid Interface Sci. **25** (1967) S. 547 bis 557.

[15] *Huggins, M. L.*: The viscosity of dilute solutions of long-chain molecules. IV. Dependence on concentration. J. amer. chem. Soc. **64** (1942) S. 2716—2718.

[16] *Martin, A. F.*: Amer. chem. Soc. Meeting, Memphis, April 1962.

[17] *Baker, F.*: Die Viskosität von Cellulosenitratlösungen. J. Chem. Soc. London **103** (1913) S. 1653—1675.

[18] *Philipp, B., Glöckner, G.*, und *Linow, K.-J.*: Bemerkungen zur Konzentrationsabhängigkeit der Lösungsviskosität von Hochpolymeren auf Grund experimenteller Untersuchungen an Cellulosenitrat und Polycarbonat in verschiedenen Lösungsmitteln. Faserforsch. u. Textiltechnik **18** (1967) S. 311—317.

[19] *Glöckner, G., Linow, K.-J.*, und *Philipp, B.*: Zur Interpretation der Viskositäts/Konzentrations-Beziehung nach *Schulz* und *Blaschke*. Faserforsch. u. Textiltechnik **19** (1968) S. 120—124.

[20] *Linow, K.-J.*, und *Philipp, B.*: Zur Konzentrationsabhängigkeit der Viskosität verdünnter Lösungen von Hochpolymeren. Plaste und Kautschuk **18** (1971) S. 721 724

[21] *Schulz, G. V.*, und *Blaschke, F.*: Eine Gleichung zur Berechnung der Viskositätszahl für sehr kleine Konzentrationen. J. prakt. Chemie **158** (1941) S. 130—135; **159** (1941) S. 146—154.

[22] *Gröbe, V., Mann, G.*, und *Wulf, K.*: Rheologische Untersuchungen an Spinnlösungen. 4. Mitt.: Zum Fließverhalten von Polyacrylnitril-Lösungen. Faserforsch. u. Textiltechnik **17** (1966) S. 559—565.

[23] *Pezzin, G.*, und *Gligo, N.*: Viscosity of concentrated polymer solutions. I. Polyvinylchlorid in cyclohexanone. J. appl. Polymer Sci. **10** (1966) S. 1—19.

[24] *Utracki, L., Simha, R.,* und *Eliezer, N.:* Viscosity of vinyl aromatic polymer solutions. Polymer, London **10** (1969) S. 43—53.

[25] *Eilers, H.:* Die Viskosität von Emulsionen hochviskoser Stoffe als Funktion der Konzentration. Kolloid-Z. **97** (1941), S. 313—321.

[26] *Wolarowitsch, M. P.,* und *Borinewitsch, W. S.:* Über Viskosität und Plastizität disperser Systeme. IX. Untersuchung der plastisch-viskosen Eigenschaften der Druckfarben. Kolloid-Z. **77** (1936) S. 93—99.

[27] *Eirich, F., Bunzel, M.,* und *Margaretha, H.:* Untersuchungen über die Viskosität von Suspensionen und Lösungen. 4. Über die Viskosität von Kugelsuspensionen. Kolloid-Z. **74** (1936) S. 276—285.

[28] *Klaassens, K.H.,* und *Houwink, R.:* Viskosität in Lösung und Kondensationsgeschwindigkeit von Phenolformaldehydharzen. Kolloid-Z. **76** (1936) S. 217—223.

[29] *Kishimoto, A.:* Diffusion and viscosity of polyvinyl acetate-diluent systems. J. Polymer Sci., A: General Papers **2** (1964) S. 1421—1439.

[30] *Nishimura, N.:* Viscosities of concentrated polymer solutions. J. Polymer Sci., A: General Papers **3** (1965) S. 237—253.

Eingegangen am 9. Juli 1971

Zum Verhalten von Experimentalfäden aus Formaldehyd-Copolymerisaten bei Chemikalieneinwirkungen

Heinz Zimmermann, Ruth Lehmann und Christine Kolbig

Deutsche Akademie der Wissenschaften zu Berlin, Institut für Faserstoff-Forschung in Teltow-Seehof

DK 677.494.644:677.494.744.6—13:677.019.341:677.019.432:677.017.63:539.379.24

Die chemische Beständigkeit von Acetalcopolymerisatfäden wurde anhand des Masseverlustes bei Einwirkung von Säuren, Alkalien und organischen Lösungsmitteln untersucht. Weiterhin wurden orientierende Untersuchungen über das Schrumpfverhalten in Abhängigkeit von der Temperatur und dem Reckverhältnis der Fäden durchgeführt.

К вопросу об изменении свойсть опытных волокон на основе сополимеров формальдегида при воздействии химикалий

Изучалась устойчивость (потеря веса) волокон на основе сополимеров формальдегида к воздействию кислот, щелочей и органических растворителей. Кроме того, проводились ориентировочные исследования усадочности волокон в зависимости от температуры и степени вытяжки.

Chemical Resistance of Experimental Fibres of Formaldehyde Copolymers

The chemical resistance of fibres of acetal copolymers has been investigated by measuring the weight loss caused by the attack of acids, alcaline compounds and organic solvents. Preliminary investigations were performed about the dependence of shrinking on the drawing ratio and temperature of the fibres.

1. Einleitung

Die guten mechanischen und chemischen Eigenschaften haben Homo- und Copolymerisate aus Formaldehyd in vielen Industriezweigen Anwendung als Plastwerkstoffe finden lassen, die in vielen Fällen mit Vorteil anstelle von metallischen Werkstoffen eingesetzt werden können. Seit etwa 1960 sind zahlreiche Patente bekannt geworden, die sich mit der Verarbeitung dieser Polymeren auch zu Faserstoffen befassen. Ein Überblick über die Patentliteratur und die Originalarbeiten auf diesem Gebiet wurde kürzlich von *Dietrich* u. a. [1] gegeben. In der gleichen Publikation berichten die Autoren über eigene Erfahrungen bei der Herstellung von Experimentalfaserstoffen aus Formaldehyd-Copolymerisaten sowie über deren Eigenschaften. Da zum Zeitpunkt dieser Arbeiten die Eigenschaften von Polyformaldehydfaserstoffen in der Literatur noch nicht näher beschrieben waren, führten wir parallel zu den Spinnversuchen der genannten Autoren verschiedene textilchemische Untersuchungen zur Charakterisierung dieser Experimentalfäden durch, die dazu beitragen sollten, Verarbeitungsbedingungen und Einsatzmöglichkeiten perspektivisch einschätzen zu können. Um einen ersten Überblick zu bekommen, beschränkten wir uns zunächst auf Untersuchungen über die Beständigkeit der Fasern bei Chemikalieneinwirkung anhand der Masseveränderungen und dabei auftretender Längenänderungen.

2. Masseänderung der Experimentalfäden bei Chemikalieneinwirkung

Die Untersuchungen wurden an Fäden durchgeführt, die aus einem handelsüblichen Acetalcopolymerisat ersponnen worden waren [1]. Sie waren durch folgende Daten gekennzeichnet:

Erweichungsbereich	150 bis 156 °C,
Schmelzpunkt nach *Boëtius* und aus DTA-Messungen	165 °C,
Reckverhältnis	1:3,9,
Feinheit	4,5 tex,
Reißdehnung	23,5%,
Reißlänge	30,0 p/tex.

Von einer Spule wurden Stränge von jeweils ca. 2 g abgewickelt, von denen die Präparation durch 6 h Extrahieren mit Petroläther im Soxhletapparat entfernt wurde.

2.1. Wasseraufnahme

Die Wasseraufnahme der getrockneten Fäden ist sehr gering. Sie beträgt im Normalklima (20 °C ± 2 grd; 65% ± 2% rel. Luftfeuchte) 0,4%. Zur Messung der

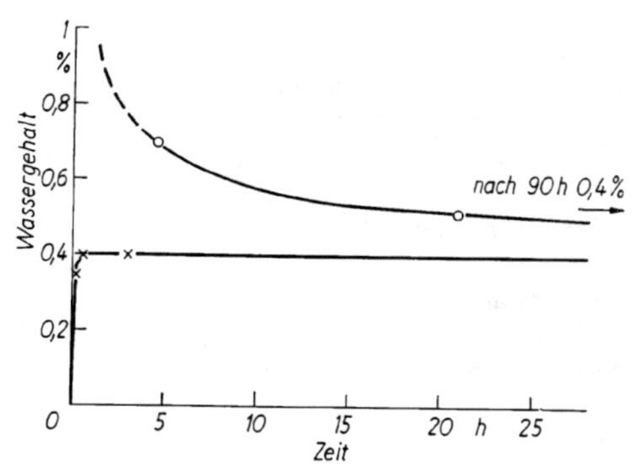

Bild 1. Wasseraufnahme (×) und -abgabe (∘) von Acetalcopolymerisat-Fäden im Normalklima

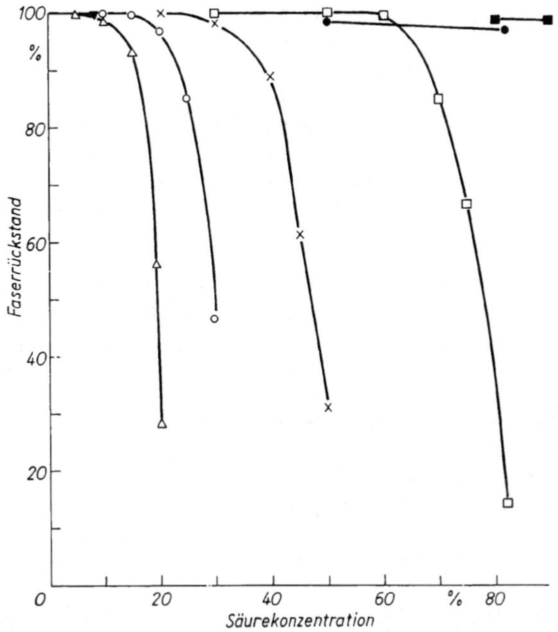

Bild 2. Masseverlust von Acetalcopolymerisat-Fäden bei der Einwirkung von Säuren bei 20 °C nach 4 h

▽ HCl, ∘ HNO_3, × H_2SO_4, □ H_3PO_4, ▼ $(COOH)_2$, ■ CH_3COOH, ● HCOOH

Desorptionsgeschwindigkeit wurde der Strang 2 h in Wasser gelegt, dann in Normalklima ausgehängt und die Wasserabgabe bis zur Massekonstanz bestimmt. Bild 1 zeigt Wasseraufnahme und -abgabe in Abhängigkeit von der Zeit.

2.2. *Verhalten gegenüber Säuren in Abhängigkeit von deren Konzentration und Temperatur*

Die extrahierten und klimatisierten Stränge wurden gewogen und in einem verschlossenen Erlenmeyerkolben während einer bestimmten Zeit und Temperatur mit 100 ml Säure behandelt. Danach wurde über eine G4-Fritte abgesaugt, mit Wasser gewaschen, 1%iges Ammoniak aufgegossen und mit Wasser nachgewaschen. Getrocknet wurde 4 h im Vakuum bei 30 bis 40 °C. Anschließend wurden die Stränge auf der Fritte im Normalklima bis zur Massekonstanz belassen.

Das Nachwaschen mit Ammoniak war erforderlich, da beim Waschen mit Wasser geringe Mengen Säure in den Fäden verblieben und sie beim Trocknen weiter zersetzten.

2.2.1. *Anorganische Säuren*

Eingesetzt wurden HCl, HNO_3, H_2SO_4 und H_3PO_4. Die Behandlungsdauer betrug 4 h bei einer Temperatur von 20 °C.

Mit steigender Säurekonzentration wurden die Fäden stärker depolymerisiert. Dabei zeigte HCl die intensivste Einwirkung auf die Fäden. Der faserschädigende Einfluß nahm in der Reihenfolge HNO_3, H_2SO_4, H_3PO_4 ab. Bild 2 zeigt den Verlauf der infolge der Depolymerisation verursachten Masseabnahme der Fäden bei steigender Säurekonzentration.

Die Faserstruktur war schon bei relativ geringen Masseverlusten weitgehend zerstört. Die Depolymerisation wurde in Gegenwart von HCl, H_2SO_4 und H_3PO_4 an dem mit steigender Säurekonzentration intensiver werdendem Geruch nach Formaldehyd erkennbar. Bei der Behandlung mit HNO_3 wurde die Depolymerisation des Acetalcopolymerisates durch eine Reduktion der Salpetersäure angezeigt. Für Versuche bei 40 und 70 °C wurden die Säurekonzentrationen so gewählt, daß sie ca. 50% der Konzentration betrugen, die bei 20 °C

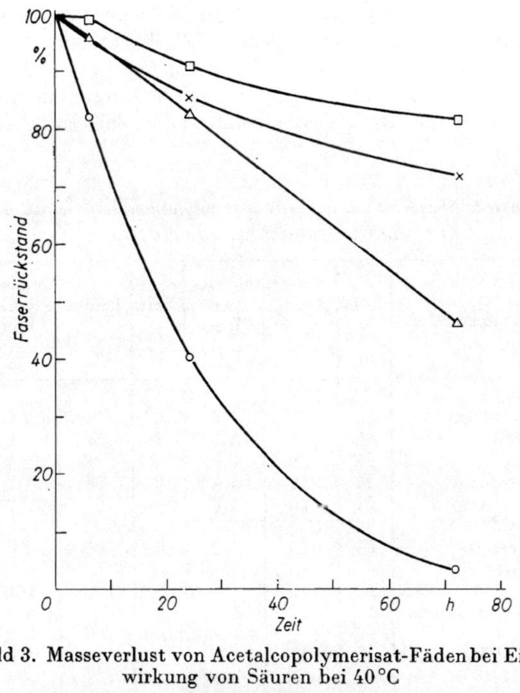

Bild 3. Masseverlust von Acetalcopolymerisat-Fäden bei Einwirkung von Säuren bei 40 °C

▽ 5%ige HCl, ∘ 10%ige HNO_3, × 15%ige H_2SO_4, □ 35%ige H_3PO_4

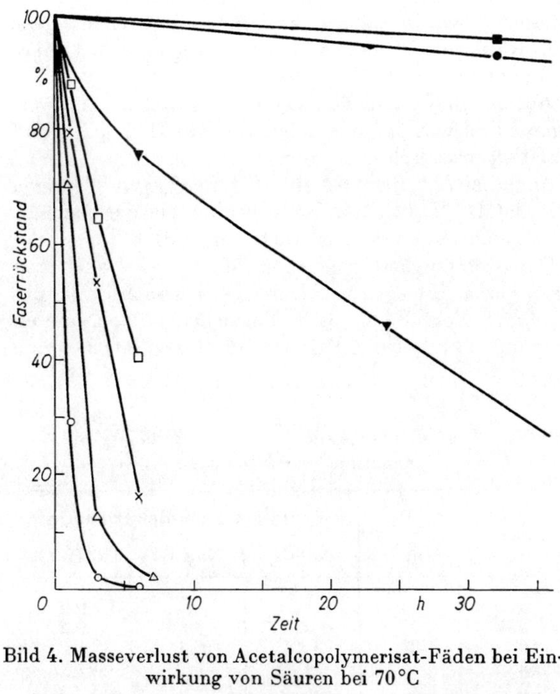

Bild 4. Masseverlust von Acetalcopolymerisat-Fäden bei Einwirkung von Säuren bei 70 °C

□ 35%ige H_3PO_4, ▼ 5%ige $(COOH)_2$, × 15%ige H_2SO_4, ▽ 5%ige HCl, ∘ 10%ige HNO_3, ■ 5%ige CH_3COOH, ● 5%ige HCOOH

nach 4 h gerade noch ohne einen durch Masseverlust erkennbaren Einfluß auf die Fäden geblieben waren. In den Bildern 3 und 4 sind die Versuchsergebnisse zusammengestellt. In 82%iger Phosphorsäure lösten sich die Fäden bei einer Temperatur von 85 °C innerhalb 1 min vollständig auf.

Interessant ist ein Vergleich dieser Masseveränderungen bei Säureeinwirkung mit den Festigkeitsveränderungen von Polyformaldehydfäden, die von *Egorov* u. a. in einem Übersichtsartikel berichtet werden [2]. Danach beträgt der Festigkeitsverlust nach einer Behandlung mit 15%iger H_2SO_4 während 100 h bei 50 °C 8 bis 9% und mit HNO_3 60 bis 80%.

2.2.2. Organische Säuren

Für die Untersuchungsreihe wurden Ameisensäure, Essigsäure und Oxalsäure ausgewählt. Die Versuchsbedingungen waren die gleichen wie bei den anorganischen Säuren. Aus Bild 2 ist ersichtlich, daß selbst konzentrierte Ameisensäure und Essigsäure nur einen sehr geringen Masseabbau verursachten. Oxalsäure zeigte bei der unter der vorgegebenen Temperatur erreichbaren Konzentration praktisch keine Einwirkung.

Die Säurekonzentration wurde bei den Versuchen bei 70 °C für Ameisensäure, Essigsäure und Oxalsäure einheitlich auf 5% festgesetzt.

Die in Bild 4 aufgetragenen Meßergebnisse zeigen, daß auch bei 70 °C Ameisensäure und Essigsäure nur einen relativ geringen Masseverlust der Fäden verursachten, die schädigende Wirkung der Oxalsäure war jedoch wesentlich stärker.

2.3. Verhalten gegenüber Alkalien in Abhängigkeit von deren Konzentration und Temperatur

Die Behandlung der Fäden erfolgte analog den Versuchen mit Säuren. Zum Auswaschen nach Abbruch der Versuche wurde 1%ige Essigsäure verwendet. Die Einwirkungsdauer der Alkalien betrug 4 h bei einer Temperatur von 20 °C.

Aus den in der Tabelle 1 zusammengestellten Meßwerten geht hervor, daß die Fäden von NaOH, Na_2CO_3 und $NaHCO_3$ praktisch nicht angegriffen werden.

Auch bei 72 h Erhitzen auf 70 °C in 5%igen Lösungen von NaOH, Na_2CO_3 und $NaHCO_3$ war die Faserschädigung gemessen am Masseverlust minimal.

Die Beständigkeit gegenüber Alkalien wird auch von *Egorov* u. a. [2] erwähnt. Danach verursacht eine Behandlung von Fäden aus Formaldehydcopolymeren während 100 h bei 50 °C mit 40%iger NaOH keine wesentliche Änderung der Festigkeit der Fäden; Homopolymere verlieren unter den gleichen Bedingungen etwa 6% ihrer Festigkeit.

Als besonderes Phänomen war zu beobachten, daß sich die Fäden bei 70 °C in der alkalischen Lösung violett färbten. Am intensivsten war die Färbung in Na_2CO_3-Lösungen, wo sie schon nach 1,5 h begann. In NaOH-Lösung trat die Färbung nach ca. 3 h und in $NaHCO_3$-Lösung nach ca. 48 h auf.

Tabelle 1. Einfluß von Alkalien auf die Beständigkeit von Acetalcopolymerisat-Fäden

Alkalikonz. %	T °C	% Masseverlust der Fäden in NaOH	Na_2CO_3	$NaHCO_3$
5			0,2	0,3
8,8				0,2
10	20	0,3	0,1	
18			0,2	
36,5		0,2		
3	70	0,6	0,6	0,4

2.4. Verhalten gegenüber organischen Lösungsmitteln

Über die Löslichkeit von hochmolekularen Polyoxymethylenen (Polyoxymethylendiol und -diacetat) sind von *Alsup* u. a. [3] umfangreiche Untersuchungen angestellt worden. Sie fanden, daß die Polymeren, die in Form von Blättchen vorlagen, bei Raumtemperatur in keinem der über 200 von ihnen eingesetzten Lösungsmittel löslich waren. Bei erhöhter Temperatur konnten die Polyoxymethylene jedoch in zahlreichen Lösungsmitteln zu einer Konzentration von 1 % gelöst werden. Die wirksamsten Lösungsmittel waren phenolische Verbindungen bei 50 bis 100 °C.

Es ist zu erwarten, daß sich Formaldehyd-Copolymerisate gegenüber Lösungsmitteln weitgehend ähnlich verhalten werden. Unterschiede können je nach Art und Menge der Cokomponente und durch die geringere Kristallinität der Acetalcopolymerisate auftreten.

Im Rahmen der hier beschriebenen Untersuchungen haben wir uns auf eine Reihe der gebräuchlichsten organischen Lösungsmittel beschränkt und den Masseverlust der Fäden unter ihrer Einwirkung bestimmt.

Die extrahierten und klimatisierten Fadenstränge von 2 g wurden in verschlossenen Erlenmeyerkolben mit 100 ml Lösungsmittel bei 20 °C behandelt bzw. in einem Rundkolben mit 100 ml Lösungsmittel am Rückflußkühler auf die jeweilige Siedetemperatur oder bei höher siedenden Lösungsmitteln auf 100 °C erhitzt. Danach wurde über einen ausgewogenen G 4-Glasfiltertiegel abfiltriert und dreimal mit reinem Lösungsmittel nachgewaschen. Das Lösungsmittel wurde durch längeres Absaugen an der Wasserstrahlpumpe entfernt. An-

Tabelle 2. Masseverlust von Acetalcopolymerisat-Fäden bei der Einwirkung organischer Lösungsmittel

Lösungsmittel	Zeit h	Temp. °C	Masseverlust %	Zeit h	Temp. °C	Masseverlust %
Äthylacetat	24	20	1,8	6	77	2,6
Aceton	24	20	1,2	6	56	1,6
Benzol	24	20	0,6	6	80	1,4
Chloroform	24	20	1,4	6	61	1,7
Dimethylformamid	24	20	1,3	6	100	2,2
Dimethylsulfoxid	24	20	1,1	6	100	2,6
m-Kresol	15	20	1,6	1	100	100
Methylenchlorid	15	20	4,6	3	41	4,7
Phenol				5min	100	100
Phenol/Methanol (4:1)	15	20	1,9			
Tetrachloräthan	24	20	0,8	6	100	2,0
Tetrachlorkohlenstoff	15	20	2,6	3	76	3,6

schließend wurden die Stränge im Vakuum bei 30 °C getrocknet und im Normalklima bis zur Massekonstanz belassen.

Die Meßergebnisse sind in der Tabelle 2 zusammengestellt. Bei Vorversuchen zur Auswahl von Lösungsmitteln, die zur Entfernung der Präparation geeignet sind, hatte sich bereits gezeigt, daß die Fäden gegenüber Alkoholen, Äther, Benzin und Petroläther völlig beständig sind. Diese Lösungsmittel sind in der Tabelle nicht mit aufgeführt. Auffallend war die mehr oder weniger starke Kräuselung und Schrumpfung der Fäden in den heißen Lösungsmitteln. Die stärksten Effekte wurden bei der Behandlung mit Tetrachloräthan und mit Dimethylformamid beobachtet.

2.5. *Zusammenfassende Betrachtung der chemischen Beständigkeit*

Die in den vorstehenden Abschnitten dargelegten Versuchsergebnisse zeigen u. E., daß die chemische Beständigkeit der Experimentalfäden aus dem Formaldehyd-Copolymerisat durchaus der anderer, bereits genutzter Faserstoffe vergleichbar ist. Die Säureempfindlichkeit sollte kein schwerwiegender Hinderungsgrund für die Nachbehandlung, Färbung und den Gebrauch von textilen Flächengebilden aus diesem Polymeren sein. Gerade in diesem zunächst bedenklich erscheinenden Punkt unterscheidet sich das Acetalcopolymerisat kaum von Polycaproamid.

Polyamid 6 wird bereits bei Raumtemperatur von 4,2 n (ca. 15%iger) Salzsäure gelöst [4] (zum Unterschied von Polyamid 6.6, das sich erst in der Hitze löst), die Polyformaldehydfäden wiesen unter den gleichen Bedingungen nach 4 h einen Masseverlust von 7% auf.

Der Vergleich mit Polyamid 6 ist insgesamt gesehen recht informativ. Eine weitgehende Ähnlichkeit im chemischen Verhalten zeigt sich deutlich, wenn man die Ergebnisse unserer Untersuchungen einer von *Koch* [5] veröffentlichten zusammenfassenden Darstellung der Chemikalienbeständigkeit von Polyamidfäden gegenüberstellt. (Siehe Übersicht rechts oben).

3. *Längenänderung der Fäden in Abhängigkeit von Temperatur und Heizmedium*

Die Durchführung der Bestimmungen erfolgte in Anlehnung an das RGW-Prüfverfahren „Bestimmung der Längenänderung von Chemieseiden beim Kochen, Trocknen und Klimatisieren", Blatt 19, Entwurf Nov. 1962 (mit Korrekturen Sept. 1963).

Danach ist „die 1 m lange klimatisierte Probe mit einer Vorspannung von 0,5 ± 0,1 p/tex aufzuhängen. Etwa in der Mitte des Fadens ist ein Abschnitt von 250 mm zu markieren. Der Faden wird dann spannungslos in destilliertem Wasser, dem 1 g/l Netzmittel zugesetzt wird, 30 min lang gekocht, anschließend spannungslos 12 h bei Normalklima abgelegt und dann unter einer Vorspannung von 0,5 ± 0,1 p/tex aufgehängt. Nach 60 s ist die Längenänderung des markierten 259 mm langen Abschnittes zu messen.

Die Krumpfung (Längenänderung in %) wird nach folgender Formel berechnet:

$$Z = \frac{L_1 - L_2}{L_1} \cdot 100\%$$

Z = Krumpfung in %,
L_1 = Länge vor der Behandlung in mm (250 mm),
L_2 = Länge nach der Behandlung in mm.

Darstellung der Chemikalienbeständigkeit

Beständigkeit von	*Polyamid*	*Acetalcopolymerisat*
gegen:		
schwache Mineralsäuren		
bei Zimmertemp.:	mäßig gut	mäßig gut
heiß:	Fasern mehr oder weniger geschädigt	Fasern geschädigt
konz. Mineralsäuren	Fasern je nach Art der Säure, Dauer der Einwirkung und Temperatur stark geschädigt oder gelöst	
organ. Säuren		
bei Zimmertemp.:	gut (Ausnahme Oxalsäure)	gut unterschiedlich
heiß:	unterschiedlich	(Oxalsäure löst)
Alkalien		
bei Zimmertemp.:	sehr gut	sehr gut
heiß:	Fasern geschädigt	gut
Oxydationsmittel:	Chlorlauge, Wasserstoffperoxid ergeben Faserschädigung, Natriumchlorit schädigt nicht	Wasserstoffperoxid ergibt Faserschädigung, Natriumhypochlorit schädigt nicht
die üblichen organ. Lösungsmittel (Trockenreinigung, Fleckentfernung)	bei Zimmertemp. ausgezeichnet; beim Siedepunkt mit Ausnahme von CCl_4 schrumpfend, falls Garne nicht thermofixiert. Löslich in Phenol, Kresol sowie deren Chlorsubstitutionsprodukten (schon bei Zimmertemp.)	bei Zimmertemp. sehr gut; in der Hitze unterschiedlich schrumpfend. Löslich in heißen Phenolen

Für die Bestimmungen wurden jeweils zehn Fäden von 1 m Länge benutzt. Zur Vorbereitung für die verschiedenen Versuchsreihen wurden die Fäden bei 30°C im Vakuumtrockenschrank getrocknet, anschließend klimatisiert und im Klimaraum mit der vorgeschriebenen Vorspannung aufgehängt. Nach der Behandlung unter den jeweiligen Versuchsbedingungen wurden sie in der gleichen Weise wieder klimatisiert und die Längenänderung gemessen.

3.1. *Kochschrumpf unterschiedlich gereckter Fäden*

Mit dieser Versuchsreihe sollte erkundet werden, wie sich das Rechteckverhältnis der Fäden auf den Kochschrumpf in Wasser auswirkt. Zu diesem Zweck waren die Fäden aus einem Spinnversuch im Verhältnis 1:6,2, 1:5,9, 1:5,4 und 1:3,9 über einen Heizstift bei ca. 120 °C gereckt worden.

Die wie unter 3 beschrieben vorbereiteten Fäden wurden jeweils einzeln spannungslos in dest. Wasser, dem 1 g Nekal/l zugesetzt war, 30 min gekocht. Anschließend wurden die Fäden in der vorgeschriebenen Weise klimatisiert und vermessen.

In der Tabelle 3 sind die Meßergebnisse zusammengestellt (mittlere Schrumpfung s, Standardabweichung Z, Variationskoeffizient V, Vertrauensbereich des Mittelwertes q).

Die Feinheit der Probe mit dem niedrigsten Reckverhältnis war sehr ungleichmäßig. Daraus resultierte eine größere Streuung in den textilen Kenndaten und der hohe Variationskoeffizient bei der Schrumpfungsbestimmung.

Tabelle 3. Kochschrumpf von Experimentalfäden aus einem Acetalcopolymerisat in Abhängigkeit vom Reckverhältnis

Reckverhältnis	Kennwerte der Ausgangsproben			Kochschrumpf			
	Feinheit tex	Reißdehnung %	Reißlänge p/tex	Z %	s	V %	q
1:6,2	4,27	12,1	56,1	9,3	0,89	9,6	0,60
1:5,9	4,52	12,0	47,4	9,2	0,21	2,3	0,15
1:5,4	4,59	14,6	45	11,3	0,31	2,8	0,22
1:3,9	4,5	23	30	17,3	2,8	16,1	1,9

3.2. Temperaturabhängigkeit der Schrumpfung unterschiedlich gereckter Fäden

Um die Abhängigkeit der Längenänderung von Temperatur und Reckverhältnis in einem breiten Temperaturbereich bestimmen zu können, wurde Siliconöl als indifferentes Mittel benutzt.

Als Probematerial wurden Fäden aus der gleichen Reckreihe wie für die unter 3.1 beschriebenen Untersuchungen eingesetzt. Die textilen Kennwerte der einzelnen Ausgangsproben sind diesem Abschnitt zu entnehmen.

Die vorbereiteten und klimatisierten Fäden wurden spannungslos 30 min in einem Siliconölbad (Siliconöl MO 200, VEB Chemiewerk Nünchritz), das durch eine Grund- und eine über Kontaktthermometer auf $\pm 1{,}5$ grd geregelte Spitzenheizung beheizt wurde, auf der Versuchstemperatur gehalten. Nach dem Temperieren wurden die Fäden zuerst zwischen Filterpapier und dann im Vakuum bei 30 °C getrocknet und anschließend klimatisiert. Die Messung und Auswertung erfolgte analog der Bestimmung des Kochschrumpfes.

Die Meßwerte sind in Bild 5 graphisch dargestellt.

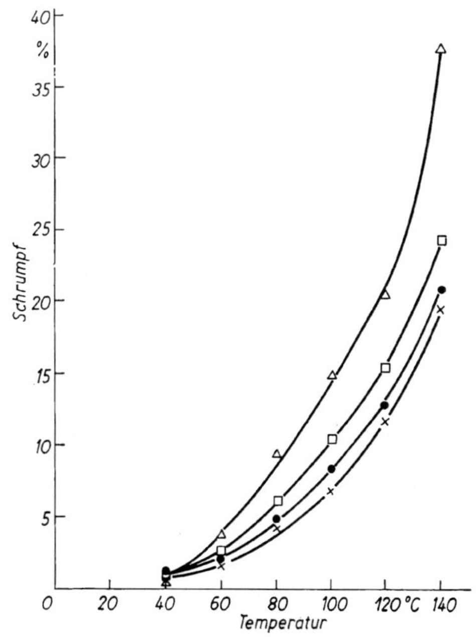

Bild 5. Schrumpf unterschiedlich gereckter Acetalcopolymerisat-Fäden in Abhängigkeit von der Temperatur
Reckverhältnis: × 1:62, • 1:5,9, □ 1:5,4, ▿ 1:3,9

3.3. Orientierende Untersuchungen über den Einfluß von fixierähnlichen Bedingungen auf das Schrumpfverhalten

Nach Aussage eines Patentes [6] soll die Wärmeschrumpfung von Polyoxymethylenfaserstoffen verhindert werden können, „indem man dieses Material unter erzwungener Einhaltung einer konstanten Länge auf eine Temperatur von vorzugsweise mehr als 120 °C erhitzt. Vorzugsweise hält man bei dieser Behandlung folgende Bedingungen ein:

Temperatur zwischen 150 und 170 °C, Dauer der Behandlung zwischen 0,1 und 10 min.“

Die angegebenen Temperaturen sind für ein Acetalcopolymerisat fraglos zu hoch (F 163 bis 165 °C!). Wir haben uns daher bei den orientierenden Fixierversuchen auf maximal 110 °C beschränkt und eine längere Einwirkungsdauer gewählt.

Für die Untersuchungen wurden Fäden eingesetzt, die folgende textile Kennwerte aufweisen:

Reckverhältnis	1:5,0,
Feinheit	6,13 tex,
Reißdehnung	29,3%,
Reißlänge	34,9 p/tex.

Diese im Vergleich zu den Kenndaten der in den bisher beschriebenen Versuchsreihen eingesetzten Fäden abweichenden textilphysikalischen Werte erklären sich durch ein anderes Reckverfahren.

Der Kochschrumpf der thermisch nicht vorbehandelten Fäden wurde wie unter 3.1 beschrieben bestimmt:

$$Z = 14{,}4\%,\quad s = 1{,}03,\quad V = 7{,}15\%,\quad q = 0{,}74.$$

Als Modellversuch zur Fixierung unter Spannung wurden die auf der Spule befindlichen Fäden 30 min in einem Trockenschrank auf 100 °C erhitzt. Nach dem Klimatisieren wurde an zehn Fäden der Kochschrumpf bestimmt:

$$Z = 12{,}0\%,\quad s = 0{,}56,\quad V = 4{,}66\%,\quad q = 0{,}40.$$

Die bereits 30 min bei 100 °C behandelte Spule wurde zusätzlich noch während 60 min auf 110 °C erhitzt. Anschließend wurde nach dem Klimatisieren wiederum der Kochschrumpf bestimmt:

$$Z = 8{,}0\%,\quad s = 0{,}81,\quad V = 10{,}13\%,\quad q = 0{,}58.$$

Bei 30 min Erhitzen auf 120 °C vergilbten die Fäden.

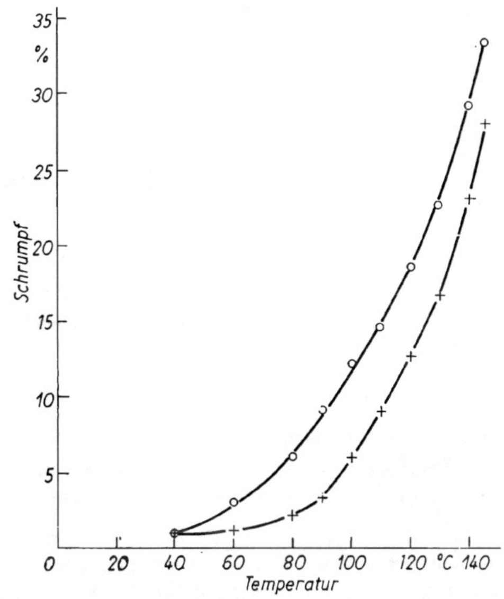

Bild 6. Einfluß einer Heißluftfixierung auf den temperaturabhängigen Schrumpf von Acetalcopolymerisat-Fäden (Reckverhältnis 1:5,0)
∘ unfixierte Fäden, +1 h bei 110 °C fixierte Fäden

Zur weiteren Charakterisierung des Fixiereffektes wurde außerdem noch analog den im Abschnitt 3.2 beschriebenen Untersuchungen die Temperaturabhängigkeit des Schrumpfes in Siliconöl an thermisch nicht vorbehandelten Fäden und an den auf der Spule auf 110 °C erhitzten Fäden bestimmt. Die Meßergebnisse sind in Bild 6 graphisch dargestellt.

Obwohl die Ergebnisse der Fixierversuche wegen der angewandten Versuchsmethodik und der durch das Probenmaterial bedingten Unsicherheiten natürlich nur eine Tendenz aufzeigen können, lassen sie doch erkennen, daß der Schrumpf der Experimentalfäden aus dem Formaldehyd-Copolymerisat ebenso wie der von anderen Faserstoffen durch eine Heißfixierung unter Spannung — kombiniert mit einem hohen Reckverhältnis (vgl. Abschn. 3.1) — weitgehend vermindert werden kann.

3.4. Schrumpfung in Tetrachloräthan und in Dimethylformamid

Im Zusammenhang mit den Untersuchungen zur Lösungsmittelbeständigkeit war schon auf die starke Schrumpfung der Fäden in heißem Tetrachloräthan und Dimethylformamid hingewiesen worden. Diese im Vergleich zu anderen Faserstoffen erhöhte Schrumpfneigung soll sich nach dem schon zitierten Patent [6] zur Erzielung von Bausch- oder Kräuseleffekten ausnutzen lassen, wenn die Polyoxymethylenfaser z. B. mit Cellulosefasern gemischt verarbeitet wird.

Da diese interessante Materialeigenschaft durchaus von praktischer Bedeutung sein kann, wurden auch einige Versuche zur quantitativen Bestimmung des Schrumpfes in den genannten Lösungsmitteln unternommen.

Jeweils zehn vorbereitete und klimatisierte Fäden (Kenndaten entsprechend 3.3) wurden spannungslos in Dimethylformamid bzw. Tetrachloräthan eingelegt und 30 min auf 100 °C ± 2 grd erhitzt. Danach wurden die Fäden bei 30 °C im Vakuum bis zur Massekonstanz getrocknet, klimatisiert und vermessen.

In Dimethylformamid:

$$\begin{aligned} Z &= 22{,}9\%, \\ s &= 0{,}97, \\ V &= 4{,}23\%, \\ q &= 0{,}69. \end{aligned}$$

In Tetrachloräthan:

$$\begin{aligned} Z &= 36{,}6\%, \\ s &= 3{,}11, \\ V &= 8{,}50\%, \\ q &= 2{,}23. \end{aligned}$$

Literatur

[1] *Dietrich, K., Reinisch, G., Versäumer, H., Schiffner, R., Naumann, J.,* und *Kleindienst, M.:* Experimentalfaserstoffe aus Formaldehyd-Copolymerisaten. Faserforsch. u. Textiltechnik **22** (1971) 5, S. 243—249.
[2] *Egorov, B. A., Grzimalovskij, A. S.,* und *Judin, A. V.:* Polyformaldehydfaserstoffe. Chim. Volokna (Chem. Fasern) (1969) 4, S. 35—39; dt. in: Sowj. Beitr. Faserforsch. Textiltechnik **6** (1969) 11, S. 569—575.
[3] *Alsup, R. G., Punderson, J. O.,* und *Leverett, G. F.:* The effect of solvents on high molecular weight, stable acetal resins. J. appl. Polymer Sci. **1** (1959) 2, S. 185—191.
[4] *Ludewig, H.:* Über die Unterscheidung von Perlon und Nylon. Faserforsch. u. Textiltechnik **3** (1952) 9, S. 354.
[5] *Koch, P. A.:* Polyamid-Faserstoffe. I. Z. ges. Textilind. **59** (1957) S. 782.
[6] FrP 1365078: Kombiniertes textiles Erzeugnis und Verfahren zu seiner Herstellung. Celanese Corp. of America. 1. 8. 1963.

Eingegangen am 9. Juli 1971

Rheologische Untersuchungen an Spinnlösungen

6. Mitt.: Zum Barus-Effekt bei konzentrierten Polymerlösungen[1])

Karl Wulf, Burkart Philipp, Gerhard Mann und Rudolf Kapelle

Deutsche Akademie der Wissenschaften zu Berlin, Institut für Faserstoff-Forschung in Teltow-Seehof

DK 677.021.125.2:677.021.125.261:532.521.2:677.494.745.32:677.463

Nach einem kurzen Literaturüberblick über die Erscheinung und Deutung der Strahlaufweitung bei Polymerlösungen und -schmelzen werden eigene, an Viskose- und Polyacrylnitril-Spinnlösungen erhaltene Ergebnisse zusammengefaßt dargestellt.

Реологические исследования прядильных растворов
Сообщ. 6-е: Об эффекте Баруса в концентрированных растворах полимеров

После краткого обзора литературных данных относительно эффекта и интерпретации расширения струи растворов и расплавов полимеров приводятся результаты собственных исследований на вискозных и полиакрилонитрильных прядильных растрворах.

Rheological Investigations of Spinning Solutions 6th Comm: Barus Effect of Concentrated Polymer Solutions

A brief literature review on the importance and interpretation of the enlargement of filaments of polymer liquids and melts is followed by a presentation of the results obtained by the authors with viscose and polyacrylonitrile spinning solutions.

1. *Einleitung*

Beim Fließen von Polymerlösungen und -schmelzen aus Kapillaren und damit auch bei der Herstellung von Chemiefäden aus Lösungen oder Schmelzen oder beim Extrudieren und Spritzgießen von Kunststoffschmelzen beobachtet man vielfach eine als „*Barus*-Effekt" bezeichnete Aufweitung des aus der Kapillare bzw. Düse austretenden Strahles. Bevor die Frage nach dem Einfluß dieses *Barus*-Effektes auf den Verformungsprozeß, die entstehende Polymerstruktur und damit schließlich die Produktqualität eindeutig beantwortet werden kann, erscheint es notwendig, die diese Strahlaufweitung bestimmenden Einflußgrößen zu kennen und die Ursache dieser Erscheinung aufzuklären, über die es zur Zeit noch recht unterschiedliche Auffassungen gibt. Als Beitrag hierzu bringt die folgende Arbeit einen wertenden Literaturüberblick über Phänomenologie und Deutung dieser Erscheinung und eine Zusammenfassung und Diskussion eigener, an Viskose- und Polyacrylnitrilspinnlösungen erhaltenen Ergebnissen, wobei z. T. auf unsere früheren Ergebnisse zum Fließverhalten solcher Spinnlösungen zurückgegriffen wird (vgl. [1, 2, 3, 4]).

2. *Überblick über bisherige Arbeiten*

Die bisherigen Arbeiten zum *Barus*-Effekt lassen sich schematisiert in drei Gruppen zusammenfassen:

2.1. Arbeiten im Zusammenhang mit dem technischen Naßspinnprozeß,

2.2. Stoffbezogene Arbeiten an Polymerschmelzen im Zusammenhang mit Kenngrößen des viskoelastischen Verhaltens,

2.3. Systemunabhängige Arbeiten zur Rheologie von Polymerlösungen und -schmelzen, in denen auch auf den Barus-Effekt eingegangenen wird.

Zu 2.1. In einer umfangreichen Untersuchung zur Rheologie von Cuoxamspinnlösungen bezogen *Kast* und *Elsaesser* [5, 6] erstmalig die Strahlaufweitung hinter der Düse und ihre Abhängigkeit von der Düsenlänge ein. *Pupke* [7] befaßte sich unter Verwendung von Meßwerten von *Elsaesser* mit der Faserverdickung unter der Spinnbrause und diskutierte für Cuoxamlösungen zwei Möglichkeiten als Ursache für die Verdickung: a) innere Spannungen in der Lösung und b) Diffusion von Wasser in den Faden, wobei die zweite Möglichkeit im Ergebnis der Arbeit ausgeschlossen wurde. Den Einfluß verschiedener Parameter, so auch der Abzugsgeschwindigkeit, auf den Strahldurchmesser von Celluloseregeneratfäden aus Viskose untersuchten *Klare* und *Gröbe* [8] und fanden u. a., daß nur durch einen entsprechend hohen Verzug (größer als 1) die Aufweitung des ausfließenden Strahls unmittelbar hinter der Düse zu vermeiden ist, und daß die Aufweitung nicht auf eine Stauchung des in das Fällbad strömenden Viskosestrahls beruhen kann. Im Zusammenhang mit dem Spinnverhalten von Modalfaserviskosen berichtete *Asaeda* [9] über den Einfluß des Längen/Radius-Verhältnisses der Düse auf das eine maximale Aufweitung hervorrufende Geschwindigkeitsgefälle und bestätigte damit unsere Beobachtung [1, 4], daß die Strahlaufweitung bei Viskose- und Polyacrylnitrilspinnlösungen mit steigendem Schergefälle ein ausgeprägtes Maximum durchläuft. Die Ursachen für die Aufweitungen sind vor allem in den viskoelastischen Eigenschaften der Polymerlösungen und -schmelzen [10 bis 15] zu sehen, in denen bei Beanspruchungen, z. B. beim Einfließen und beim Fließen in Kapillaren und Düsen, selbst unter stationären Bedingungen außer Scher- auch Normalspannungen sowohl in axialer als auch in radialer Richtung auftreten. So weisen bereits *Kast* und *Elsaesser* [6] nach, daß die Aufweitung um so geringer ist, je länger die Kapillare ist, daß der Effekt jedoch nicht vollkommen abklingt, sondern einem Endwert, einer Aufweitung, die auch bei stationärem Fließen vorhanden ist, zustrebt.

Zu 2.2. Bei Polymerschmelzen finden u. a. *Ziabicki* und *Kedzierska* [16] und *Kamide, Inamoto* und *Ohno* [17], daß außer einer elastischen Deformation, die beim Eintritt in die Kapillare erfolgt, auch ein Orientierungseffekt zur Aufweitung beiträgt. *Sekiguchi* [18] wandte die von *Jamamoto* [19] entwickelte nicht-lineare Viskoelastizitätstheorie auf den *Barus*-Effekt an und wies an Polystyrol u. a. nach, daß bei hohen Schergefällen ($D \approx 10^3\ s^{-1}$) ein linearer Zusammenhang zwischen dem Logarithmus des Schergefälles und dem Logarithmus der relativen Querschnittsaufweitung besteht.

Eine Beziehung zwischen der primären Normalspannungsdifferenz einerseits, der Aufweitung, der radialen Normalspannung am Kapillarende, dem Schergefälle, dem *Ostwald/*

[1]) 5. Mitt. s. [4].

de Waele-Exponenten und dem Kapillarradius andererseits stellten *Metzner, Houghton, Sailor* und *White* [20, 21] auf, wobei unter bestimmten Bedingungen die radiale Normalspannung am Kapillarende vernachlässigbar sein sollte, so daß man die primäre Normalspannung allein aus der Aufweitung und der Fließkurve ermitteln könnte. *Han, Charles* und *Philippoff* [22] konnten jedoch kürzlich experimentell durch direkte Druckmessungen längs der Kapillare bei Polyäthylen- und Polypropylenschmelzen zeigen, daß insbesondere die radiale Normalspannung am Kapillarausgang, der „exit pressure", weit größer ist als die anderen Terme in der von *Metzner* u. Mitarb. dargelegten Beziehung, da bei linearem Druckabfall längs der Kapillare am Kapillarende ein vom Schergefälle abhängiger, endlicher Druck bestehen bleibt. Bei *Newton*schen Flüssigkeiten tritt ein „exit pressure" nicht auf. Mit zunehmender Kapillarlänge fällt der „exit pressure" zunächst ab und nähert sich asymptotisch einem Endwert, der dann praktisch bei einem Längen/Radius-Verhältnis von ca. 40 erreicht ist. Ein ähnliches Verhalten zeigt die Aufweitung. Bemerkenswert ist, daß *Han, Charles* und *Philippoff* [22] einen halblogarithmischen Zusammenhang zwischen dem „exit pressure" und der Strahlaufweitung für die jeweiligen konstanten Endwerte bei hinreichend langen Kapillaren ($L/R = 40$) finden.

Zu 2.3. *Tanner* [23] entwickelte kürzlich eine Theorie, die mit experimentellen, aus der Literatur bekannten Daten gestützt wurde, nach der die Aufweitung asymptotisch proportional der dritten Wurzel des „recoverable shear" an der Kapillarwandung ist. Als „recoverable shear" betrachtet *Tanner* [23] die Hälfte des Quotienten von primärer Normalspannungsdifferenz und Schubspannung. Demgegenüber setzt sich *Richardson* [24] sehr kritisch mit den Zusammenhängen zwischen der Aufweitung und den Normalspannungseffekten auseinander.

Schurz [25] weist bei der Betrachtung von Relaxationsprozessen in durch den Fließvorgang teilweise zerstörten Netzstrukturen von Polymerlösungen auf den Zusammenhang zwischen *Barus*-Effekt und gespeicherter elastischer Energie hin.

Zidan [26] führte mathematische Betrachtungen über den Verlauf des Strömungsfeldes bei Spinn- und Extrusionsprozessen durch und kam u. a. zu dem theoretisch erstmals abgeleiteten bemerkenswerten Ergebnis, daß nicht nur Flüssigkeiten zweiter Ordnung, die den *Barus*-Effekt erwartungsgemäß ausgeprägter zeigen, sondern ebenso *Newton*sche Flüssigkeiten bei schleichender Strömung (*Reynold*zahlen <16) sich beim Verlassen der Kapillare aufweiten, während für *Reynold*zahlen > 16 eine Verjüngung des Strahles bei *Newton*schen Flüssigkeiten auftritt.

Nach den bisher gewonnenen Erkenntnissen wird der *Barus*-Effekt im wesentlichen durch zwei Ursachen hervorgerufen:

a) eine auch bei *Newton*schen Flüssigkeiten denkbare Orientierung der Fließeinheiten beim Übergang der Lösung bzw. Schmelze in die Kapillare, die während des gesamten Fließvorgangs in der Kapillare erhalten bleibt, und die verbunden ist mit der Ausbildung eines parabolischen bzw. parabolisch abgeflachten Geschwindigkeitsprofils, das sich bei Austritt aus der Düse unter Strahlaufweitung zu einem ebenen Profil umbildet;

b) eine nur bei Flüssigkeiten zweiter Ordnung mögliche Speicherung elastischer Energie durch Deformation sowohl der einzelnen Knäuelkette als auch des Polymernetzwerkes durch das Scher- und Dehnfeld beim Eintritt in die Kapillare. Hierbei ist zu beachten, daß es im Einlaufbereich der Kapillare zunächst zu einer stärkeren Beanspruchung der Fließeinheiten kommt, bevor sich die stationäre Strömung in der Kapillare ausbildet und sich das diesen Fließbedingungen entsprechende Gleichgewicht hinsichtlich des mittleren Fadenendenabstandes sowie der Verteilung der „Haftpunkte im Netzwerk" einstellt. Folglich ist die Aufweitung abhängig von der Kapillarlänge bzw. der Verweilzeit in der Kapillare und klingt mit zunehmender Länge bzw. größerer Verweilzeit asymptotisch auf einen vom jeweils vorliegenden Schergefälle abhängigen konstanten Endwert ab.

3. Darlegung und Auswertung eigener Ergebnisse

Nachdem bisherige Untersuchungen zum *Barus*-Effekt bei Polymerlösungen oft nur einen engen Bereich des Längen/Radius-Verhältnisses der Kapillare und/oder des Schergefälles umfaßten, wobei sich die Betrachtung stets auf ein einzelnes System beschränkte, wurden bei unseren im Zusammenhang mit der Aufnahme von Fließkurven (vgl. [1 bis 4]) durchgeführten Messungen zur Strahlaufweitung sowohl die äußeren Parameter des Fließvorgangs (Schergefälle, Kapillardurchmesser, Längen/Radius-Verhältnis), als auch, vor allem bei Viskoselösungen, Konzentration und DP der Polymerlösung in weiten Grenzen variiert. Gleichzeitig war es das Ziel dieser Arbeit, die beiden für den technischen Spinnprozeß von Chemiefasern wichtigsten Systeme „Viskose" und „Polyacrylnitril in Dimethylformamid" hinsichtlich des *Barus*-Effektes zu vergleichen und über eine auf Gedankengänge von *Schurz* [27, 28] zurückgehende Auswertung unter dem Gesichtspunkt der „Relaxation einer durch Fließvorgänge verursachten Deformation" eine Gegenüberstellung mit Literaturdaten an anderen Lösungssystemen und an Polymerschmelzen vorzunehmen.

3.1. Bemerkungen zur Versuchsdurchführung

Hinsichtlich der *Viskoselösungen* griffen wir auf unsere bereits früher [4] beschriebenen Meßreihen mit unterschiedlicher Cellulosekonzentration und unterschiedlichem DP zurück. Den Aussagen über *Polyacrylnitrillösungen* lagen neben älteren, damals hinsichtlich des *Barus*-Effekts nur qualitativ ausgewerteten Messungen [1, 3] die an einer 17,5%igen Lösung eines Homopolymerisats (Lösungspolymerisation) erhaltenen Daten zugrunde. Zur quantitativen Auswertung wurden vor allem die in ihren Kenndaten in Tabelle 1 aufgeführten Lösungen herangezogen.

Tabelle 1. Kennzeichen der Polymerlösungen

Bezeichnung	Polymeres	Lösungsmittel	Konzentration	DP	η_0 P
Viskose I D, [4]	Cellulose-xanthogenat (γ-Wert $\approx$ 50)	6,1% NaOH in H_2O	6,6% Cellulose	683*)	1150
Viskose II B, [4]	Cellulose-xanthogenat (γ-Wert $\approx$ 50)	5,8% NaOH in H_2O	7,9% Cellulose	383*)	108
PAN	Polyacrylnitril	DMF	17,45% PAN	$\eta_{rel} = 1{,}17_4$**) (0,1% in DMF)	64,3

*) Cuoxam DP   **) Mol-Masse: ca. 69000 bzw. DP ca. 1300

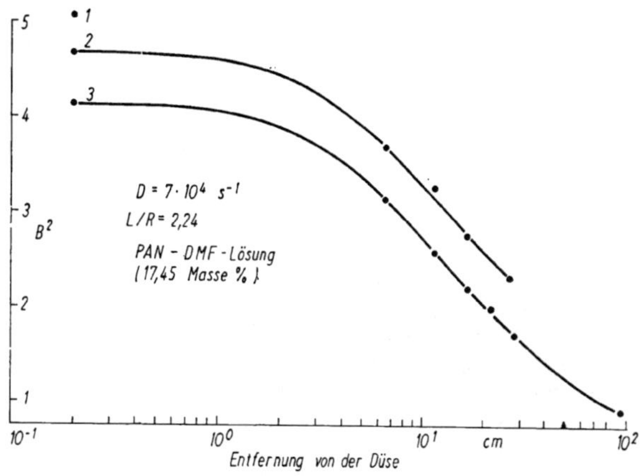

Bild 1. Einfluß der Strahllänge auf die Aufweitung. Abstand Düse — Auffanggefäß: 1. 15 cm, 2. 30 cm, 3. 100 cm. Bei 2. und 3 wurde außerdem die Änderung der Aufweitung längs des Strahls an einigen Punkten ermittelt.

Zur *Messung* diente unsere bereits beschriebene Druckapparatur [3, 4] mit Düsen bzw. Kapillaren unterschiedlicher Länge und Weite (vgl. Tabelle 2 in [4]). Der Abstand zwischen Düse und dem auf einer Waage stehenden Auffanggefäß wurde mit 15 cm konstant gehalten, da die Länge des Flüssigkeitsstrahls, d. h. die von ihm ausgeübte Zugkraft, die Aufweitung beeinflußt (Bild 1). Die maximale Aufweitung ist bereits in einer Entfernung von weniger als 2 mm vom Düsenaustritt erreicht und geht erst bei einer Entfernung von mehr als 8 mm merklich zurück (Bild 1). Zur Auswertung wurde stets die größte Aufweitung des Strahls in ca. 2,5 mm Entfernung von der Düse fotografisch festgehalten, fotometrisch ausgewertet und in die „relative Querschnittsaufweitung" $(r/R)^2 = B^2$ mit $2r$ = Strahldurchmesser und $2R$ = Düsenbohrungsdurchmesser umgerechnet.

3.2. Abhängigkeit der relativen Strahlaufweitung von einigen Verformungs- und Lösungsparametern

Unabhängig vom Lösungssystem, der Polymerkonzentration und dem DP wurde in allen von uns untersuchten Fällen ein Anstieg von B^2 mit steigendem Schergefälle D bis zu einem Maximalwert beobachtet (Bilder 2 und 3), wobei eine Auftragung von $\log B^2$ gegen $\log D$ im Bereich $10^3 < D < D_{B^2_{\max}}$ einen annähernd linearen

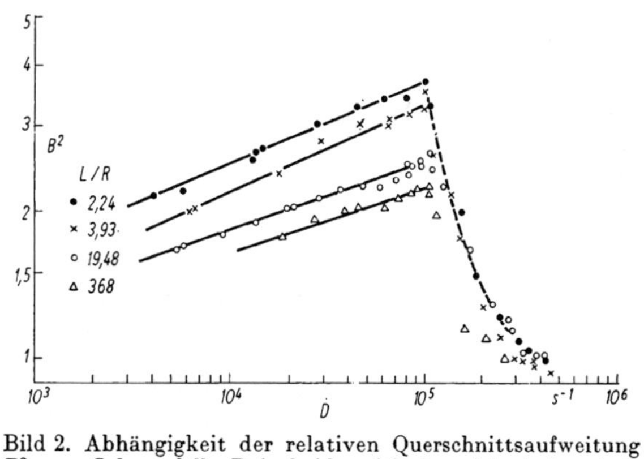

Bild 2. Abhängigkeit der relativen Querschnittsaufweitung B^2 vom Schergefälle D in beiderseitig logarithmischer Auftragung für die Viskoselösung *V* II B. Parameter ist das Längen/Radius-Verhältnis, wobei der Durchmesser aller Kapillaren annähernd konstant ist (∅ 0,5 mm). In Übereinstimmung mit [18, 19] ergibt sich in dieser Darstellung ein linearer Zusammenhang zwischen B^2 und D, d. h. $B^2 = \text{const.} \cdot D^b$

Tabelle 2. Zur Abhängigkeit der maximalen relativen Querschnittsaufweitung $B^2_{\max}$ und dem zugehörigen Schergefälle $D_{B^2_{\max}}$ von Düsengeometrie und Lösungsparametern für konzentrierte Lösungen

Parameter	Viskose	PAN in DMF
$B^2_{\max}$	ca. 4,5	ca. 10 (20%ige Lösungen)
$D_{B^2_{\max}}$, s^{-1}	ca. 10^5	10^4 bis 10^5
Ausspritzgeschwindigkeit $\bar{v}_{B^2_{\max}}$	375 m/min, konstant, unabhängig vom ∅	abhängig von der Konzentration
Einfluß von steigendem L/R auf: $B^2_{\max}$	Abnahme	Abnahme
Einfluß von steigendem L/R auf: $D_{B^2_{\max}}$ (R = konstant)	unabhängig	unabhängig
Einfluß von steigendem R auf: $B^2_{\max}$	schwache Abnahme	schwache Abnahme
Einfluß von steigendem R auf: $D_{B^2_{\max}}$	Abnahme	Abnahme
Einfluß von steigender Konzentration c auf: $B^2_{\max}$	schwache Abnahme	Zunahme
Einfluß von steigender Konzentration c auf: $D_{B^2_{\max}}$	unabhängig	Abnahme
Einfluß von steigender Molmasse auf: $B^2_{\max}$	Zunahme	nicht geprüft
Einfluß von steigender Molmasse auf: $D_{B^2_{\max}}$	unabhängig	nicht geprüft

Zusammenhang zwischen beiden Größen ergab (vgl. [18]). Bei gleichem Wert von D nahm die Aufweitung mit fallendem Längen/Radius-Verhältnis der Kapillare ab. Der Maximalwert $B^2_{\max}$ kann in seiner absoluten Höhe wie auch in seiner Lage auf der D-Achse sowohl durch die Düsengeometrie als auch durch die Lösungsparameter beeinflußt werden. Diese aus unserem gesamten Versuchsmaterial erhaltenen Abhängigkeiten faßt Tabelle 2 in stark schematisierter Form für die Systeme „Viskose" und „Polyacrylnitril in DMF" zusammen.

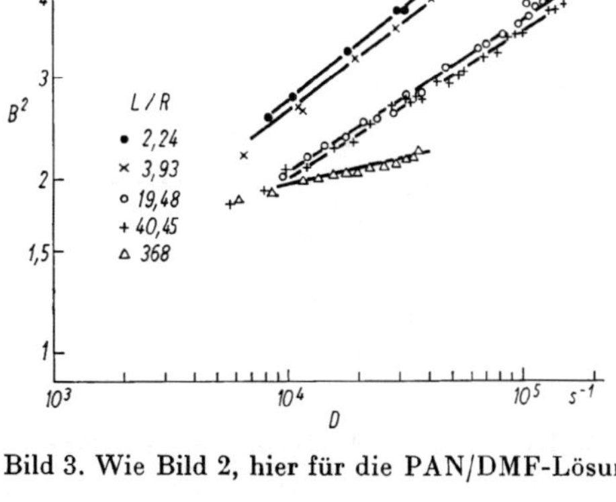

Bild 3. Wie Bild 2, hier für die PAN/DMF-Lösung

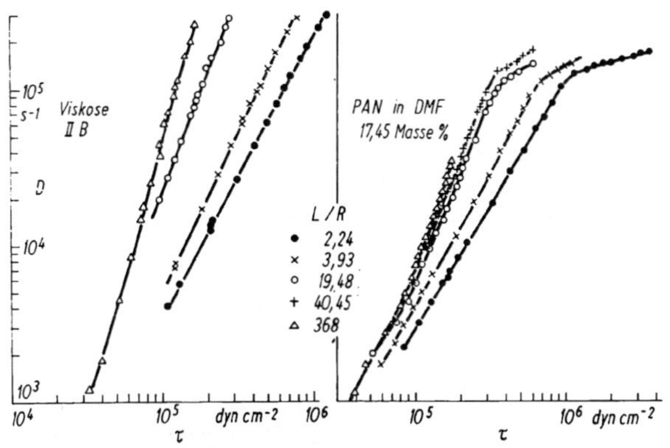

Bild 4. Fließkurven (Logarithmus Schergefälle versus Logarithmus Schubspannung) der Viskoselösung *V* II B und der PAN/DMF-Lösung. Parameter ist das Längen/Radius-Verhältnis. Das kritische Schergefälle D^2_{max} ist aus den Fließkurven der Viskoselösung *nicht*, aus den der PAN-Lösung dagegen ersichtlich.

Einschränkend sei erwähnt, daß bei einigen Viskosen extrem hoher Cellulosekonzentration bzw. extrem niedrigen NaOH-Gehalts kein stabiles Fließen des austretenden Strahles erfolgte und somit eine zuverlässige Messung von B^2 nicht möglich war, und daß in Tabelle 2 grundsätzliche Trends dargestellt sind, wobei einzelne „Ausreißer" unberücksichtigt blieben.

Rechnet man nach $\overline{V} = 1/4\, D \cdot R$ die ermittelten Werte von $D_{B^2_{max}}$ in Ausspritzgeschwindigkeiten $\overline{V}_{B^2_{max}}$ um, so ergibt sich für die von uns untersuchten Viskoselösungen unabhängig sowohl von der Kapillarlänge und dem Radius als auch vom DP und der Cellulosekonzentration und damit von der Anfangsviskosität η_0 ein Wert von $\overline{V}_{B^2_{max}} = 375$ m/min, während für Polyacrylnitril in DMF diese kritische Ausspritzgeschwindigkeit mit der Polymerkonzentration stark abnahm, und zwar bei einer Lösung z. B. von etwa 750 m/min bei 15% über 375 m/min bei 18%, 187 m/min bei 22% auf 112 m/min bei 23,8% Polymergehalt, wobei für höher konzentrierte Polyacrylnitrillösungen das Maximum von B^2 weniger scharf ausgeprägt war und mehr die Form eines Plateaus mit starker Streuung der Einzelwerte annahm. Große Unterschiede zwischen den Systemen „Viskose" und „PAN in DMF" zeigten sich nach Überschreiten des kritischen Schergefälles $D_{B^2_{max}}$, indem bei Viskose B^2 sehr rasch auf Werte von 1 und z. T. sogar darunter abnahm, also keine Aufweitung des austretenden Strahls mehr vorlag und sich die Viskose damit ähnlich wie eine *Newton*sche Flüssigkeit bei höheren Reynold-Zahlen verhielt. Bei PAN-Lösungen hingegen stieg nach einem gewissen Rückgang von B^2 bzw. der erwähnten Plateaubildung die Aufweitung mit D weiter unter starker Streuung der Einzelwerte an. Stellt man die Auftragung log B^2 gegen log D der Fließkurvendarstellung log τ gegen log D gegenüber, so wird bei Viskose das kritische Schergefälle $D_{B^2_{max}}$ in der Fließkurve nicht sichtbar, während die Fließkurven des Polyacrylnitrils gerade bei diesem Schergefälle gegen die Abszissenachse abzuknicken beginnen (Bild 4, vgl. auch Bilder 5 und 6 in [1]).

3.3. *Auswertung der Ergebnisse unter dem Gesichtspunkt von Relaxationsprozessen*

Wie bereits in Abschnitt 2 erwähnt, klingen bei konstantem Schergefälle die in einer viskoelastischen Flüssigkeit beim Einströmvorgang aufgebauten Spannungen während der Verweilzeit in der Kapillare bis auf einen konstanten Endwert ab. Dies zeigt sich sowohl am „Auffächern" der Fließkurven bei abnehmender Kapillarlänge, indem zum Erreichen eines vorgegebenen Schergefälles eine mit abnehmender Kapillarlänge wachsende Schubspannung erforderlich ist (vgl. [4]), als auch in der bereits besprochenen Abhängigkeit der Aufweitung von der Kapillarlänge. Zur Erfassung dieser Abklingvor-

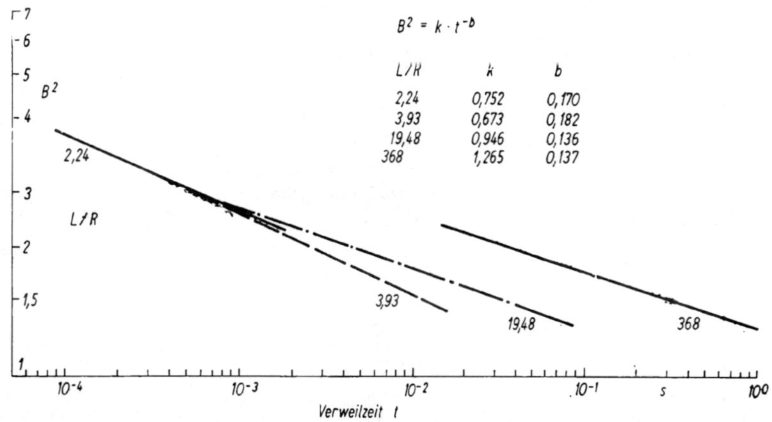

Bild 5. Abhängigkeit der relativen Querschnittsaufweitung B^2 von der mittleren Verweilzeit $\bar{t} = 4/D \cdot L/R$ der Lösung in der jeweiligen Kapillare in beiderseitig logarithmischer Auftragung für die Viskoselösung *V* II B. Parameter ist das Längen/Radius-Verhältnis. Vgl. Legende zu Bild 2 und [18, 19]: mittels Ausgleichsrechnung wurden die Konstanten k bzw. b der Gleichung $B^2 = k \cdot \bar{t}^{-b}$ berechnet.

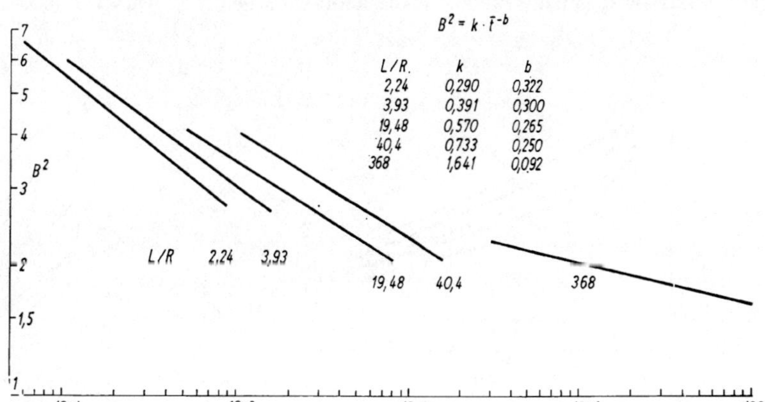

Bild 6. Wie Bild 5, hier für die PAN/DMF-Lösung. Im Vergleich zur Viskoselösung werden bei der PAN/DMF- Lösung in dieser Darstellung bereits bei den kurzen Kapillaren deutlich getrennte Kurvenzüge erhalten.

gänge könnte man zunächst eine Auftragung der Aufweitung gegen die Verweilzeit in der Kapillare in Betracht ziehen, wobei in logarithmischer Darstellung Diagramme entsprechend der Bilder 5 und 6 erhalten werden, die erneut auf Unterschiede zwischen den beiden hier betrachteten Systemen hinweisen: bei Viskose im Bereich kurzer Kapillaren ein fast einheitlicher, von der Düsengeometrie praktisch unabhängiger Kurvenzug, bei PAN dagegen ein Auffächern in für die jeweilige Kapillare gültige Einzelkurven. Generell erscheint diese Darstellung jedoch nicht sehr aussagekräftig, da die Verweilzeit t sowohl von D, als auch von der Kapillarlänge L und dem Kapillarradius R bestimmt wird. Zweckmäßiger ist u. E. die zuerst von *Pawlowski* (s. [6]) vorgeschlagene Aufteilung der gespeicherten Deformationsenergie in einen bereits in der Kapillare relaxierbaren und einen auch bei sehr langer Kapillare erst nach Austreten des Strahls freiwerdenden Anteil, der dann einer auch hier noch vorhandenen Aufweitung „B^2_∞" entsprechen würde. Bei Schmelzen ist dieser stationäre Wert vielfach schon bei $L/R = 40$ gegeben; bei unseren Lösungen benutzten wir zur Ermittlung von B^2_∞ wie auch der stationären Schubspannung τ_{st} (vgl. [29]) eine 10 cm lange Kapillare mit $L/R = 360$. Auch B^2_∞ nimmt mit steigendem Schergefälle zu, jedoch vor allem bei Polyacrylnitrillösungen wesentlich schwächer als die beim Austritt aus kurzen Kapillaren bestimmten Strahlaufweitungen.

Zieht man nun bei konstant gehaltenem Schergefälle diese stationären Werte B^2_∞ bzw. τ_{st} jeweils von den mit kürzeren Kapillaren erhaltenen Werten von B^2 bzw. τ ab, so sollte sich bei Vorliegen von nur *einer* Relaxationszeit θ der Abklingvorgang durch die Beziehungen

$$B^2 - B^2_\infty \equiv \Delta B^2 = \text{const} \cdot \exp\left(-\bar{t}/\theta_{B^2}\right),$$

$$\tau - \tau_{\text{st}} \equiv \Delta\tau = \text{const} \cdot \exp\left(-\bar{t}/\theta_\tau\right)$$

beschreiben lassen, wobei $\bar{t}$ die mittlere Verweilzeit in der Kapillare ist. Hiernach müßte eine Auftragung von log ΔB^2 gegen L/R eine Gerade ergeben, da entsprechend $\bar{t} = 4/D \cdot L/R$ bei konstantem Schergefälle die Verweilzeit dem Längen/Radius-Verhältnis proportional ist. Wie auf Grund früherer Ergebnisse, z. B. von *Meißner* [30] zu erwarten ist, finden auch wir in den halblogarithmischen Darstellungen der Bilder 7 bis 10 keine Geraden,

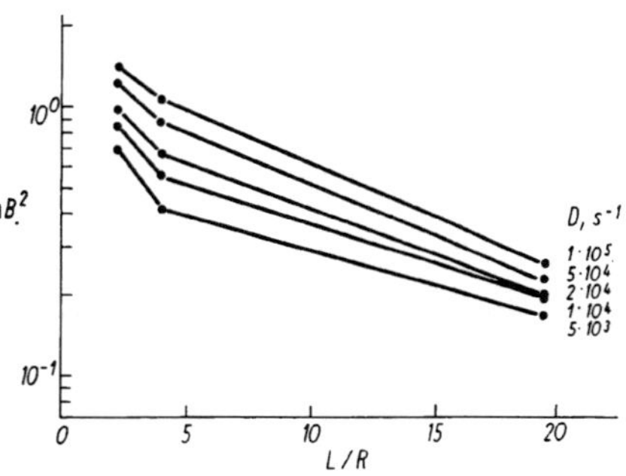

Bild 7. Logarithmus ΔB^2 ($\Delta B^2 = B^2 - B^2\infty$) als Funktion des Längen/Radius-Verhältnisses mit dem Schergefälle D als Parameter für die Viskoselösung V IIB. Das Längen/Radius-Verhältnis ist direkt proportional der mittleren Verweilzeit $\bar{t} = 4/D \cdot L/R$.

d. h. der Abbau elastischer Spannungen in der Kapillare läßt sich nicht durch eine einzige Relaxationszeit, sondern nur durch ein Relaxationszeitspektrum wiedergeben. Um trotzdem zu einer wenigstens halbquantitativen Aussage zu gelangen, wurden aus den Neigungen der Verbindungslinien zwischen den Meßpunkten mittlere Relaxationszeiten $\bar{\theta}$ für den betreffenden Bereich ermittelt, wobei im folgenden $\bar{\theta}_1$ den Bereich $2 < L/R < 4$

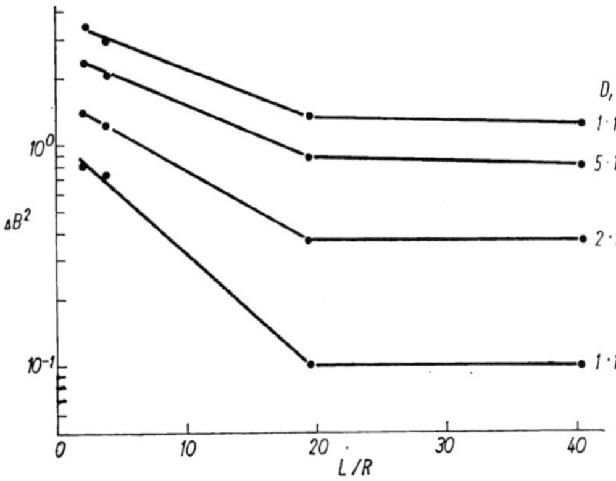

Bild 8. Wie Bild 7, hier für die PAN/DMF-Lösung

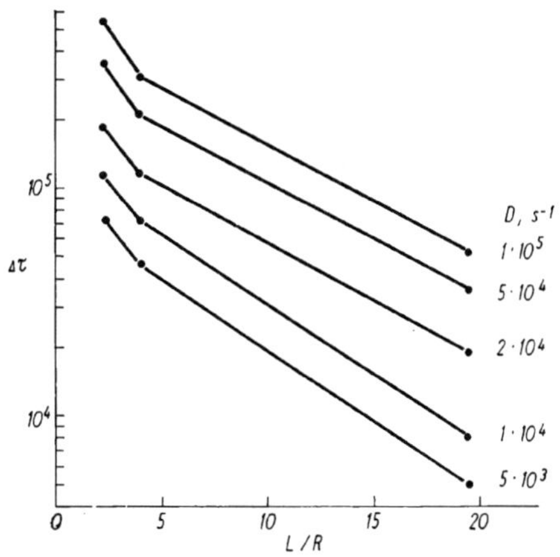

Bild 9. Logarithmus $\Delta\tau$ ($\Delta\tau = \tau - \tau_{\text{stat.}}$) als Funktion des Längen/Radius-Verhältnisses mit dem Schergefälle D als Parameter für die Viskoselösung V IIB

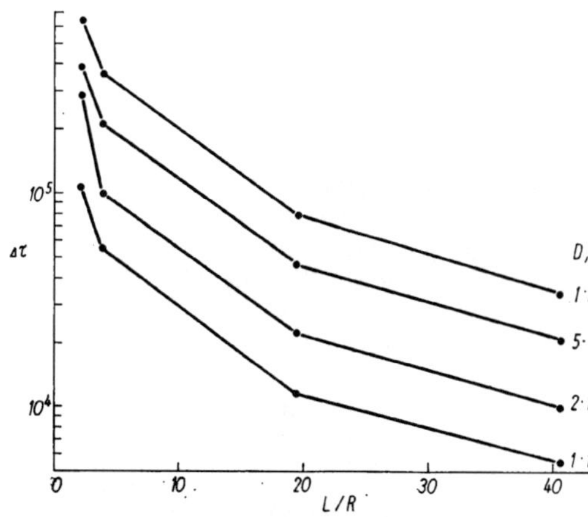

Bild 10. Wie Bild 9, hier für die PAN/DMF-Lösung

Tabelle 3. Aus Aufweitungs- und Schubspannungsdifferenz errechnete Relaxationszeiten von Viskose und PAN-Lösungen

Schergefälle D [s^{-1}]	Viskose V I D				Viskose V II B				PAN		
	aus ΔB^2		aus $\Delta\tau$		aus ΔB^2		aus $\Delta\tau$		aus ΔB^2	aus $\Delta\tau$	
	$\bar\theta_1$	$\bar\theta_2$	$\bar\theta_1$	$\bar\theta_2$	$\bar\theta_1$	$\bar\theta_2$	$\bar\theta_1$	$\bar\theta_2$	$\bar\theta$ (2<L/R<20)	$\bar\theta_1$	$\bar\theta_2$
$1 \cdot 10^5$	—	3,91	—	—	0,23	0,44	0,13	0,35	0,76	0,12	0,41
$5 \cdot 10^4$	—	4,66	—	1,09	0,4	0,94	0,25	0,71	1,4	0,23	0,83
$2 \cdot 10^4$	—	8,09	—	2,72	0,86	1,96	0,72	1,72	2,65	0,55	2,07
$1 \cdot 10^4$	—	14,92	—	5,03	1,55	6,15	1,51	2,85	3,24	1,05	4,02
$5 \cdot 10^3$	—	28,32	—	9,81	2,65	13,75	3,12	5,09	—	—	—

und $\bar\theta_2$ den Bereich $4 < L/R < 20$ erfaßt für einen Kapillarradius von $2{,}5 \cdot 10^{-2}$ cm. Tabelle 3 faßt einige aus unseren Lösungen erhaltenen Werte zusammen, wobei θ stets in ms angegeben wurde und selbstverständlich nur der Bereich $D < D_{B^2_{max}}$ betrachtet werden konnte. Mit steigendem Schergefälle, d. h. steigender Beanspruchung der Lösung am Kapillareinlauf, nehmen $\bar\theta_1$ und $\bar\theta_2$ für beide Lösungssysteme gleichsinnig ab, wobei die unabhängig voneinander aus ΔB^2 und $\Delta\tau$ erhaltenen Relaxationszeiten zumindest größenordnungsmäßig übereinstimmen.

In Bild 11 sind unsere aus ΔB^2 erhaltenen θ-Werte gegen das Schergefälle in logarithmischer Darstellung zusammen mit einigen aus der Literatur entnommenen oder aus Literaturdaten errechneten Werten aufgetragen. Zweifellos ist ein gewisser Einfluß des Lösungssystems und — wie ein Vergleich unserer aus ΔB^2 und $\Delta\tau$ erhaltenen Werte zeigt — auch der Meßmethode vorhanden. Entscheidend ist jedoch der Einfluß von D auf die Relaxationszeit, wobei sich bei logarithmischer Darstellung ein annähernd linearer Zusammenhang zwischen beiden Größen ergibt, und wobei zumindest keine größenordnungsmäßigen Unterschiede zwischen verschiedenen, in unterschiedlichen Schergefällebereichen gemessenen Lösungssystemen auftreten und auch einzelne an Polymerschmelzen erhaltene Meßpunkte

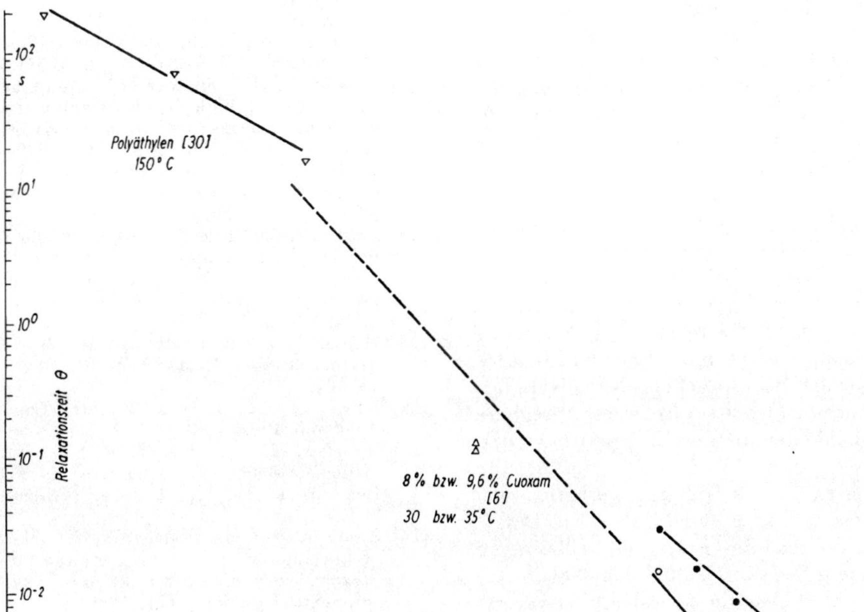

Bild 11. Aus ΔB^2 erhaltene Relaxationszeiten θ als Funktion des Schergefälles D in beiderseitig logarithmischer Auftragung. Eingesetzt wurden die θ-Werte, die sich aus der Neigung im Bereich $4 < L/R < 20$ für die Viskoselösungen V IIB und V ID bzw. im Bereich $2 < L/R < 20$ für die PAN/DMF-Lösung ergaben. Außerdem sind Werte von Cuoxamlösungen [6] und einer Polyäthylenschmelze, berechnet aus Angaben in [30], mit eingetragen.

kein grundsätzlich verschiedenes Verhalten von Polymerschmelzen und konzentrierten Lösungen erkennen lassen.

4. Zusammenfassende Diskussion

Eine Zusammenfassung und Deutung bisher vorliegender Ergebnisse zum *Barus*-Effekt bei konzentrierten Polymerlösungen geht zweckmäßigerweise von der ausgeprägten Schergefälleabhängigkeit der Strahlaufweitung aus. Durch das kritische Schergefälle $D_{B^2_{max}}$ ergeben sich zwei verschiedene Bereiche von D, in denen B^2 qualitativ unterschiedlich auf die inneren und äußeren Parameter des Systems anspricht.

Im Bereich $D < D_{B^2_{max}}$, in dem B^2 mit D ansteigt und in dem zwischen verschiedenen Lösungssystemen und offenbar auch zwischen konzentrierten Lösungen und Schmelzen von Polymeren nur quantitative Unterschiede bestehen, läßt sich die Abhängigkeit der Aufweitung von D und von L/R auf eine Speicherung von elastischer Energie zurückführen, ermöglicht durch eine Deformation der Knäuelketten, eine Zerstörung temporärer Haftpunkte zwischen den Ketten und eine Vorzugsorientierung der deformierten Knäuel in Fließrichtung. Eine Auftrennung in diese Einzelfaktoren läßt sich aus dem vorliegenden Versuchsmaterial nicht vornehmen. Die Tatsache, daß beim Relaxieren eines Teils dieser elastischen Spannungen in der Kapillare nicht eine Relaxationszeit, sondern ein ganzes Relaxationszeitspektrum auftritt, weist aber darauf hin, daß an der Energiespeicherung verschiedene molekulare Mechanismen beteiligt sind. Betrachtet man B^2 als ein Maß für die gespeicherte Deformationsenergie, so folgt aus der Gegenüberstellung von B^2 (kurze Kapillare) und B^2_∞ (sehr lange Kapillare), daß in der Kapillare selbst etwa 40% (bei Viskose) bzw. ca. 70% (bei Polyacrylnitril) dieser gespeicherten Energie durch Relaxationsprozesse diszipiert werden können, d. h., daß die Deformation beim Einströmen in die Kapillare erheblich stärker ist, als dem Gleichgewichtswert beim stationären Fließen in der Kapillare entspricht. Dabei nimmt die Geschwindigkeitskonstante, m. a. W. die reziproke Relaxationszeit dieser Relaxationsprozesse, mit steigendem D stark zu, d. h. mit steigender Beanspruchung beim Kapillareinlauf werden zunehmend weitere, schwerer anregbare Deformationsmöglichkeiten in die Energiespeicherung einbezogen.

Nach Überschreiten von $D = D_{B^2_{max}}$ verhalten sich die beiden Systeme „Viskose" und „PAN in DMF" qualitativ unterschiedlich. Bei Polyacrylnitrillösungen entspricht $D_{B^2_{max}}$ dem Schergefälle, bei dem Fließinstabilität einsetzt. Nicht stichhaltig zu erklären ist vorerst der steile Abfall von B^2 bis auf $B^2 \approx 1$ nach Überschreiten von $D_{B^2_{max}}$ bei Viskose. In Anbetracht des sehr unterschiedlichen Verhaltens der Systeme „Viskose" und „PAN in DMF" bei $D > D_{B^2_{max}}$ muß die Frage nach der physikalischen Bedeutung von $D_{B^2_{max}}$ zunächst offen bleiben, da offensichtlich keine systemunabhängige, verallgemeinerungsfähige Ursache für diese Unstetigkeiten im $\log B^2/\log D$-Verlauf zu erkennen ist. Im Hinblick auf den technischen Spinnprozeß stellt $D_{B^2_{max}}$ insofern einen oberen Grenzwert dar, als bei Überschreitung der entsprechenden Ausspritzgeschwindigkeit $\bar{v}_{B^2_{max}}$ mit wesentlichen Änderungen in der Struktur des entstehenden Fadens gerechnet werden könnte, wobei allerdings darauf hingewiesen sei, daß die derzeit bei technischen Naßspinnprozessen angewandten Ausspritzgeschwindigkeiten nur etwa 1/10 bis 1/5 dieses Wertes betragen.

Literatur

[1] *Wulf, K.*, und *Philipp, B.*: Rheologische Untersuchungen an Spinnlösungen. 2. Mitt.: Vergleichende rheologische Untersuchungen an Spinnlösungen von Viskose und Polyacrylnitril. Rheologica Acta, Darmstadt **4** (1965) 2, S. 113–119.

[2] *Philipp, B.*, und *Wulf, K.*: Rheologische Untersuchungen an Spinnlösungen. 3. Mitt.: Zum Fließverhalten von Viskose in langen und kurzen Kapillaren. Rheologica Acta, Darmstadt **5** (1966) 2, S. 93–101.

[3] *Gröbe, V.*, *Mann, G.*, und *Wulf, K.*: Rheologische Untersuchungen an Spinnlösungen. 4. Mitt.: Zum Fließverhalten von Polyacrylnitril-Lösungen. Faserforsch. u. Textiltechnik **17** (1966) 12, S. 559–565.

[4] *Wulf, K.*, und *Philipp, B.*: Rheologische Untersuchungen an Spinnlösungen. 5. Mitt.: Zum Fließverhalten von Viskosespinnlösungen hoher Viskosität. Faserforsch. u. Textiltechnik **20** (1969) 9, S. 417–425.

[5] *Elsaesser, V.*: Die mechanischen Vorgänge beim Spinnprozeß des Kupferkunstseide-Streckspinnverfahrens. Kolloid Z. **111** (1948) 3, S. 174–190; Kolloid Z. **112** (1949) 2/3, S. 120–141; Kolloid Z. **113** (1949) 1, S. 37–53.

[6] *Kast, W.*, und *Elsaesser, V.*: Fließvorgänge beim Kunstseidespinnen nach dem Cuoxam-Verfahren. Kolloid Z. u. Z. Polymere **187** (1963) 2, S. 89–107; Kolloid Z. u. Z. Polymere **219** (1967) 2, S. 97–105.

[7] *Pupke, H.*: Über Faserverdickung unter der Spinnbrause. Faserforsch. u. Textiltechnik **2** (1951) 11, S. 440–442.

[8] *Klare, H.*, und *Gröbe, A.*: Untersuchungen über die Bildung von Celluloseregeneratfäden aus Viskose. Faserforsch. u. Textiltechnik **6** (1955) 3, S. 97–105.

[9] *Asaeda, T.*: Development of rayon staple produced by viscose having high degree of polymerization and some rheological properties of such viscose. Diss. Pulps, Internat. Symp. Finland (1966) S. 279–287.

[10] *Philippoff, W.*, und *Gaskins, F. H.*: The capillary experiment in rheology. Trans. Soc. Rheology **2** (1958) S. 263–284.

[11] *Bagley, E. B.*: End corrections in the capillary flow of polyethylene. J. appl. Physics **28** (1957) S. 624–627.

[12] *Bagley, E. B.*: The separation of elastic and viscous effects in polymer flow. Trans. Soc. Rheology **5** (1961) S. 355–368.

[13] *White, I. L.*, und *Metzner, A. B.*: Measurement of normal stresses. Trans. Soc. Rheology **7** (1963) S. 295 bis 301.

[14] *Lodge, A. S.*: Elastic Liquids. London/New York: Academic Press 1964, S. 242–244.

[15] *Giesekus, H.*: Nicht-lineare Effekte beim Strömen viskoelastischer Flüssigkeiten durch Schlitz- und Lochdüsen. Rheologica Acta, Darmstadt **7** (1968) 2, S. 127–138.

[16] *Ziabicki, A.*, und *Kedzierska, K.*: Mechanical aspects of fibre spinning process in molten polymers. Part II. Stream broadening after the exit from the channel of spinneret. Kolloid-Z. **171** (1960) S. 111–119.

[17] *Kamide, K.*, *Inamoto, J.*, und *Ohno, K.*: Capillary flow of polypropylen melt. II. Barus effect. Chem. High Polymers, Tokyo **22** (1965) 244, S. 505–512.

[18] *Sekiguchi, M.*: The viscoelastic analysis of Brusa effect in steady state. Chem. High Polymers, Tokyo **26** (1969) 295, S. 721–727.

[19] *Yamamoto, M.*: J. physic. Soc. Japan **19** (1964) S. 739; Zitat bei [18].

[20] *Metzner, A. B.*, *Houghton, W. T.*, *Sailor, R. A.*, und *White, I. L.*: A method for the measurement of normal stresses in simple shearing flow. Trans. Soc. Rheology **5** (1961) S. 133–147.

[21] *White, I. L.*, und *Metzner, A. B.*: Development of constitutive equations for polymeric melts and solutions. J. appl. Polymer Sci. **7** (1963) 5, S. 1867–1889.

[22] *Han, C. D., Charles, M.*, und *Philippoff, W.*: Rheological implications of the exit pressure and die swell in steady capillary flow of polymer melts. Trans. Soc. Rheol. **14** (1970) 3, S. 393—408.
[23] *Tanner, R. I.*: A theory of die swell. J. Polymer Sci., A-2; Polymer Physics **8** (1970) 12, S. 2067—2078.
[24] *Richardson, S.*: The die swell phenomenon. Rheologica Acta, Darmstadt **9** (1970) 2, S. 193—199.
[25] *Schurz, J.*: Rheological structure investigations with concentrated polymer solutions .Proceedings of the Fifth International Congress on Rheology **4** (1970) S. 215—230.
[26] *Zidan, M.*: Zur Rheologie des Spinnprozesses. Rheologica Acta, Darmstadt **8** (1969) 1, S. 89—123.
[27] *Schurz, J., Saßhofer, F., Müller, K.*, und *Bayer, E.*: Anlaufkorrektur und Elastizität bei der Kapillarströmung von Lösungen. Rheologica Acta, Darmstadt **7** (1968) 1, S. 57—64.
[28] *Bayer, E.*, und *Schurz, J.*: Das Maxwellsche Relaxationstheorem und einige Anwendungen auf die Viskosimetrie. Kolloid Z. u. Z. Polymere **221** (1967) 2, S. 97—103.
[29] *Schurz, J.*, und *Mavrommatakos*: Die prästationären Anlaufkurven bei Polyvinylacetat-Lösungen. Angew. makromol. Chemie **15** (1971) S. 95—107.
[30] *Meißner, J.*: Die Kunststoff-Schmelze als elastische Flüssigkeit. Kunststoffe **57** (1967) 5, S. 397—400; 9, S. 702—710.

Eingegangen am 10. August 1971

Die übermolekulare Struktur hochpolymerer Verbindungen

Teil VIII. Ein erweitertes Fourierverfahren zur quantitativen Analyse der röntgenographischen Streukurven von Polycaprolactam als polymeres Mehrphasensystem. Theorie des Mehrphasensystems[1])

Michael Teichgräber und Rolf Hirte

Deutsche Akademie der Wissenschaften zu Berlin, Institut für Faserstoff-Forschung in Teltow-Seehof

DK 678.675'126:539.26:539.22:548.735.44

Ein früher beschriebenes Fourierverfahren zur Analyse der Röntgenstreukurve von Polymeren wird für die Anwendung auf polymere Mehrphasensysteme erweitert. Die Theorie ist auf das spezifische Streuverhalten von Polycaprolactam zugeschnitten.

Надмолекулярная структура высокополимеров
Часть VIII. Распространение метода Фурье для количественного анализа кривых дифракции рентгеновских лучей поликапрамидмом как многофазной полимерной системой. Теория многофазной системы
Описанный ранее для анализа кривых дифракции рентгеновских лучей полимерами метод Фурье был распространен на многофазную полимерную систему. При этом теория приспособлена к специфической дифракции поликапроамидом.

The Supramolecular Structure of Polymers.
Part VIII. Extended Fourier Method for the Quantitative Analysis of X-ray Scattering Patterns of Polycaproamide Representing a Multiphase Polymer System
A Fourier method, described previously, for the analysis of X-ray scattering patterns of polymers has been extended to be applied to multiphase polymer systems. The theory is adapted to the scattering pattern of polycaproamide.

1. Einführung

Das bisher veröffentlichte Fourierverfahren [2] für die quantitative Auswertung von röntgendiffraktometrisch gewonnenen Kurven der kohärenten Streuintensität setzt voraus, daß das untersuchte Polymere eine echte Zweiphasenstruktur[2]) besitzt. Bei Polycaprolactam (PA 6) ist diese wichtige Voraussetzung aber offensichtlich nicht erfüllt, denn von kristallographischen Untersuchungen her ist bekannt, daß neben einer amorphen Strukturkomponente mindestens zwei kristalline Modifikationen vorliegen können — vgl. hierzu z. B. *Brill* [3], *Holmes, Bunn* und *Smith* [4], *Okada* und *Fuchino* [5], *Arimoto* u. Mitarb. [6], *Vogelsong* [7], *Bradbury* u. Mitarb. [8], *Roldan* und *Kaufmann* [9] u. a.

Die quantitative Auswertung des röntgenographischen Streudiagramms von PA 6 bereitet große Schwierigkeiten, und es sind hierzu auch nur relativ wenige, methodisch orientierte Arbeiten bekannt geworden — *Urbanczyk* [10], *Ruland* [11], *Roldan, Rahl* u. *Paterson* [12], *Bodor* [13]. In unserem Labor ist vor Jahren intensiv an diesen Problemen gearbeitet worden (*Ruscher* [26]).

[1]) Überarbeiteter Auszug aus der Dissertation von *R. Hirte* [1]. Teil VII s. [25].
[2]) Der Begriff „Phase" ist in der Arbeit im Sinne von „Streuanteil" gebraucht.

Intensität, Linienbreite und Lage der wenigen intensitätsstarken Reflexe, die für die Auswertung eines isotropen Streudiagramms in Frage kommen könnten, hängen in hohem Maße von den Herstellungsbedingungen und der Nachbehandlung des PA 6 ab, wobei die einzelnen Reflexe meistens unabhängig voneinander bestimmten Veränderungen unterworfen sind. Erschwerend kommt hinzu, daß sich die Streuanteile der bei PA 6 bekannten Strukturkomponenten auf experimentellem Wege erfahrungsgemäß nicht getrennt bestimmen lassen, wobei vor allem eine Abtrennung des amorphen Streuanteils Schwierigkeiten bereitet.

Die vorliegende Arbeit befaßt sich mit dem Problem der quantitativen Auswertung der Streukurven von polymeren Mehrphasensystemen unter dem speziellen Aspekt einer Anwendung auf PA 6. Experimentelle Grundlage bilden die Ergebnisse eigener Voruntersuchungen an mehr als 200 PA-6-Proben sehr unterschiedlicher Herstellung sowie aus der Literatur bekannte Untersuchungsergebnisse.

Auf Grund dieser Erfahrungen wird eine Theorie konzipiert, die, ähnlich wie das Fourierverfahren für Zweiphasensysteme, auf dem Vergleich und der simultanen Auswertung der Fourierkoeffizienten von mehreren Streukurven beruht. Man erhält im Endergebnis zehn objektiv bestimmbare Parameterwerte, von denen vier den Ordnungsgrad und jeweils drei linienverbreiternde und linienverschiebende Einflüsse erfassen.

Die Theorie ist an die Voraussetzung gebunden, daß das zu untersuchende Probenmaterial ein isotropes Streuverhalten aufweist. Bei orientierten Materialien, also z. B. gereckten Fasern oder Filmen, lassen sich die Einflüsse einer Orientierung auf experimentellem Wege quantitativ ausschalten.

2. *Streuverhalten von PA 6*

Im folgenden werden die experimentell beobachtbaren Einflüsse der übermolekularen Struktur auf das Streuverhalten von PA 6 zusammengestellt. Diese Zusammenstellung soll die Grundlage für die Interpretation von PA 6 als Mehrphasensystem bilden.

Das Streuverhalten von PA 6 ist durch das Vorhandensein von mindestens zwei verschiedenen kristallinen Phasen gekennzeichnet, einer monoklinen „α-Modifikation" und einer hexagonalen „γ-Modifikation". Außerdem beobachtet man im Streudiagramm stets einen mehr oder minder ausgeprägten diffusen Streuanteil, dessen Entstehung üblicherweise mit dem Vorhandensein einer entsprechenden amorphen Strukturkomponente begründet wird. Darüber hinaus wird gelegentlich noch das Auftreten einer weiteren „β-Modifikation" diskutiert, die unter ganz speziellen Herstellungsbedingungen bei der Umwandlung der γ- in die α-Modifikation auftreten soll (vgl. hierzu z. B. *Hirte* [1]).

Man darf in guter Näherung voraussetzen, daß nur die drei zuerst genannten Strukturmodifikationen wesentlich das Streuverhalten von PA 6 bestimmen. Die diesen Modifikationen zugeordneten Streuanteile werden anschließend näher untersucht.

2.1. *α-Modifikation*

Die α-Modifikation liefert deutlich erkennbar zwei Hauptreflexe mit den Indizierungen (200) bzw. (002)/(202) (Indizierung nach *Holmes, Bunn* und *Smith* [4]). Weitere Reflexe sind nachweisbar, aber viel schwächer und sollen deshalb hier nicht weiter berücksichtigt werden.

Der Reflex (200) ist symmetrisch. Er wird im wesentlichen von der Länge der Wasserstoffbrücken bestimmt und ist relativ stabil in seiner Lage.

Der Doppelreflex (002)/(202) ist wegen der vorhandenen Intensitäts- und Lagedifferenz der Einzelreflexe unsymmetrisch (vgl. die Arbeit von *Ruscher* und *Schröder* [14]) und wird maßgeblich durch den Rostebenenabstand bestimmt.

Das Verhältnis der maximalen Intensitäten der beiden Hauptreflexe hängt stark von den Herstellungsbedingungen ab. Berechnungen von *Holmes, Bunn* und *Smith* zufolge sollte der (200)-Reflex nur etwa die 0,6fache Intensität des Doppelreflexes aufweisen. Demgegenüber fand *Günther* [15] bei Fasern spezieller Herstellungsbedingungen eine Umkehr dieses Intensitätsverhältnisses. Nach unseren eigenen Erfahrungen läßt sich auch am Blockmaterial eine ähnliche Intensitätsumkehr beobachten, wie Bild 1 am Beispiel der isotropen Streudiagramme zweier unterschiedlich hergestellter Blockproben zeigt.

Die Ursache für die zu beobachtenden Änderungen des Intensitätsverhältnisses kann in der anisotropen Ausbildung der Kristallite zu suchen sein, also beispielsweise darin, daß die Kristallite unter bestimmten Bedingungen bevorzugt in Richtung der Rostebenen wachsen. Es ist aber auch möglich, daß Änderungen des Intensitätsverhältnisses durch entsprechende Änderungen in der Größe des amorphen Streuanteils nur vorgetäuscht werden.

Ähnlich wie das Intensitätsverhältnis können auch die Linienbreiten der Hauptreflexe weitgehend unabhängig voneinander sehr starken Änderungen unterworfen sein. Als Ursache für diese Änderungen sind in erster Linie Einflüsse von Größe, Form und Lage der geordneten Bereiche sowie von bestimmten Gitterstörungen anzusehen.

Weniger großen Änderungen ist die Lage der Reflexmaxima unterworfen. Experimentell lassen sich für die Einzelreflexe voneinander unabhängige Linienverschiebungen in der Größenordnung von $\vartheta \leqq 0{,}16°$ nachweisen. Als Ursache für diese Linienverschiebungen können einesteils Gitteraufweitungen angesehen werden, wie sie beispielsweise von *Reichle* und *Prietzschk* [16] diskutiert worden sind. Bei sehr kleinen Kristallitgrößen kann sich aber auch der Einfluß von Strukturfaktor und Gitterfaktor auf die Reflexlagen bemerkbar machen, wie u. a. *Wallner* [17], *Ruscher* und *Schröder* [14] sowie *Keller* und *Maradudin* [18] nachgewiesen haben. Weiterhin ist aber auch die Möglichkeit zu berücksichtigen, daß Linienverschiebungen als Folge der Überlappung der Reflexfüße auftreten können.

2.2. *γ-Modifikation*

Das Streudiagramm der γ-Modifikation setzt sich vor allem aus dem Meridianreflex (020) und dem mehrfachen Äquatorreflex (001)/(20$\bar{1}$)/(200) zusammen (Indizierung nach *Arimoto* [6]). Der Meridianreflex, obwohl bei orientiertem Material gut ausgeprägt, nimmt mit zunehmender Desorientierung sehr stark in seiner Intensität ab. Da außerdem dieser Reflex

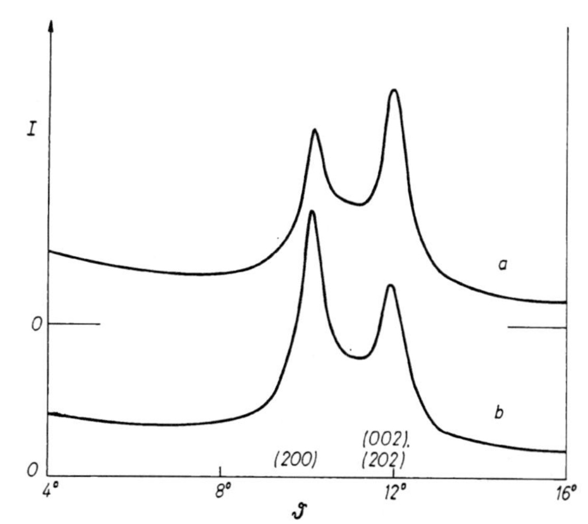

Bild 1. Isotrope Streudiagramme zweier unterschiedlich hergestellter, monokliner PA-6-Proben
a — 5 min bei 230 °C geschmolzen, 30 min bei 180 °C getempert
b — 15 min bei 260 °C geschmolzen, mit 5 grd pro min abgekühlt

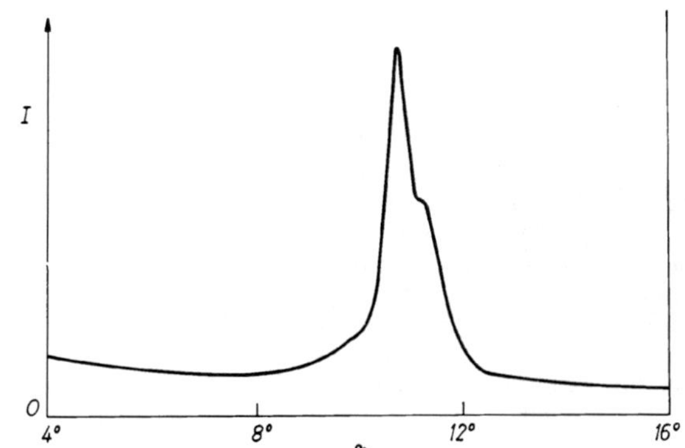

Bild 2. Isotropes Streudiagramm einer hexagonalen Probe. PA-6-Seide, durch Jodierung in die hexagonale Modifikation überführt

nicht immer den gleichen Veränderungen wie der Äquatorreflex unterworfen ist, wurde der Meridianreflex von vornherein nicht mit in die Auswertung einbezogen.

Der wesentlich intensitätsstärkere Äquatorreflex ist unsymmetrisch, vor allem wegen des Einflusses der ersten Schichtlinie. Bild 2 zeigt die Röntgenstreukurve einer ursprünglich monoklinen Faserprobe, die durch Jodierung in die γ-Form überführt wurde. Für die Aufnahme wurde die Faser zerkleinert und als Filz untersucht, um den Einfluß der Orientierung auszuschalten.

Ähnlich wie die Reflexe der α-Modifikation weist auch der Äquatorreflex der γ-Modifikation variable Linienbreiten und Reflexlagen auf, für deren Deutung sinngemäß ähnliche Überlegungen gelten, wie sie oben bereits angestellt wurden.

2.3. Amorphe Strukturkomponente

PA 6 liegt stets im partiellkristallinen Zustand vor, so daß der amorphe Streuanteil experimentell nicht ohne weiteres bestimmt werden kann. Es ist jedoch möglich, letzteren auf indirektem Wege zu ermitteln, etwa aus der Streukurve der Schmelze — *Halboth* [19] — oder durch graphische Abtrennungsverfahren, anwendbar bei Vorliegen gutgeordneter und hochorientierter Probenmaterialien — *Bodor* [13], *Roldan, Rahl* und *Paterson* [12].

Es muß jedoch darauf hingewiesen werden, daß die Existenz einer amorphen Strukturkomponente nicht die einzig mögliche Erklärung für das Zustandekommen des amorphen Streuanteils darstellt. Kristalline Strukturen mit sehr kleiner Teilchengröße oder einem sehr hohen Anteil von Gitterstörungen können ebenfalls eine amorphe Streukurve besitzen — vgl. hierzu *Ruland* [11], *Bodor* [13], *Pechhold* [20], *Statton* [21] u. a.

In diesem Zusammenhang ist besonders auf den bekannten „Gedächtniseffekt" bei Schmelzen von PA 6 hinzuweisen, der gegen das Vorliegen eines echten amorphen Zustandes selbst in der Schmelze spricht. In Übereinstimmung hierzu findet man z. B. aus IR-Messungen, daß bei 230 °C in PA 6 erst 10% freie NH-Gruppen vorliegen — *Trifan* und *Terenzi* [22], *Bessler* und *Bier* [23].

Die Frage nach der Deutung der im Streudiagramm von PA 6 stets auftretenden diffusen Streukomponente ist von großem theoretischem und praktischem Interesse.

3. Theorie des Mehrphasensystems

Die Mannigfaltigkeit der experimentell beobachtbaren Variationen im Streudiagramm von PA 6 legt es nahe, die Beiträge der drei Hauptreflexe und des amorphen Halos getrennt und unabhängig voneinander zu diskutieren.

Für die Formulierung des Mehrphasenansatzes werden dementsprechend genau vier wesentlich unterschiedliche empirische Funktionen $i_p^0(x)$, $p = 1, \ldots, 4$ eingeführt, die wie folgt erklärt sein sollen:

(1) $i_1^0(x)$ soll die Streukurve von *hexagonalem* PA 6 darstellen und entspricht im wesentlichen dem Verlauf des Reflexes bei $\vartheta = 10{,}7°$. (Indizierung $(001)/(20\bar{1})/(200)$ nach *Arimoto* u. Mitarb. [6]).

(2) $i_2^0(x)$ soll dem Verlauf eines der beiden Hauptreflexe der Streukurve von *monoklinem* PA 6 entsprechen, und zwar dem des Reflexes bei $\vartheta = 10{,}0°$. (Indizierung (200) nach *Holmes, Bunn* und *Smith* [4]).

(3) $i_3^0(x)$ soll dem Verlauf des anderen Reflexes von *monoklinem* PA 6 bei $\vartheta = 11{,}9°$ (Indizierung (002)/(202)) entsprechen.

(4) $i_4^0(x)$ schließlich soll die Streukurve von *amorphem* PA 6 wiedergeben.

Die als Variable eingeführte Größe x ist eine dimensionslose Zahl, definiert durch:

$$x = \frac{\sin\vartheta - \sin\vartheta_1}{\sin\vartheta_2 - \sin\vartheta_1}.$$

ϑ_1, ϑ_2 sind die Grenzen des Intervalls für den experimentell zugänglichen Bereich des Streuwinkels ϑ, für den die Streukurven ausgewertet werden sollen. Durch die Einführung von x erreicht man, daß alle weiteren Formeln nicht mehr explizit von der Wahl von ϑ_1 und ϑ_2 abhängen.

Durch die Einführung der Funktionen $i_p^0(x)$ ist die Lage der einzelnen Reflexe per definitionem festgelegt. Beobachtet man bei der experimentellen Auswertung von beliebigen PA-6-Proben eine Verschiebung des ganzen Reflexes um Δx_p, so genügt dieser Reflex der Darstellung:

$$i_p(x) \equiv i_p^0(x - \Delta x_p). \qquad (1\text{a})$$

Weiterhin ist zu berücksichtigen, daß die Reflexe unterschiedliche Breite besitzen können. Diese Änderungen der Breite lassen sich mathematisch durch eine Faltungsoperation erfassen:

$$i_p\widehat{(x)}\, g_p(x) = \int i_p(t)\cdot g_p(x-t)\,dt. \qquad (1\text{b})$$

Die hiermit eingeführte Verbreiterungsfunktion $g(x)$ besitzt im allgemeinen ein glockenförmiges Profil. Bei fehlender Verbreiterung entartet sie in eine Punktfunktion. Mit den vorstehenden Definitionen läßt sich die Streukurve von beliebig partiellkristallinem PA 6 in allgemeiner Form wie folgt beschreiben:

$$I(x) = \sum_{p=1}^{4} \beta_p\, i_p\widehat{(x)}\, g_p(x); \qquad (1\text{c})$$

β_p sind Indizes für den relativen Anteil der über die Streufunktionen $i_p(x)$ eingeführten „Phasen" p.

Hinsichtlich der noch frei verfügbaren Normierung der Funktionen $i_p(x)$ und $g_p(x)$ ergeben sich besonders einfache Verhältnisse, falls man die folgenden Normierungsvorschriften vorgibt:

$$\int_0^1 i_p(x)\,dx = 1,\quad \int_0^1 g_p(x)\,dx = 1,\quad \sum_{p=1}^{4} \beta_p = 1. \qquad (2\text{a bis c})$$

In diesem Falle folgt, wie man leicht beweist, daß auch die experimentellen Streukurven $I(x)$ stets normiert sein müssen:

$$\int_0^1 I(x)\,dx = 1. \qquad (2\text{d})$$

Die Normierung der experimentellen Streukurven beseitigt von vornherein viele experimentelle Schwierigkeiten, vor allem im Zusammenhang mit der Forderung nach reproduzierbaren Aufnahmebedingungen.

3.1. Harmonische Analyse der Streukurven

Ähnlich wie bei der Auswertung des Zweiphasenansatzes nach dem Fourierverfahren [2] werden die in Gleichung (1) vorkommenden Funktionen in trigonometrische Fourierreihen entwickelt:

$$I(x) = \sum_{n=-\infty}^{+\infty} C_n e^{-2\pi i n x}, \quad i_p(x) = \sum_{n=-\infty}^{+\infty} A_{pn} e^{-2\pi i n x},$$

$$g_p(x) = \sum_{n=-\infty}^{+\infty} D_{pn} e^{-2\pi i n x}. \qquad \text{(3a bis c)}$$

Die hier auftretenden Fourierkoeffizienten können reell oder auch komplex sein. Das hängt nicht zuletzt von den Symmetrieeigenschaften der einzelnen Funktionen ab. In jedem Falle aber sind wegen der vorausgesetzten Normierung die nullten Fourierkoeffizienten stets reell und gleich eins:

$$C_0 = A_{p0} = D_{p0} = 1. \qquad (4)$$

Eine weitere Bedingung läßt sich aus dem Umstand ableiten, daß die amorphe Streukomponente $i_4(x)$ stets einen nur schwach gekrümmten Verlauf hat. Das hat eine schnelle Konvergenz der Fourierkoeffizienten $A_{4,n}$ zur Folge, so daß näherungsweise

$$A_{4,n} = 0 \quad \text{für} \quad |n| \geqq n_0 \qquad (5)$$

gilt. Die Größe von n_0 hängt u. a. von der Wahl des Winkelintervalls für ϑ sowie den strukturellen Besonderheiten des jeweils untersuchten Polymeren ab. Für PA 6 gilt z. B. für $\vartheta_1 = 6°$ und $\vartheta_2 = 15°$ als Richtwert $n_0 = 4$, wie entsprechende Voruntersuchungen gezeigt haben.

Setzt man die Ansätze (3) in die Gleichung (1c) ein, so erhält man unter Berücksichtigung des Faltungstheorems der Fouriertheorie (vgl. z. B. [24]) durch Koeffizientenvergleich eine adäquate Bestimmungsgleichung für die durch Gleichung (3a) eingeführten Fourierkoeffizienten:

$$C_n = \sum_{p=1}^{4} \beta_p A_{pn} D_{pn} \qquad |n| = 1, 2, \ldots \qquad (6)$$

Diese Gleichung stellt die allgemeine Formulierung eines Mehrphasenansatzes dar, spezialisiert auf ein partiellkristallines System von vier Phasen. Wesentliches Charakteristikum der Phasen ist ihr unterschiedliches röntgenographisches Streuverhalten.

Wie früher gezeigt wurde, kann für ein Zweiphasensystem, dessen eine Phase eine amorphe Struktur aufweist, der Ansatz (6) allein auf der Grundlage des Vergleichs zweier Streukurven des gleichen Polymeren ausgewertet werden, ohne daß die Koeffizienten A_{pn} von vornherein bekannt sein müssen. Ein gleiches Vorgehen würde bei Vorliegen von drei oder mehr Phasen zwar ebenfalls denkbar sein, doch müßte in diesen Fällen eine Genauigkeit der experimentellen Koeffizienten C_n vorausgesetzt werden, die derzeitig meßtechnisch kaum realisierbar ist.

Aus diesem Grund erscheint es günstiger, einen modifizierten Lösungsweg für den Mehrphasenansatz (6) auszuarbeiten, der es auf der Basis spezieller Vorkenntnisse über die Koeffizienten A_{pn} und D_{pn} gestattet, die Zahl der Unbekannten in Gleichung (6) drastisch zu reduzieren.

3.2. Einführung von Standardkurven

Es liegt nahe, die Fourierkoeffizienten A_{pn} mit Hilfe ausgewählter Standardkurven auf experimentellem Wege zu bestimmen. Hierbei erweist es sich als zweckdienlich, die experimentellen Streukurven von zwei ausgesuchten hochkristallinen PA-6-Proben zu verwenden, die neben amorphem Material entweder nur hexagonales oder nur monoklines Material aufweisen. Proben aus PA 6, die diesen Forderungen genügen, lassen sich definiert herstellen.

Die Standardstreukurven mit den Bezeichnungen $I_{Hex}(x)$ bzw. $I_{Mon}(x)$ sollen der folgenden Darstellung genügen:

$$I_{Hex}(x) = \beta_{11} \cdot i_1^0(x) + (1 - \beta_{11}) \cdot i_4^0(x), \qquad (7a)$$

$$I_{Mon}(x) = \beta_{22} \cdot i_2^0(x) + \beta_{33} \cdot i_3^0(x) + (1 - \beta_{22} - \beta_{33}) \cdot i_4^0(x). \qquad (7b)$$

Die eingeführten Indizes β_{pp} geben den Streuanteil der Phase p an und sind im voraus nicht bekannt.

Die monokline Standardkurve $I_{Mon}(x)$ besitzt unter den von uns gewählten Herstellungsbedingungen des Probenmaterials relativ scharf ausgebildete Reflexe und läßt sich daher ohne große Schwierigkeiten in zwei verschiedene Streukurven zerlegen, von denen jede neben einem von $i_4^0(x)$ herrührenden Anteil entweder nur $\beta_{22} \cdot i_2^0(x)$ oder nur $\beta_{33} \cdot i_3^0(x)$ enthält.

In der Praxis führt man diese Zerlegung so durch, daß man zunächst den amorphen Halo pauschal durch eine geeignete Schmiegekurve abtrennt, die verbleibende Restkurve in die beiden Einzelkurven zerlegt, danach die mit einem Proportionalitätsfaktor je nach Größe von β_{22} bzw. β_{33} multiplizierte, zuvor abgezogene Schmiegekurve jeweils wieder hinzuaddiert und schließlich die beiden Kurven zu eins normiert. Bei korrekter Wahl der Proportionalitätsfaktoren genügt jede der monoklinen Einzelkurven dem gleichen Ansatz, dem auch $I_{Hex}(x)$ nach Gleichung (7a) genügt.
Resultierend gilt also:

$$I_p = \beta_{pp} i_p^0(x) + (1 - \beta_{pp})\, i_4^0(x), \qquad p = 1, 2, 3. \qquad (8)$$

Auf Einzelheiten der Zerlegung, subjektiv bedingte Fehlermöglichkeiten bei der Vorgabe der amorphen Schmiegekurve und ähnliche Fragen wird später noch näher eingegangen.

Die Gleichung (8) gestattet in einfacher Weise die Berechnung der Koeffizienten A_{pn} für nicht zu kleine Werte von n. Es werde zunächst der einfachere Fall berücksichtigt, daß keine Reflexverschiebungen vorliegen, d. h. also der Fall $\Delta x_p = 0$. Wie man sich leicht überzeugt, besteht zwischen dem n-ten Fourierkoeffizienten C_{pn} der experimentellen Bezugskurve $I_p(x)$ und dem n-ten Koeffizienten A_{pn} der hypothetischen Streufunktion $i_p(x)$ wegen des vorausgesetzten Konvergenzverhaltens der Koeffizienten $A_{4,n}$ nach Gleichung (5) ab einem gewissen n_0 direkte Proportionalität:

$$A_{pn} = \frac{1}{\beta_{pp}} C_{pn}, \; |n| \geqq n_0. \qquad (9)$$

Für den allgemeinen Fall vorhandener Reflexverschiebungen, d. h. also $\Delta x_p \neq 0$, sind in Gleichung (9) die Koeffizienten A_{pn} der unverschobenen Funktionen $i_p{}^0(x)$ durch die Koeffizienten der um Δx_p verschobenen Funktionen

$$i_p(x) = i_p{}^0(x - \Delta x_p)$$

zu ersetzen. Nach der Theorie der Fourierreihen unterscheiden sich die Fourierkoeffizienten einer um Δx_p verschobenen und einer unverschobenen Funktion lediglich durch den multiplikativen Faktor $\exp(-2\pi i n \Delta x_p)$, so daß gilt:

$$A_{pn}\, e^{-2\pi i n \Delta x_p} = \frac{1}{\beta_{pp}}\, C_{pn}. \tag{10}$$

Ziel der Rechnungen ist die Auswertung der Gleichung (6). Setzt man A_{pn} nach Gleichung (10) in die Gleichung (6) ein, so folgt:

$$C_n = \sum_{p=1}^{3} k_p C_{pn} D_{pn}\, e^{+2\pi i n \Delta x_p}, \qquad |n| \geqq n_0 \tag{11}$$

mit $k_p = \beta_p/\beta_{pp}$ als Index für den relativen — auf den der Standardkurve $I_p(x)$ bezogenen — Streuanteil der Phase p.

Wie noch gezeigt wird, kann die Größe der Reflexverschiebungen Δx_p zuverlässig dem Streudiagramm direkt entnommen werden, so daß die Gleichung (11) insgesamt als Unbekannte die drei Indices k_p sowie die Fourierkoeffizienten D_{pn} der den hier diskutierten drei Hauptreflexen von PA 6 zugeordneten Verbreiterungsfunktionen $g_p(x)$ enthalten. Da jedoch D_{pn} als Fourierkoeffizienten physikalisch vernünftiger Verbreiterungsfunktionen notwendig gewissen Korrelationen unterliegen, bietet sich eine Möglichkeit an, die Zahl der Unbekannten ganz wesentlich zu reduzieren, indem für $g_p(x)$ plausible Näherungsannahmen gemacht werden.

3.3. Einführung von speziellen Verbreiterungsfunktionen

Für $g_p(x)$ wird näherungsweise ein symmetrisches Lorentzprofil vorausgesetzt. Diese Näherung erweist sich nachträglich als günstig und allen Genauigkeitsansprüchen gegenüber als völlig ausreichend. Es soll also gelten:

$$g_p(x) = \frac{1}{\varrho_p \cdot \pi} \cdot \frac{1}{1 + \dfrac{x^2}{\varrho_p{}^2}}. \tag{12}$$

Diese Formel enthält als einzigen freien Parameter die Größe ϱ_p als ein Maß für die Halbwertsbreite von $g_p(x)$.

Die zugehörigen Fourierkoeffizienten sind aus Symmetriegründen stets reell und lassen sich geschlossen berechnen (vgl. [24]):

$$D_{pn} = e^{-2\pi\varrho_p n}. \tag{13}$$

Setzt man D_{pn} nach dieser Formel in Gleichung (11) ein und multipliziert gleichzeitig beide Seiten der Gleichung mit den zu C_n konjugiert komplexen Werten $\tilde{C}_n$, so erhält man:

$$|C_n|^2 = \sum_{p=1}^{3} k_p \cdot C_{pn} \cdot \tilde{C}_n e^{-2\pi\varrho_p n} \cdot e^{2\pi i n \Delta x_p}. \tag{14}$$

Mit der Schreibweise

$$C_n = c_n + i\bar{c}_n \qquad C_{pn} = c_{pn} + i\bar{c}_{pn} \tag{15}$$
$$n = 0, 1, \ldots$$

folgt für den Realteil von Gleichung (14):

$$c_n{}^2 + \bar{c}_n{}^2 = \sum_{p=1}^{3} k_p [(c_{pn} c_n + \bar{c}_{pn}\bar{c}_n) \cos 2\pi n \Delta x_p$$
$$+ (\bar{c}_{pn} c_n - c_{pn}\bar{c}_n) \sin 2\pi n \Delta x_p]\, e^{-2\pi\varrho_p n}, \quad n \geqq n_0. \tag{16}$$

Die entsprechende Formel für den Imaginärteil der Gleichung (14) ist ähnlich aufgebaut. Da sich in der Folge jedoch zeigte, daß diese Gleichung wesentlich empfindlicher auf experimentell bedingte Meßfehler reagiert als die Gleichung (16) und im allgemeinen nur unzuverlässige Ergebnisse liefert, wurde nur die Gleichung (16) für die weitere Auswertung herangezogen.

Wie man sieht, enthält das Gleichungssystem (16) insgesamt sechs Unbekannte, und zwar die drei relativen Streuanteile k_p und die drei Parameter für die Linienverbreiterungen ϱ_p. Die Zahl der demgegenüber zur Verfügung stehenden Gleichungen hängt von n ab, d. h. der Anzahl der von Null verschiedenen und in die Auswertung einbezogenen Koeffizienten C_n und C_{pn}. Sie ist erfahrungsgemäß — zumindest für die hier ausgewählte Substanz — größer als die Zahl der Unbekannten, also sechs. Damit ist von vornherein eine wesentliche Voraussetzung für die Auflösung des Systems (16) erfüllt.

Die praktische Durchführung, die numerische Auflösung des Systems (16), bereitet jedoch grundsätzliche Schwierigkeiten, da die Unbekannten k_p und ϱ_p in den einzelnen Summanden des Systems stets gemeinsam und zudem relativ kompliziert miteinander verknüpft auftreten. Eine geschlossene mathematische Lösungstheorie steht hierfür nicht zur Verfügung. Es wurde daher versucht, eine Lösung auf iterativem Wege zu finden, worauf im einzelnen noch später eingegangen wird.

3.4. Bestimmung des amorphen Streuanteils

Die bisher verwendeten Formeln (11), (14) und (16) haben voraussetzungsgemäß nur für größere n (d. h. $|n| \geqq n_0$) Gültigkeit.

Demzufolge enthalten diese Formeln auch weder β_4 noch die Koeffizienten $A_{4,n}$ in expliziter Form. Für die angestrebte Auswertung des amorphen Streuanteils müssen daher zusätzliche Überlegungen herangezogen werden.

In Analogie zu den bereits eingeführten relativen Indizes k_1 bis k_3 wird zusätzlich der relative Index k_4 für den Anteil der amorphen Streukomponente eingeführt.

Bezieht man k_4 auf den amorphen Streuanteil der hexagonalen Standardkurve I_{Hex} nach Gleichung (7a), so erhält man als Definitionsgleichung:

$$k_4 = \frac{\beta_4}{1 - \beta_{11}}. \tag{17}$$

Bei der Wahl von I_{Mon} nach Gleichung (7b) als Bezugskurve erhielte man eine Definitionsgleichung für einen anderen Parameter $k_{4,Mon}$. Dieser unterscheidet sich jedoch von k_4 bei fest vorgegebenen β_{pp} nur um einen konstanten Proportionalitätsfaktor und liefert daher keine neuen Informationen:

$$k_{4,Mon} = \frac{\beta_4}{1 - \beta_{22} - \beta_{33}} = \frac{1 - \beta_{11}}{1 - \beta_{22} - \beta_{33}} \cdot k_4.$$

Unter der Voraussetzung, daß die kristalline Streuung für kleine Streuwinkel null wird, folgt aus den Gleichungen (1c) und (8) eine Bestimmungsgleichung für k_4:

$$k_4 = \lim_{x \to 0} \frac{I(x)}{I_1(x)}. \qquad (18)$$

3.5. Berechnung der amorphen Streukurve

Auf Grund der bisher getroffenen Vereinbarungen ist es grundsätzlich möglich, den Verlauf der amorphen Streukurve auf analytischem Wege zu berechnen. Diese Berechnung ist an die Voraussetzungen gebunden, daß zwischen den drei Standardkurven und der zu analysierenden Meßkurve keine lineare Abhängigkeit bestehen darf.

Ausgangspunkt der Überlegungen ist das folgende Gleichungssystem:

$$\begin{aligned}
C_{1n} &= \beta_{11} A_{1n} &&+ (1 - \beta_{11})\, A_{4n} \\
C_{2n} &= \qquad \beta_{22} A_{2n} &&+ (1 - \beta_{22})\, A_{4n} \\
C_{3n} &= \qquad\qquad \beta_{33} A_{3n} &&+ (1 - \beta_{33})\, A_{4n} \\
C_n &= \beta_1 A_{1n} + \beta_2 A_{2n} + \beta_3 A_{3n} &&+ (1 - \beta_1 - \beta_2 - \beta_3) \cdot A_{4n}
\end{aligned} \qquad (19)$$

$$n = 1, 2, \ldots$$

Diese Gleichungen folgen unmittelbar aus den Gleichungen (8) und (1c), indem für die dort vorkommenden Streufunktionen entsprechende Fourierkoeffizienten eingeführt werden. Eventuell vorhandene Linienverschiebungen und Linienverbreiterungen brauchen hierbei in erster Näherung nicht berücksichtigt zu werden; denn einerseits enthalten voraussetzungsgemäß nur die allerersten Gleichungen des Systems (16) wesentlich von Null verschiedene Koeffizienten $A_{4,n}$, andererseits machen sich die experimentell gemessenen Linienverschiebungen wie auch -verbreiterungen erst für größere Koeffizientennummern n nachweislich bemerkbar.

Bei bekannten β_p und β_{pp} stellen die Gleichungen (19) ein lineares, inhomogenes Gleichungssystem für die Koeffizienten $A_{p,n}$ dar. Voraussetzung für dessen Lösbarkeit ist das Nichtverschwinden seiner Koeffizientendeterminante:

$$\Delta = \begin{vmatrix} \beta_{11} & 0 & 0 & 1 - \beta_{11} \\ 0 & \beta_{22} & 0 & 1 - \beta_{22} \\ 0 & 0 & \beta_{33} & 1 - \beta_{33} \\ \beta_1 & \beta_2 & \beta_3 & 1 - \beta_1 - \beta_2 - \beta_3 \end{vmatrix}$$

$$= \beta_{11} \beta_{22} \beta_{33} (1 - k_1 - k_2 - k_3) \neq 0. \qquad (20)$$

Da die β_{pp} — bedingt durch die Wahl der Standardkurven — stets von Null verschieden sind, folgt aus Gleichung (20) notwendig:

$$\sum_{p=1}^{3} k_p \neq 1. \qquad (21)$$

Ist die Bedingung (21) erfüllt, so folgt aus den Gleichungen (19) als Lösung für die gesuchten Fourierkoeffizienten $A_{4,n}$ der amorphen Streukurve:

$$A_{4,n} = \frac{C_n - k_1 C_{1n} - k_2 C_{2n} - k_3 C_{3n}}{1 - k_1 - k_2 - k_3}. \qquad (22)$$

4. Zusammenfassung

In der vorliegenden Arbeit wird eine Theorie für die quantitative Auswertung der röntgenographischen Streukurven polymerer Mehrphasensysteme beschrieben. Die abgeleitete Theorie ist dabei dahingehend konzipiert, daß in erster Linie dem spezifischen Streuverhalten von Polycaprolactam (PA 6) Rechnung getragen wird.

Vorbereitend werden zunächst einige bekannte Tatsachen über das Streuverhalten von PA 6 zusammengetragen, insofern sie für die Ableitung und Begründung der Theorie benötigt werden. PA 6 wird dabei als ein Mehrphasensystem aufgefaßt, das neben einer amorphen Strukturkomponente eine monokline α-Modifikation und eine hexagonale γ-Modifikation besitzt. Von dem Auftreten weiterer Modifikationen wird abgesehen.

Die Theorie der Auswertung basiert auf der Einführung von Fourierkoeffizienten der Streukurven und gestattet die objektive Berechnung von relativen Indizes für den Streuanteil der einzelnen Strukturkomponenten sowie die Berechnung von Linienverbreiterungen bei den einzelnen Reflexen.

Eine erste Anwendung der Theorie wird in einer weiteren Arbeit beschrieben werden.

Literatur

[1] *Hirte, R.:* Ein Verfahren zur quantitativen Analyse der Röntgenstreukurve von Polycaproamid. Dissertation, Technische Hochschule für Chemie, Leuna-Merseburg 1970.

[2] *Teichgräber, M.:* Die übermolekulare Struktur hochpolymerer Verbindungen. Teil I. Faserforsch. u. Textiltechnik **18** (1967) 7, S. 336—342.
Teichgräber, M., und *Schilling, B.:* desgl. Teil II. Faserforsch. u. Textiltechnik **18** (1967) 8, S. 359—366.
Teichgräber, M.: desgl. Teil III. Faserforsch. u. Textiltechnik **18** (1967) 11, S. 517—521.
Teichgräber, M.: dsgl. Teil IV. Faserforsch. u. Textiltechnik **18** (1967) 12, S. 553—564.

[3] *Brill, R.:* Über Beziehungen zwischen der Struktur der Polyamide und der des Seidenfibroins. Z. physik. Chem. **B53** (1943) S. 61—74.

[4] *Holmes, D. R.*, *Bunn, C. W.*, und *Smith, D. J.:* Crystal structure of polycaproamide: Nylon 6. J. Polymer Sci. **17** (1955) S. 159—177.

[5] *Okada, A.*, und *Fuchino, K.:* Crystal structure of polycaproamide. Chem. High Polymers, Tokyo **7** (1950) S. 122—128.

[6] *Arimoto, H.*, *Ishibashi, M.*, *Hirai, M.*, und *Chatani, Y.:* Crystal structure of the γ-Form of Nylon 6. J. Polymer Sci. **A 3** (1965) S. 317—326.

[7] *Vogelsong, D. C.:* Crystal structure studies on the polymorphic forms of nylon 6 and 8 and other even nylons. J. Polymer Sci., Part **A1** (1963) S. 1055—1068.

[8] *Bradbury, E. M.*, *Brown, L.*, *Elliott, A.*, und *Parry, D. A. D.:* The structure of the gamma form of polycaproamide (Nylon 6). Polymer, London **6** (1965) S. 465—482.

[9] *Roldan, L. G.*, und *Kaufman, H. S.*: Crystallization of nylon 6. J. Polymer Sci., B: Polymer Letters **1** (1963) S. 603–608.

[10] *Urbańczyk, G. W.*: Determination of polycaprolactam fiber crystallinity by X-ray differential-filtration method. J. Polymer Sci. **45** (1960) S. 161–168.
Urbańczyk, G. W.: Zesz. nauk. Politechn. Łódźkiej (Wiss. H. Techn. Hochsch. Łódź) Włokiennictwo (Textilind.) **35** (1961) 7, S. 141–162.

[11] *Ruland, W.*: X-ray determination of crystallinity and diffuse disorder scattering. Acta crystallogr., Copenhagen **14** (1961) S. 1180–1185.
Ruland, W.: Crystallinity and disorder parameters in Nylon 6 and Nylon 7. Polymer, London **5** (1964) 2, S. 89–102.
Ruland, W.: Röntgenographische Bestimmung des Ordnungszustandes von Hochpolymeren. Faserforsch. u. Textiltechnik **15** (1964) 11, S. 533–537.

[12] *Roldan, L. G.*, *Rahl, F.*, und *Paterson, A. R.*: Investigation of polymer order by X-ray diffraction. J. Polymer Sci., C: Polymer Symposia **8** (1965) S. 145–158.

[13] *Bodor, G.*, *Kalló, A.*, und *Grell, M.*: Vortrag auf der Tagung „Chemie und Technologie der Hochpolymeren", Leipzig 1963. Kolor. Értesitö (Kolor. Rdsch.) **5** (1963) S. 294–308.
Bodor, G., *Grell, M.*, und *Kalló, A.*: Untersuchung des Zustandes von Polypropylen — Vorschlag zur Bestimmung der Kristallinität des Polypropylens. Faserforsch. u. Textiltechnik **15** (1964) 11, S. 527–532.
Bodor, G.: Untersuchung linienverbreiternder Einflüsse im Röntgenstreudiagramm von Hochpolymeren. Faserforsch. u. Textiltechnik **18** (1967) 2, S. 86–91.

[14] *Ruscher, Ch.*, und *Schröder, H.-J.*: Über die Feinstruktur der Polyamide. II. Der Einfluß von kleinen Kristalliten auf das Röntgendiagramm von Polycaprolactam. Faserforsch. u. Textiltechnik **11** (1960) S. 165–172.

[15] *Kordes, E.*, *Günther, F.*, *Büchs, L.*, und *Göltner, W.*: Optische und röntgenographische Untersuchungen an der vollsynthetischen Perlon-Faser. Kolloid-Z. **119** (1950) S. 23–38.

[16] *Reichle, A.*, und *Prietzschk, A.*: Spinnprozeß und Kristallstrukturen von Perlon-Fäden. Angew. Chemie **74** (1962) 15, S. 562–569.

[17] *Wallner, L. G.*: Über den Einfluß der Kristallitlänge auf die Röntgen-Interferenzen der Polyamide. Mh. Chemie **79** (1948) S. 297–295.

[18] *Keller, A.*, und *Maradudin, A.*: Diffraction of X-rays by fibres consisting of small crystals: Applications of theory to polyamides. J. physic. chem. Solids **2** (1957) S. 301–311.

[19] *Halboth, H.*: Röntgenographische Untersuchung der Kristallisation von gequollenen Polymerisaten und von Oligomeren des Nylon 6. Dissertation TH Aachen 1965.

[20] *Pechhold, W.*: Molekülbewegung in Polymeren. Kolloid Z. u. Z. Polymere **228** (1968) S. 1–38.

[21] *Statton, W. O.*: The meaning of crystallinity when judged by X-rays. J. Polymer Sci. C: Polymer Symposia **18** (1967) S. 33–50.

[22] *Trifan, D. S.*, und *Terenzi, J. F.*: Extents of hydrogen bonding in polyamides and polyurethanes. J. Polymer Sci. **28** (1958) S. 443–445.

[23] *Bessler, E.*, und *Bier, G.*: Über Wasserstoffbrücken in Polyamiden. Makromol. Chemie **122** (1969) S. 30–37.

[24] International Tables for X-Ray Crystallography II. Birmingham 1959.

[25] *Teichgräber, M.*, und *Schilling, B.*: Die übermolekulare Struktur hochpolymerer Verbindungen. Teil VII: Röntgendiffraktometrische Bestimmung eines absoluten Kristallinitätsgrades an Polypropylen mittels eines Fourierverfahrens. Faserforsch. u. Textiltechnik **20** (1969) 5, S. 242–248.

[26] *Ruscher, Ch.*, unter Mitarb. von *Schröder, H.-J.*: Unveröffentlichte Forschungsberichte der AG Röntgen. 1958–1960.

Eingegangen am 31. August 1971

Beitrag zum Studium von Strukturveränderungen synthetischer Fasern bei Deformation in der Faserlängsrichtung

I. Polyamidfasern (PA-6-Fasern)

Martin Jambrich, Ivan Diačik und Ivan Mitterpach

Forschungsinstitut für Chemiefasern, Svit/ČSSR

DK 677.494.675'126:539.382:677.014.87:677.014.84:677.017.2/.7

Der Einfluß unterschiedlicher Bedingungen bei Deformation von PA-6-Fasern in Faserlängsrichtung auf die Änderungen physikalisch-mechanischer Eigenschaften, hauptsächlich der Orientierung der Kristall- und Nichtkristallbereiche, wird untersucht. Als geeignete Methoden wurden die Röntgenographie, die Messung der optischen Doppelbrechung, die Infrarot-Absorptions-Spektroskopie und die Messung der Schallausbreitungsgeschwindigkeit angewendet.
Die unterschiedlichen Bedingungen bei einseitig wirkender Deformation führen zu unterschiedlichem Verlauf der Orientierung der Kristall- und Nichtkristallbereiche der PA-6-Fasern, was sich letztlich in ihren physikalisch-mechanischen Eigenschaften auswirkt.

К вопросу об изучении изменений структуры синтетических волокон при деформации в продольном направлении

I. Полиамидные волокна типа полиамида 6

Изучалось влияние различных условий одноосной деформации полиамидных волокон на изменение их физико-механических свойств, в частности, на ориентацию в кристаллических и аморфных областях. В качестве подходящих методов исследования применялись рентгенография, измерение двойного лучепреломления, ИК-спектроскопия и измерение скорости распространения звука.
Различные условия при одноосной деформации приводят к различному протеканию процессов ориентации кристаллических и аморфных областей полиамидных волокон, что отражается на их физико-механических свойствах.

Contribution to the Study of Structural Changes in Synthetic Filaments on Longitudinal Deformation

I. Polyamide-6 Filaments

The effect of various conditions of longitudinal drawing of polyamide-6 filaments on the changes of the physical properties, particularly of the orientation in crystalline and non-crystalline regions, has been investigated by X-ray methods, IR absorption spectroscopy, optical birefringence and sound velocity. Different conditions of deformation result in different orientation in crystalline and non-crystalline regions which is reflected in the physical properties of the filaments.

1. *Einleitung*

Die Herstellung der PA-6-Fasern besteht aus chemischen und physikalisch-mechanischen Vorgängen, die schließlich die Molekularstruktur der Fasern und ihre physikalisch-mechanischen Eigenschaften bedingen. Während sich die chemische Struktur der Moleküle im Verlauf der Faserherstellung — beim Spinnen, Recken und bei der nachträglichen Behandlung — nicht wesentlich ändert, werden die physikalischen Strukturparameter Orientierung und Kristallinität durch die angeführten technologischen Prozesse wesentlich beeinflußt.

Einer der wichtigen Vorgänge bei der Herstellung von PA-6-Fasern aus der Schmelze ist der Prozeß der Formgebung der Fasern. Die Bedingungen werden in diesem Prozeß danach gewählt, ob ein polymeres System im anisotropen Zustand (orientiert) oder im isotropen Zustand (nichtorientiert) gewonnen werden soll. Bei PA-6-Fasern wird die Herstellung ungereckter Fasern von der Deformation aus Gründen einer leichteren Beherrschung der Bildung und der Deformation der Fasern getrennt.

Im Vorgang des eigentlichen Erspinnens bilden sich die Bedingungen für die endgültigen Nutzwerte der Fasern heraus, und wir pflegen die Bedingungen so zu regeln, daß wir ungereckte Fasern erhalten, die einen niedrigen Orientierungsgrad, einen geringen Anteil an stabilen Strukturen und gleichmäßige Kapillarquerschnitte sowohl längs der Kapillaren als auch innerhalb des Kapillarbündels besitzen.

Der Vorgang der Deformation in der Faserlängsrichtung ist einer der Hauptarbeitsgänge bei der Herstellung von PA-6-Fasern. Er ermöglicht es, die Eigenschaften der Fasern in breiter Skala zu gewinnen und zu verändern, und zwar auf Grund der Veränderungen in der Anordnung der Makromoleküle und der morphologischen Elemente. Für einen geeigneten Ablauf einer Deformation der Fasern in der Faserlängsrichtung ist es daher erforderlich, Bedingungen zu schaffen, wie sie bei der eigentlichen Herstellung ungereckter Fasern bereits angeführt worden sind. Die Deformation in der Faserlängsrichtung führt bei den Fasern zur Entstehung eines anisotropen Polymersystems. Eine unerläßliche Bedingung für die Entstehung der Anisotropie ist die sphärische Symmetrie der Strukturelemente des polymeren Stoffes. Aber weder die Anisotropie der Makromoleküle noch der Strukturelemente allein führt zur Anisotropie des ganzen Polymersystems, wenn die Moleküle oder die Strukturelemente statistisch angeordnet sind. Damit sich eine makroskopische Anisotropie der Eigenschaften bilden kann, ist es erforderlich, durch äußere Einwirkung eine Vorzugsrichtung für die Strukturelemente zu bilden [1, 2].

Unter dem Einfluß äußerer Kräfte kann das Polymere seinen Gleichgewichtszustand so ändern, daß es zu einer Umlagerung und zu einer Orientierung der Strukturelemente kommt. Durch die Störung des Gleichgewichtszustandes mittels Deformation in der Faserlängsrichtung kommt es bei ungereckten Fasern zu einer Erhöhung der freien Energie und zu einer Erniedrigung der Entropie des Systems [1, 3]. Bei der Aufhebung des Kraftfeldes kann die Wirkung der Deformation erhalten bleiben, was sich in einer Änderung der physikalischen Eigenschaften äußert. Der Effekt der Deformation in der Faserlängsrichtung ist um so höher, je höher die Orientierung der Strukturelemente und je höher die Anisotropie der Makromoleküle ist. Wenn wir theoretische Erwägungen anstellen und die Berechnung der Fasereigenschaften auf Grund einer idealen Anordnung der Ketten der Makromoleküle und der Strukturelemente durchführen, stellen wir fest, daß wir uns gegenwärtig diesen Werten mit den Eigenschaften der derzeit erzeugten Fasern noch bei weitem nicht nähern. Wenn wir andererseits die Polymorphie bei der Anordnung der Ketten der Makromoleküle in den Fasern in Erwägung ziehen, so finden wir eine große Reserve zur Verbesserung der Eigenschaften. Daß es die gegenwärtigen technologischen Verfahren bei der Herstellung von Fasern nicht gestatten, uns den möglichen Eigenschaften anzunähern, hat folgende Gründe:

- Die Orientierung der kristallinen und nichtkristallinen Teile erreicht nicht die Höchstgrenze. Der mit physikalischen Methoden bestimmte Orientierungswinkel θ der Makromoleküle sollte den Nullwert erreichen [4 bis 8]. Die derzeitige Technologie ermöglicht die durchschnittliche Orientierung der kristallinen Teile von $\theta \approx 10°$ und eine Orientierung der nichtkristallinen Teile von $\theta \approx 20°$ [4, 9].
- Im Prozeß der Faserherstellung, hauptsächlich bei Deformation in der Faserlängsrichtung, entstehen infolge ungeeigneter Bedingungen in der Faser (z. B. ungeeignete Struktur der ungereckten Fasern, niedrige Temperaturen bei der Reckung, durch die Oberfläche der Führungselemente u. ä.) Mikro- und Makrodefekte, welche die Fasereigenschaften verschlechtern.
- Auf Grund der Wärmebewegung der Makromoleküle bei der Deformation oder weiteren Verarbeitungsprozessen der Fasern in der Wärme kommt es zu einer Desorientierung des polymeren Systems als Folge der Relaxation. Diese Tatsache ist die Folge einer ungeeigneten bzw. unvollständigen Abstimmung der Operationen bei der Herstellung. Falls wir die Orientierung nach der Deformation erhalten wollen, muß sofort der Prozeß der Stabilisierung bei geeigneten Temperaturen und Spannungen der Fasern erfolgen.
- Infolge der geringeren Packungsdichten molekularer Ketten, hauptsächlich in den nichtkristallinen Teilen, und wegen der Deformation des Kristallgitters, zu der es bei ungeeigneten Bedingungen der Faserdeformation kommen kann, ist die Kohäsionsenergie nicht groß genug.

Wie aus den angeführten vier Hauptgründen hervorgeht, müssen wir dem Erspinnungsprozeß, der Deformation in der Faserlängsrichtung und der Stabilisierung genügende Aufmerksamkeit widmen.

Eine allgemeine Erklärung über den Mechanismus der Bildung und des Vorganges der Deformation linearer Polymerer in der Faserlängsrichtung abzugeben, ist nicht einfach. Probleme ergeben sich einmal daraus, daß keine ausreichenden Angaben über die Modelle der Kettenanordnung der Makromoleküle im isotropen und anisotropen Polymersystem bestehen, und weiter daraus, daß sich verschiedene Polymere bei der Deformation in der Faserlängsrichtung unterschiedlich verhalten. Diese Tatsache ist bedingt durch die Unterschiede des chemischen Charakters und der strukturellen Kettenanordnung bzw. der Strukturelemente im isotropen und anisotropen polymeren System. In den letzten dreißig Jahren hat sich eine Menge indirekter Erkenntnisse angehäuft, die uns zur Konstruktion und Interpretation von Zweckmodellen der gegenseitigen Kettenanordnung und der Anordnung der Strukturelemente zu größeren morphologischen Gruppierungen führten. Es muß aber gesagt werden, daß kein einziges Modell alle Eigenschaften und Strukturänderungen, die in den Prozessen der Faserherstellung ablaufen, erklären kann.

In unserer Arbeit werden wir uns nicht mit dem Mechanismus der Herstellungsprozesse von Fasern beschäftigen, aber wir werden versuchen zu zeigen, wie einige Faktoren auf die Änderung der Orientierung der kristallinen und der nichtkristallinen Teile einwirken (welche von ihnen zu den Hauptfaktoren gehören, die die Endeigenschaften der Fasern bedingen) und wie die Änderung der Strukturmodifikation im Prozeß der Deformation der PA-6-Fasern in der Faserlängsrichtung erfolgt.

2. *Experimenteller Teil*

2.1. *Beschreibung der angewandten Methoden zur Bewertung der Fasern*

Die Auswertung der unterschiedlichen Strukturmodifikationen sowie auch der Orientierung kristalliner Bereiche führten wir unter Anwendung der röntgenographischen Methode auf dem Apparat „Mikrometa 2" durch. Die Röntgenogramme wurden auf dem Mikrophotometer „Khol F—3" [2, 10, 11, 12] ausgewertet.

Die durchschnittliche Orientierung der Makromoleküle wurde durch Messung der Doppelbrechung (Δn) und durch die Messung der Schallgeschwindigkeit (Cn) bestimmt.

Die optische Doppelbrechung der Fasern wurde nach der Kompensatormethode unter Benützung des *Bereckoy*-Kompensators mit der Konstante für Tageslicht gemessen: $\log C = 4{,}798$ [2, 11, 12].

Die Messung der Schallgeschwindigkeit wurde auf dem Gerät „Pulse Propagation Meter", Modell 5 R, bei der Frequenz der Schallwellen von 5 kHz durchgeführt. Die Entfernung zwischen den Wandlern war 10 cm [13].

Die Dichte der Fasern wurde nach der Flotationsmethode bestimmt [2, 10].

Die Bestimmung des kristallinen Anteils in den Fasern wurde unter Anwendung der Infrarot-Absorptionsspektroskopie durchgeführt. Die Faserpräparate wurden durch Zerschneiden der Fasern in feine Teile und durch Pressen in KBr mit einer Konzentration von 20 mg Fasern auf 1000 mg KBr zubereitet. Die Auswertung des kristallinen Anteils wurde nach den Beziehungen durchgeführt, wie sie in der Arbeit von *Sandeman* und *Keller* [14] angeführt sind.

Die mechanischen Fasereigenschaften wurden auf dem Gerät „Instron" bestimmt. Der Elastizitätsmodul E wurde aus den Kraft-Dehnungskurven berechnet.

Durch eine Kombination der Werte, wie sie bei der Messung der Schallgeschwindigkeit und der Doppelbrechung erhalten wurden, und durch Extrapolation wurden Werte der Doppelbrechung für idealorientierte PA-6-Fasern erhalten:

$$\Delta n = 0{,}0675\,.$$

Für die Berechnung der Orientierungsfaktoren gilt: fx — Orientierungsfaktor für die Orientierung der kristallinen Teile, berechnet aus röntgenographischen Messungen, $f\alpha$ — Orientierungsfaktor für die durchschnittliche Orientierung des polymeren Systems, bezogen auf die Richtung der Deformation aus Messungen der Schallgeschwindigkeit, und fam — Orientierungsfaktor für die Orientierung nichtkristalliner Bereiche, berechnet durch Kombination der röntgenographischen Methode, Messung der Schallgeschwindigkeit und der Dichte. Es wurden die Beziehungen benützt, die in unserer Arbeit angeführt sind [15].

Fur die Berechnung von $f\alpha$ wurden die von uns gemessenen Schallgeschwindigkeiten in ungereckten PA-6-Fasern

Cn = 1,25 km/s benützt.

2.2. *Zubereitung der Faserproben*

Zur Untersuchung des Deformationsprozesses unter unterschiedlichen Bedingungen benützten wir als Ausgangsmaterial ungereckte PA-6-Fasern, die durch kontinuierliche Polymeri-

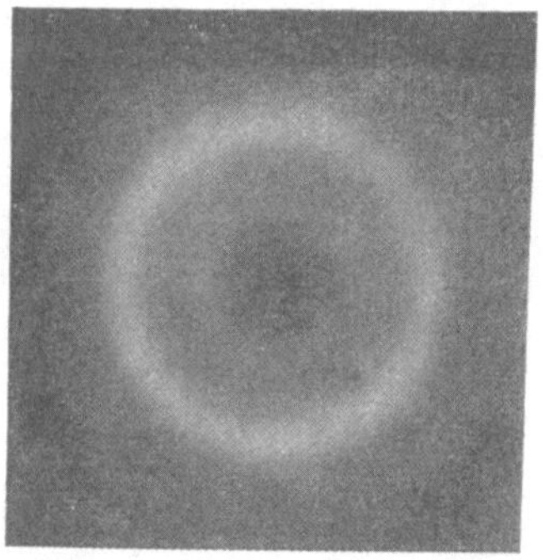

Bild 1. Röntgenogramm ungereckter PA-6-Fasern mit wenig stabiler smektisch-hexagonaler Anordnung

sation mit Demonomerisation und direktes Erspinnen zubereitet wurden.

Die ungereckten Fasern hatten $\eta_{rel} = 2{,}65$ in konz. H_2SO_4 und einen Gehalt an NML von 3,5%.

Strukturmodifikation: Wenig stabile smektisch-hexagonale Molekularanordnung (Bilder 1 und 2).

Deformierbarkeit bei normaler Umgebungstemperatur: Dynamische Deformationskurve (Bild 3).

$$(\Delta n = 7{,}8 \cdot 10^{-3}),$$
$$C_n = 1{,}25 \text{ km/s}.$$

Die Deformation der ungereckten Fasern wurde auf der einstelligen Laboratoriums-Reckvorrichtung bei einer Deformationsgeschwindigkeit von 100 m/min durchgeführt. Die Fasermuster wurden durch Deformation bei normaler (20 °C) und bei erhöhter Umgebungstemperatur (160 °C) zubereitet.

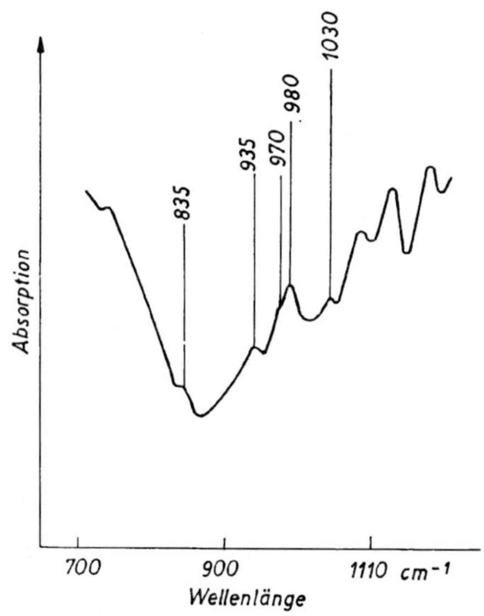

Bild 2. Infrarot-Absorptionsspektrum ungereckter PA-6-Fasern mit wenig stabiler smektisch-hexagonaler Anordnung

2.3. Auswertung der Faserproben

Der Prozeß der Deformation von ungereckten PA-6-Fasern in Faserlängsrichtung ist durch die dynamischen Deformationskurven gut charakterisiert.

Auf den Bildern 3 und 4 sind die dynamischen Deformationskurven sowie die Diffraktionsbilder dar-

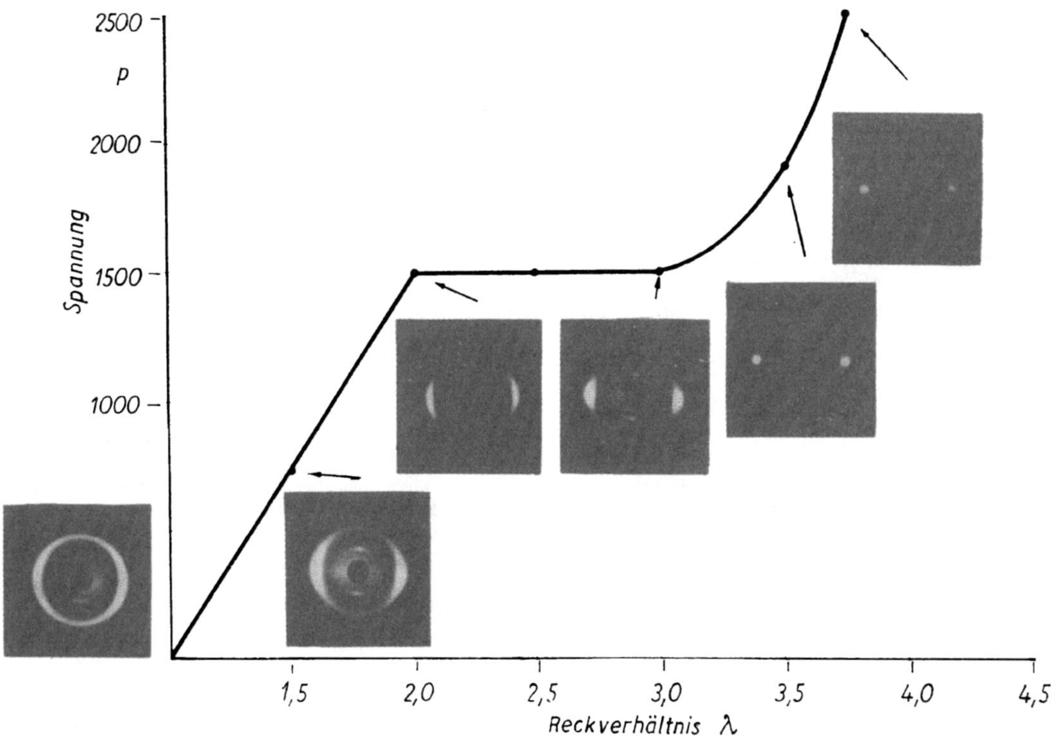

Bild 3. Dynamische Deformationskurve und Röntgenogramme von PA-6-Fasern, deformiert bei normaler Temperatur (20 °C)

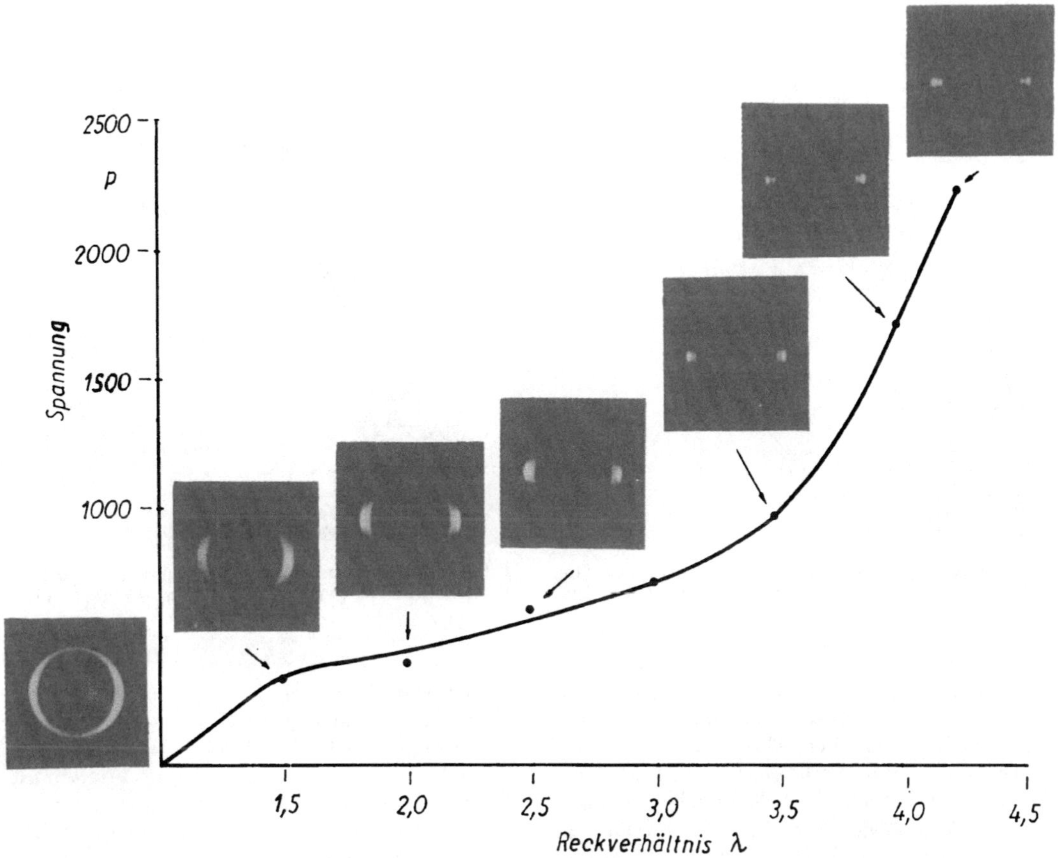

Bild 4. Dynamische Deformationskurve und Röntgenogramme von PA-6-Fasern, deformiert bei erhöhter Temperatur (160 °C)

gestellt. Aus den dynamischen Deformationskurven geht hervor, daß bei einer Deformation bei normaler Temperatur von 20 °C (Bild 3) der Anfangseffekt der Spannung wesentlich höher ist als bei 160 °C (Bild 4). Ebenso ist die Gesamtdeformation bei erhöhter Temperatur höher. Die Mitarbeit der Deformationskraft und der Wärme geben sich auch darin kund, daß wir bei erhöhter Temperatur bei niedrigeren Deformationsgraden einen Übergang der smektisch-hexagonalen Anordnung in die monokline beobachten können (Bild 4).

Dagegen erfolgt durch Reckung bei einer Temperatur von 20 °C der Übergang allmählich und teilweise in eine monokline Anordnung, vor allem in die α-Form. Im Grenzübergang, d. i. im Punkte des natürlichen Reckverhältnisses, beobachten wir eine maximale Intensität des (002)-Reflexes, charakteristisch für die β-Form der Anordnung. Im Bereich der Verfestigung der PA-6-Fasern, gereckt bei einer Umgebungstemperatur von 20 °C, kommt es zu einem Übergang der β-Form in die α-Form und zur Deformation des Gitters. Diese letzte Erscheinung beobachten wir auch bei der Deformation bei erhöhten Temperaturen, allerdings weniger markant (Bild 4). Die Deformation bei erhöhten Temperaturen ruft bei niedrigen Deformationsgraden eine bevorzugte Orientierung der wasserstoffgebundenen Ebenen hervor, was die Folge des Einflusses der Wärmeenergie auf die zwischenmolekularen Kräfte ist. Eine solche Orientierung ist ungleichmäßig, was auch in der Ungleichmäßigkeit der Fasern zum Ausdruck kommt.

Die angeführten Schlüsse stehen in Übereinstimmung mit den Ergebnissen, die wir bei der Anwendung der Infrarot-Absorptionsspektroskopie im Bereich des Spektrums 900 bis 1100 cm^{-1} gewonnen haben. In diesem Bereich des Spektrums befinden sich die Absorptionsbanden, die der amorphen, mesomorphen und kristallinen Anordnung in PA 6 entsprechen (Bilder 5 und 6.)

Ungereckte PA-6-Fasern, die auf der Röntgenaufnahme einen einzigen Diffraktionsring ergeben (Bild 1), zeigen im infraroten Absorptionsspektrum eine sehr intensive Absorptionsbande bei 980 cm^{-1} (Bild 2), charakteristisch für mesomorphe, eventuell amorphe molekulare Anordnung, und eine verhältnismäßig schwache Absorptionsbande bei 935 cm^{-1}, die selektiv empfindlich ist für kristalline Bereiche. Für kristalline Bereiche von PA 6 gibt es im infraroten Absorptionsspektrum des von uns verfolgten Spektrumbereiches charakteristische Absorptionsbanden bei 935 und 970 cm^{-1}. Durch die Deformation ungereckter PA-6-Fasern, besonders bei erhöhter Umgebungstemperatur (Bild 6), kommt es zu einer stärkeren Veränderung der ursprünglich smektisch-hexagonalen Anordnung in eine monokline, was sich auf den Spektren

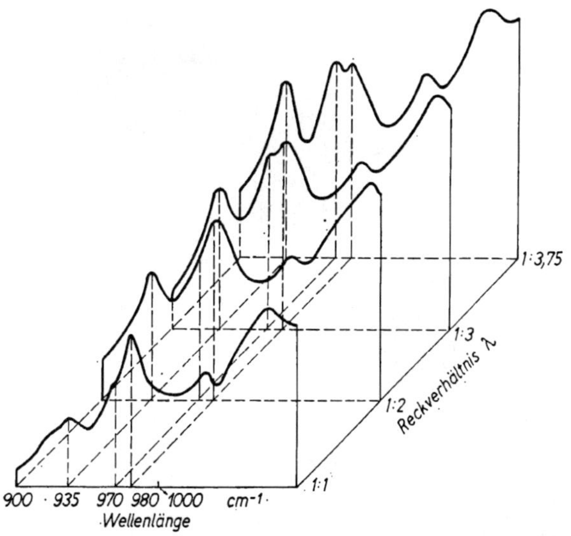

Bild 5. Infrarot-Absorptionsspektren von PA-6-Fasern, die bei normaler Temperatur (20 °C) unterschiedlich deformiert wurden

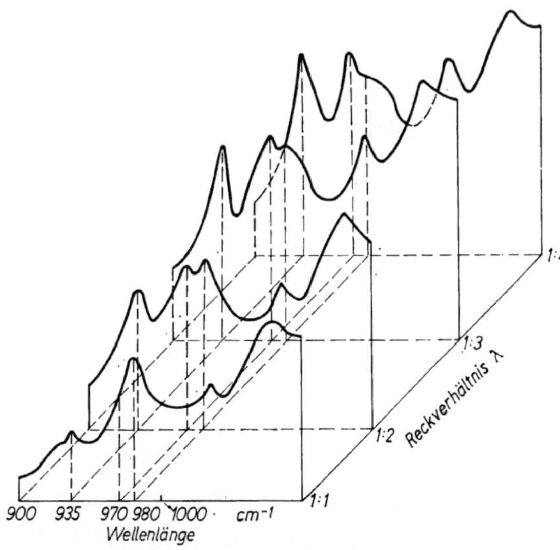

Bild 6. Infrarot-Absorptionsspektren von PA-6-Fasern, die bei erhöhter Temperatur (160 °C) unterschiedlich deformiert wurden

durch eine erhöhte Intensität der Absorptionsbanden bei 935 und 970 cm^{-1} äußert und durch eine Erniedrigung der Intensität der Absorptionsbande bei 980 cm^{-1}. Die gemessenen Dichtewerte, der kristalline Anteil, die Doppelbrechung, die Schallgeschwindigkeit, die Halbwinkelschwärzung, die Festigkeit, die Dehnung und der Elastizitätsmodul für PA-6-Fasern sind in der Tabelle 1 angeführt. Daraus geht hervor, daß die unterschiedliche Art der Deformation in der Faserlängsrichtung unterschiedliche Strukturänderungen hervorruft und in der Endkonsequenz auch unterschiedliche mechanische Eigenschaften. Auf den Bildern 7 und 8 ist die Änderung der Orientierungsfaktoren f_x, f_α und f_{am} in Abhängigkeit vom Deformationsgrad bei normaler und bei erhöhter Umgebungstemperatur angeführt.

Durch die Deformation der Fasern bei normaler Temperatur (Bild 7) ermöglichen wir eine gleichmäßige Änderung in der Orientierung der nichtkristallinen und kristallinen Teile in den ersten Deformationsphasen. In den ersten Phasen der Deformation (bis $\lambda = 3$), bei einer Temperatur von 20 °C, geht es vor allem um eine Orientierung der smektisch-hexagonalen Anordnung und um nichtkristalline Teile. Die Änderung der Dichte des Polymersystems wird vor allem durch eine Erhöhung der Orientierung verursacht.

Im Bereich des natürlichen Reckverhältnisses erreichen wir die maximale Orientierung der ursprünglich vorhandenen Struktureinheiten. Bei dieser Deformation beginnt für die am stärksten orientierten Einheiten die Umwandlung in die monokline Modifikation (Bild 7).

Tabelle 1. Einfluß der Deformation in der Faserlängsrichtung auf die Molekularstruktur und auf die physikalisch-mechanischen Eigenschaften von PA-6-Fasern, deformiert bei normaler (20 °C) und bei erhöhter Umgebungstemperatur (160 °C)

Bez. des Musters	Reckverhältnis	Dichte g/cm³	Kristallanteil %	Doppelbrechung $(n_\parallel - n_\perp)$	Halbwinkel-Schwärzung (200)	(020) (220)	Schallgeschw. km/s	Größe der Kristallite Å	Kleinwinkelperiode Å	Festigkeit p/den	Dehnung %	*Young*-Modul p/den
Deformiert bei einer Temperatur von 20 °C	Ungereckte Fasern	1,1320	13,2	0,0078	—	—	1,40	—	70	—	429	—
	1,5	1,1375	18,8	0,0238	26,5	—	1,62	—	63	1,8	181	10,7
	2,0	1,1390	22,1	0,0409	24,0	—	1,87	—	63	1,9	63	16,1
	2,5	1,1400	25,5	0,0417	14,5	—	1,91	—	66	2,9	75	19,6
	3,0	1,1430	26,5	0,0411	10,7	14,6	2,16	—	66	3,7	56	24,4
	3,5	1,1430	33,0	0,0451	8,4	8,3	2,26	—	70	3,9	32	32,1
	3,75	1,1440	33,5	0,0471	7,0	7,4	2,32	—	72	5,1	26	34,5
Deformiert bei einer Temperatur von 160 °C	1,5	1,1495	23,2	0,0306	33,0	23,7	1,62	57	92	1,4	188	8,7
	2,0	1,1525	24,5	0,0350	28,9	17,7	1,83	57	92	2,0	117	11,1
	2,5	1,1525	30,8	0,0397	20,0	11,6	1,95	57	92	2,6	88	12,5
	3,0	1,1525	38,5	0,0439	12,6	8,4	2,21	51	92	3,4	57	17,8
	3,5	1,1565	42,0	0,0499	7,2	6,7	2,46	47	92	4,7	32	26,9
	4,0	1,1585	42,3	0,0527	5,8	6,0	2,64	41	97	6,0	23	35,1

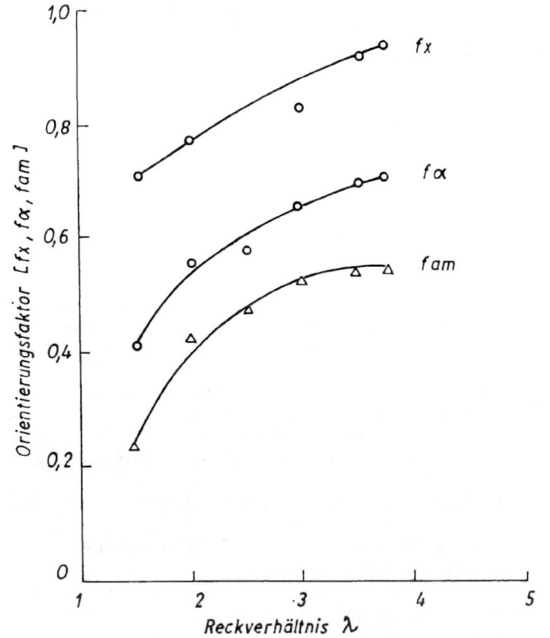

Bild 7. Abhängigkeit von fx, $f\alpha$ und fam vom Deformationsgrad für PA-6-Fasern, die bei normaler Temperatur (20 °C) deformiert wurden

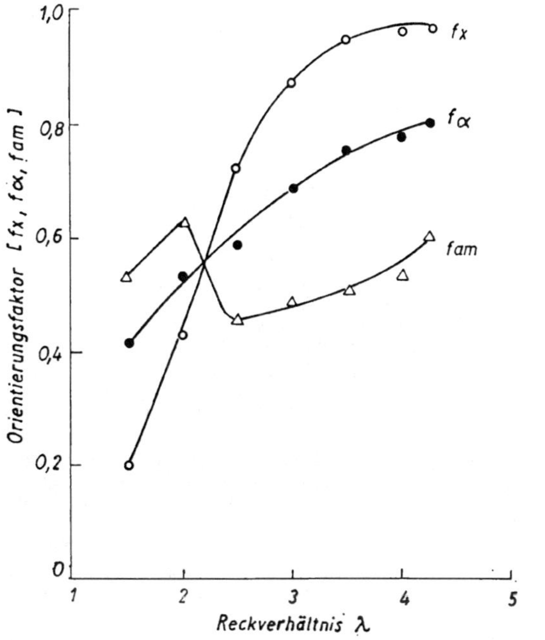

Bild 8. Abhängigkeit von fx, $f\alpha$ und fam vom Deformationsgrad für PA-6-Fasern, die bei erhöhter Temperatur (160 °C) deformiert wurden

Diese Tatsache läßt sich ausnutzen, um bei einer mehrstufigen Deformation (z. B. bei technischen Cordfasern) unter dem Einfluß von Wärme die weitere Orientierung der kristallinen und nichtkristallinen Bereiche zu erleichtern.

Die Deformation von PA-6-Fasern in einer Stufe bei erhöhter Temperatur (160 °C) hat einen wesentlich anderen Verlauf (Bild 8). Vor allem ist die Orientierung der kristallinen Teile in den ersten Phasen der Deformation wesentlich niedriger als bei der Deformation bei normaler Temperatur. Außer einer geringeren Orientierung der kristallinen Teile kann man eine Ungleichmäßigkeit in der Orientierung der Reflexebene beobachten, und zwar so, daß es zu einer bevorzugten Orientierung der wasserstoffgebundenen Ebenen kommt (Bild 4). Die Orientierung der nichtkristallinen Teile dagegen ist in den ersten Phasen der Deformation verhältnismäßig hoch; in den weiteren Phasen kommt es infolge des Übergangs in die monokline Anordnung zu einer Abnahme, und erst in den letzten Deformationsstufen steigt sie wieder an (Bild 8).

Wenn wir die Orientierungsfaktoren der kristallinen und der nichtkristallinen Teile und die durchschnittliche Orientierung bei Fasern vergleichen, die bei normaler und bei erhöhter Temperatur gereckt wurden, sehen wir, daß bei erhöhter Temperatur höhere Werte gelten. Die Erklärung muß vor allem in der höheren Deformation gesucht werden, die durch die Erniedrigung des inneren Widerstandes des Polymersystems bei erhöhter Temperatur ermöglicht wird.

Die Kleinwinkelperioden sind bei Fasern, gereckt bei einer Temperatur von 160 °C, größer als bei Fasern, die bei normaler Temperatur gereckt wurden, was durch die größeren Ausmaße der Kristallite verursacht wird. Die Größe der Kristallite wächst in den ersten Phasen der Deformation; bei höheren Deformationsstufen kommt es zu einer Erniedrigung, und zwar hauptsächlich im Bereich der Verfestigung auf der dynamischen Deformationskurve.

Wenn wir die mechanischen Eigenschaften in Erwägung ziehen, finden wir, daß die einstufige Deformation in der Wärme zu einer Erhöhung der Deformationsgeschwindigkeit bei normalen Fasertypen führen kann. Bei der Herstellung hochfester Fasern ist die einstufige Deformation in der Wärme ohne Bedeutung.

Bei dem Vergleich der Änderungen der Orientierung und der mechanischen Werte bei Fasern kommen wir zu dem Schluß, daß wir der Orientierung der nichtkristallinen Teile und ihrer Packungsdichte große Aufmerksamkeit widmen müssen, wenn wir weiterhin die mechanischen Eigenschaften verbessern wollen, was nur durch eine mehrstufige Deformation erreicht werden kann.

3. *Zusammenfassung*

In diesem Teil unserer Arbeit wurde der Einfluß unterschiedlicher Bedingungen bei der Deformation von PA-6-Fasern in der Faserlängsrichtung auf die Orientierung der kristallinen und nichtkristallinen Bereiche unter Benützung der röntgenographischen Methode, der optischen Doppelbrechung, der Infrarot-Absorptionsspektroskopie und der Messung der Schallgeschwindigkeit verfolgt.

Wie die gemessenen Werte zeigten, verursachen unterschiedliche Deformationsbedingungen einen unterschiedlichen Verlauf der Orientierung sowohl der kristallinen als auch der nichtkristallinen Bereiche. Durch die Deformation der PA-6-Fasern bei erhöhter Temperatur kommt es in den ersten Phasen der Deformation zu einer wesentlich geringeren Orientierung der kristallinen Teile als bei der Deformation bei normaler Temperatur. Die Orientierung der nichtkristallinen Teile ist dagegen in den ersten Phasen der Deformation verhältnismäßig hoch; in den weiteren Phasen der Deformation kommt es infolge des Übergangs aus der weniger stabilen Molekülanordnung in die monokline Anordnung zu einem Absinken und erst in den letzten Deformationsstufen wieder zu einem Ansteigen.

Literatur

[1] *Lipatov, J. S.:* Die Orientierung Hochpolymerer und ihr Einfluß auf ihre physikalischen und chemischen Eigenschaften. Usp. Chimii (Fortschr. d. Chemie) **26** (1957) 7, S. 768–800; dort S. 788.

[2] *Jambrich, M.:* Studium der Strukturänderungen von Polycaproamidfasern bei Deformation in der Faserlängsrichtung. Dissertation, Slowakische Technische Hochschule, Chemische Fakultät, Bratislava 1961.

[3] *Morbitzer, L., Hentze, G.,* und *Bonart, R.:* Zur Dehnungskalorimetrie einseitig verstreckter Polyäthylenterephthalat-Folien. Kolloid. Z. u. Z. Polymere **216/217** (1967) S. 137–149.

[4] *Jambrich, M.,* und *Diačik, I.:* Verfolgung der Prozesse bei der Bildung synthetischer Fasern. Vortrag auf der Konferenz der Slowakischen Technischen Hochschule, Bratislava 1969.

[5] *Ruscher, Ch., Gröbe, V.,* und *Versäumer, H.:* Über die Feinstruktur der Polyamide. III. Der Einfluß von Flüssigkeitsbädern auf die Struktur und die Eigenschaften verschieden gesponnener Borsten und Fäden aus Polycaprolactam. Faserforsch. u. Textiltechnik **12** (1961) 5, S. 214–222.

[6] *Pakšver, A. B.:* Moderne Verfahren zur Erhöhung der Festigkeit von Chemiefaserstoffen. Chim. Volokna (Chem. Fasern) (1969) 4, S. 46–49; dt. in: Sowj. Beitr. Faserforsch. Textiltechnik **6** (1969) 12, S. 46–49.

[7] *Samuels, R. J.:* Morphology of deformed polypropylene. Quantitative relations by combined X-ray, optical and sonic methods. J. Polymer Sci. **A-3** (1965) 5, S. 1741–1763.

[8] *Samuels, R. J.:* Quantitative characterization of deformation in drawn polypropylene films. J. Polymer Sci., **A-2** Polymer Physics (1968) 6, S. 1101–1139.

[9] *Osinin, S. G.,* und *Nosov, M. P.:* Zur Bestimmung des Elastizitätsmoduls amorpher Bereiche von Chemiefasern. Mechan. Polimerov (Mech. Polymeren) (1967) 3, S. 409–412.

[10] *Jambrich, M.,* und *Diačik, I.:* Über den Einfluß verschiedener Strukturmodifikationen von isotaktischem Polypropylen auf den Deformationsvorgang. Faserforsch. u. Textiltechnik **15** (1964) 12, S. 590–597.

[11] *Jambrich, M.,* und *Diačik, I.:* Verfolgung texturer und einiger struktureller Veränderungen von Polypropylenfasern bei einer Deformation in der Faserlängsrichtung. Chem. Vlákna (Chem. Fasern) **9** (1959) 2, S. 3–17.

[12] *Diačik, I.:* Studium einiger struktureller Veränderungen von Polypropylenfasern beim Spinnen und der Deformation in der Faserlängsrichtung. Dissertation, Slowakische Technische Hochschule, Chemische Fakultät, Bratislava 1965.

[13] *Jambrich, M., Diačik, I.,* und *Kováč, J.:* Studium struktureller Veränderungen bei der Herstellung synthetischer Fasern. Chem. Vlákna (Chem. Fasern) **20** (1970) 6, S. 56–72.

[14] *Sandeman, J.,* und *Keller, A.:* Crystallinity studies of polyamides by infrared, specific volume and X-ray methods. J. Polymer Sci. **19** (1956) S. 401–435.

[15] *Diačik, I.,* und *Jambrich, M.:* Der Einfluß des Deformationsprozesse auf die Orientierung kristalliner und amorpher Faserbereiche. Bewertung mit verschiedenen physikalischen Methoden. Chem. Vlákna (Chem. Fasern) **19** (1969) 3/5, S. 48–59.

Eingegangen am 21. Mai 1971

Nutzungsmöglichkeiten der Mikroskopie zur Analyse der Beschaffenheit von durch Pfropfpolymerisation modifizierten Viskosefaserstoffen

Teil 3. Untersuchungen an mit Divinylbenzol gepfropften Viskosefasern[1])

Wolfgang Bobeth, Annerose Mally und Jutta Kulesa

Sektion Verarbeitungs- und Verfahrenstechnik, Bereich Textiltechnik, Technische Universität Dresden

DK 677.463:677.862.25:547.358.4:677.014.842:677.016.673.42

Durch mikroskopische Untersuchungen unter Einbeziehung von Quell- und Lösevorgängen sowie färberischer Effekte wird an mit Divinylbenzol gepfropften Viskosefaserstoffen eine Durchpfropfung bis zum Faserzentrum nachgewiesen; bei Pfropfausbeuten über 10% ist darüber hinaus eine bevorzugte Einlagerung des Pfropfpolymeren im Faserkern erkennbar. Die Anwendbarkeit von Mikroquell- und Mikrolösezeitmessungen zur indirekten Bestimmung der Pfropfausbeute sowie zum Nachweis struktureller Veränderungen durch verschiedene Vorbeanspruchungen wird demonstriert.

Возможности использования микроскопии для анализа свойств вискозных волокон, модифицированных путем привитой сополимеризации

Часть 3-я: Исследование вискозных волокон, модифицированных прививкой дивинилбензолом

Проводилось микроскопическое изучение процессов набухания и растворения, а также накрашиваемости на примере вискозных волокон, модифицированных прививкой дивинилбензолом. При этом было установлено, что прививка происходит в объеме волокна до его центра. Кроме того, при степени прививки выше 10% прививка оказывается преимущественно локализированной в ядре. На этом примере показывается пригодность микроскопических методов определения степени набухания и времени растворения для косвенной оценки степени прививки и для доказательства структурных изменений в результате различных предварительных обработок.

Microscopic Determination of the Properties of Rayon Fibres Modified by Graft Polymerisation

Part 3. Investigations with Rayon Fibres Grafted with Divinyl Benzene

By microscopic investigations aided by measuring the swelling, dissolution and staining effects the grafting of divinyl benzene onto rayon fibres is shown to penetrate into the centre of the fibres. With grafting yields higher than 10% the grafting proceeds preferentially in the centre of the fibres. The application of microscopic measurements of the swelling and dissolution time for determining the grafting yield and structural changes caused by various pretreamtents is described.

1. Einleitung

In Ergänzung zu den im Teil 1 und 2 dieser Veröffentlichungsreihe [1, 2] beschriebenen qualitativen und quantitativen Untersuchungen über die Veränderung der Beschaffenheit von Viskosefasern durch das Pfropfen mit Acrylnitril werden in dieser Arbeit die Ergebnisse analoger Untersuchungen an mit Divinylbenzol gepfropften Viskosefasern mitgeteilt. Es soll damit bewiesen werden, daß die in den o. g. Veröffentlichungen beschriebenen mikroskopischen Untersuchungsmethoden bei geeigneter Variation der Prüfbedingungen auf die Beschaffenheitsanalyse andersartiger Propfpolymerisate übertragbar sind.

2. Probenmaterial

Das Probenmaterial wurde im Institut für Technologie der Fasern der DAW durch Dr. rer. nat. *H. Grimm* angefertigt und uns freundlicherweise für diese Untersuchungen zur Verfügung gestellt. Es handelt sich um folgende Varianten:

a) *Pfropfung in Faserform, chemische Initiierung*

Viskosefaser MERINOVA (Schwarza), 425 mtex;
chemische Initiierung im Fe^{++}/H_2O_2-Redoxsystem,
Pfropfreaktion in wäßriger Divinylbenzolemulsion.
(Durch Variation der Monomerenkonzentration wurden Propfausbeuten von 1,6 bis 28,0% eingestellt.)
Nachbehandlung: Spülen, Waschen, Spülen, Trocknen.

b) *Propfung in Gewebeform, strahlenchemische Initiierung*

Viskosefaser MERINOVA (Schwarza), 400 mtex
Garnfeinheit: Kette und Schuß 31 tex x 2
Bindung: *L* 1/1
Flächenmasse: 225 g/cm²
Imprägnieren des Gewebes mit einer Divinylbenzolemulsion, Elektronenbestrahlung des feuchten imprägnierten Gewebes mit verschiedenen Dosen bei gleicher Dosisleistung ($2{,}5 \times 10^8$ rd/h) unter Sauerstoffzutritt.
(Unterschiedliche Pfropfausbeuten von 0,9 bis 6,5% wurden durch Variation des Divinylbenzolgehaltes in der Emulsion [unterschiedliche Divinylbenzolauflage] und verschiedene Strahlendosen eingestellt.)
Nachbehandlung nach 20 h wie unter a).

3. Nachweis der Polymereinlagerungen

Die Ausführungen über die mikroskopischen Untersuchungen zum Nachweis der Polymereinlagerungen beschränken sich auf die chemisch initiierten Viskosefaser-Pfropfpolymerisate, weil bei den vorliegenden strahlenchemisch initiierten Proben die erzielte Pfropfausbeute zu gering ist, um noch visuell Unterschiede nachweisen zu können. Letztere werden aber bei den mikroskopischen Messungen (Abschnitt 4) mit betrachtet.

3.1. Quellungsmikroskopie

Da das Ausgangsmaterial keine Mattierungsmitteleinschlüsse enthält, ist die Veränderung der Faserlängsansicht durch das Pfropfen mit Divinylbenzol bereits ohne zusätzliche Farbreaktionen gut erkennbar. Oberflächlich abgelagertes Polydivinylbenzol läßt die Fasern

[1]) Teil 2 s. [2].

unter dem Mikroskop mit ansteigender Pfropfausbeute undurchsichtiger erscheinen, ihre Oberflächen werden zunehmend rauh und narbig (Bild 1).

Ort und Gleichmäßigkeit der strukturellen Veränderungen der Viskosefasern durch das Pfropfen lassen sich — wie bereits früher dargelegt — am besten durch mikrochemische Umsetzungen nachweisen, die die Fasern quellend oder lösend verändern. Die Unterschiede zwischen ungepfropften und mit Divinylbenzol gepfropften Viskosefasern sind bei Einbettung in 10%ige Natronlauge sehr gut zu beobachten (Bild 2). Die nicht oder nur wenig gepfropften Fasern quellen stark und werden durchsichtig, während die Quellbarkeit mit steigender Pfropfausbeute stärker reduziert wird; die Unterschiede in der Oberflächengestaltung treten deutlich hervor. Interessant sind dabei auch die Effekte an den Schnittenden (Bild 3). Die Natronlauge dringt am Schnittende in die Mantelschicht besonders rasch ein, die demnach geringere Polymereinlagerungen enthält; dadurch trennen sich der offensichtlich intensiver gepfropfte Faserkern und die Oberflächenschicht deutlich voneinander ab. In Kupferäthylendiamin und verdünnter Schwefelsäure ergibt sich eine analoge Verminderung der Quell- bzw. Lösegeschwindigkeit mit zunehmender Pfropfausbeute (Bild 4). Bei dieser Umsetzung fallen ebenfalls die Polymerablagerungen auf der Oberfläche auf. Bei höheren Pfropfausbeuten spaltet sich der weniger gepfropfte Fasermantel während der Quellung vom Faserkern ab und gibt den darunterliegenden, intensiver gepfropften und gequollenen Faserkern frei.

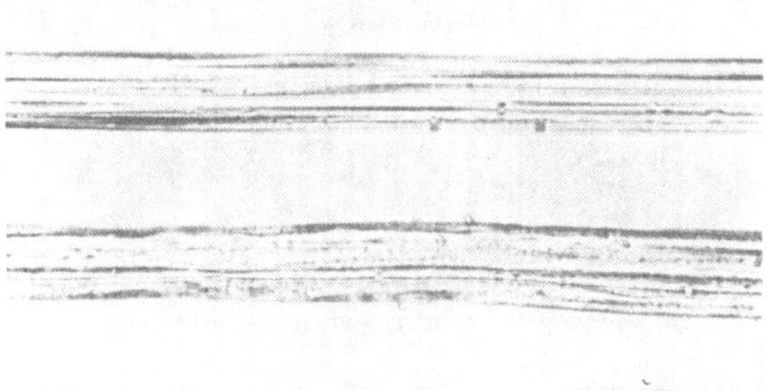

a) oben: Ausgangsmaterial, unten: Pfropfausbeute $A = 14{,}4\%$

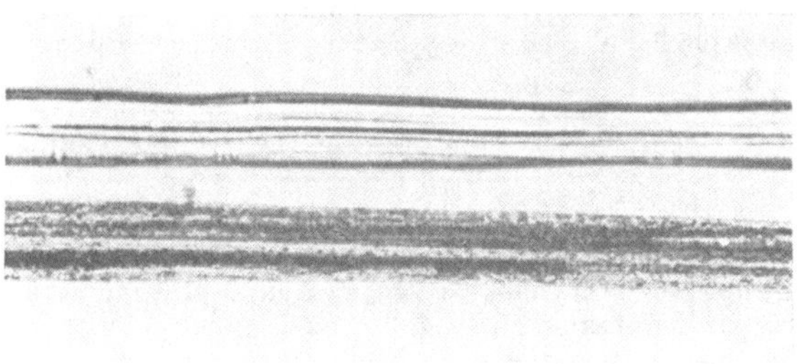

b) oben: Ausgangsmaterial, unten: Pfropfausbeute $A = 28{,}0\%$

Bild 1. Viskosefaser-Ausgangsmaterial und mit Divinylbenzol gepfropfte Viskosefasern in Wasser (250:1)

a) Ausgangsmaterial

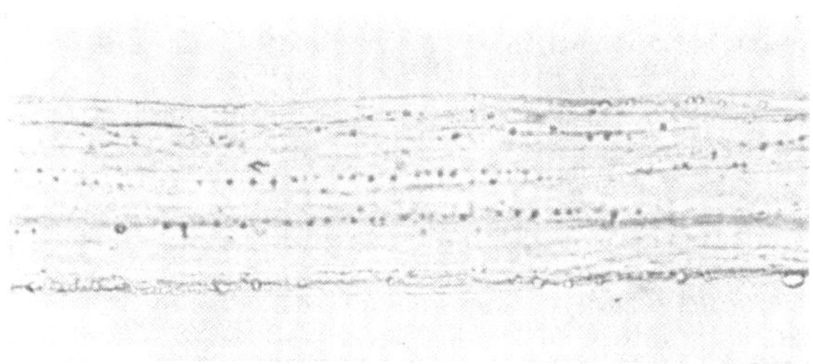

b) Pfropfausbeute $A = 14{,}4\%$

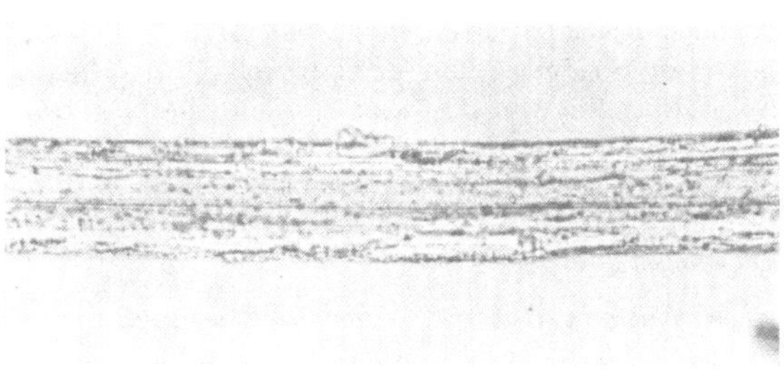

c) Pfropfausbeute $A = 28{,}0\%$

Bild 2. Viskosefaser-Ausgangsmaterial und mit Divinylbenzol gepfropfte Viskosefasern in 10%iger Natronlauge (250:1)

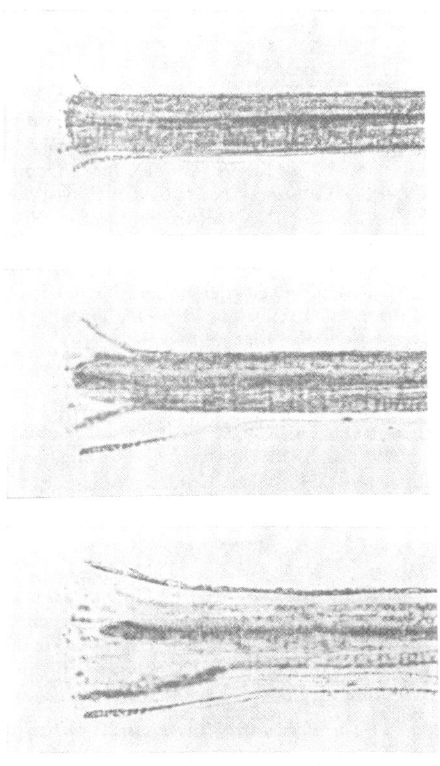

Bild 3. Quellungsverlauf am Schnittende der mit Divinylbenzol gepfropften Viskosefaser ($A = 28{,}0\%$) in 10%iger Natronlauge (250:1)

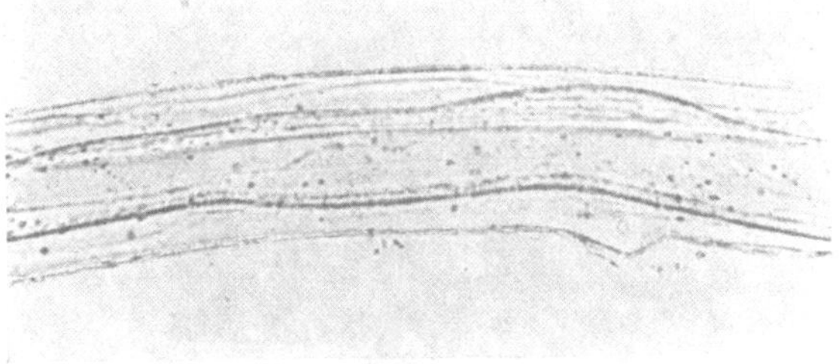

a) Quelldauer: 30 s

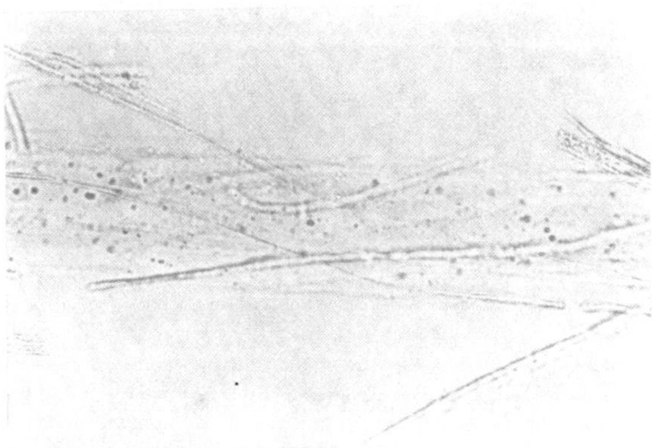

b) Quelldauer: 60 s

Bild 4. Mit Divinylbenzol gepfropfte Viskosefaser ($A = 28{,}0\%$) in Cuämin (250:1)

Sehr aufschlußreich ist auch das Verhalten der Faserquerschnitte gegenüber quellenden und lösenden Reagenzien. Kupferäthylendiamin löst Faserquerschnitte des Ausgangsmaterials in kurzer Zeit vollständig auf. Bereits bei relativ geringen Pfropfausbeuten sind Polymereinlagerungen über den gesamten Querschnitt zu erkennen. Bei höheren Pfropfausbeuten ist die Auflösung unvollständig oder wird vollkommen verhindert (Bild 5).

3.2. *Färbetests*

Zum besseren Nachweis der Anordnung des Divinylbenzolpfropfpolymeren bei lichtmikroskopischen Untersuchungen durch Anfärbung wurde mit Kristallponceau 6 R extra ein Säurefarbstoff ausgewählt, der nur das synthetische Polymere färbt, während die Cellulose ungefärbt bleibt. Demzufolge nimmt mit steigendem Pfropfgehalt die Farbtiefe zu. Mikrotomquerschnitte zeigen bis 10% Pfropfausbeute nahezu gleichmäßige Farbtiefe. Bei Pfropfausbeuten über 10% nimmt die Farbtiefe nach dem Faserkern hin zu.

Die gleichen Tendenzen erkennt man außerdem sehr gut bei mikroskopischer Betrachtung der Sekundärfluoreszenzerscheinungen nach Anfärbung mit dem Fluorchromfarbstoff Rhodamin G. Das ungepfropfte Ausgangsmaterial leuchtet grünlich-gelb, Zonen mit geringer Pfropfausbeute leuchten gelb, während mit steigender Pfropfausbeute orange bis rote Fluoreszenzerscheinungen auftreten. Bereits bei Betrachtung der Längsansicht, deutlicher aber noch bei Betrachtung der Faserquerschnitte, ist bei hohen Pfropfausbeuten die bevorzugte Pfropfung im Faserkern sichtbar.

3.3. *Elektronenmikroskopische Untersuchungen*

Für die Untersuchung der Oberflächenstrukturen wurden Matrizenabdrücke angefertigt, diese zur Kontraststeigerung schräg mit Schwermetall und darauf senkrecht mit Siliciumoxid zur Bildung eines zusammenhängenden Trägerfilms bedampft. Nach Weglösen des Abdruckmaterials wurde die freigelegte Aufdampfschicht untersucht. Für Querschnittsuntersuchungen wurden Ultradünnschnitte angefertigt.[2])

[2]) Herrn Dr.-Ing. *U. Müller* sei an dieser Stelle für die elektronenmikroskopischen Aufnahmen herzlich gedankt.

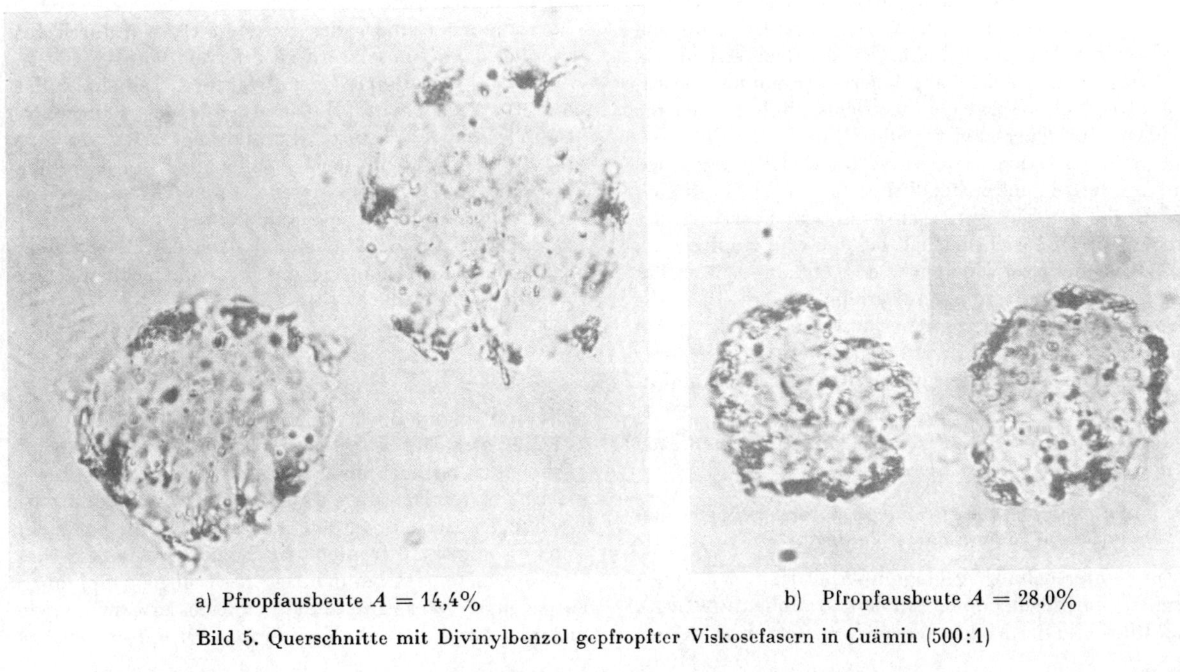

a) Pfropfausbeute $A = 14{,}4\%$ b) Pfropfausbeute $A = 28{,}0\%$

Bild 5. Querschnitte mit Divinylbenzol gepfropfter Viskosefasern in Cuämin (500:1)

a) Ausgangsmaterial

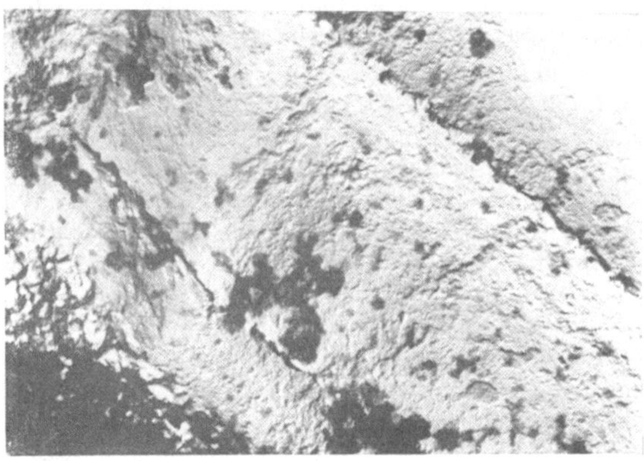

b) Pfropfausbeute $A = 28{,}0\%$

Bild 6. Oberflächenabdruck von mit Divinylbenzol gepfropfter Viskosefaser (6666:1), Aufnahme: Dr.-Ing. *U. Müller*

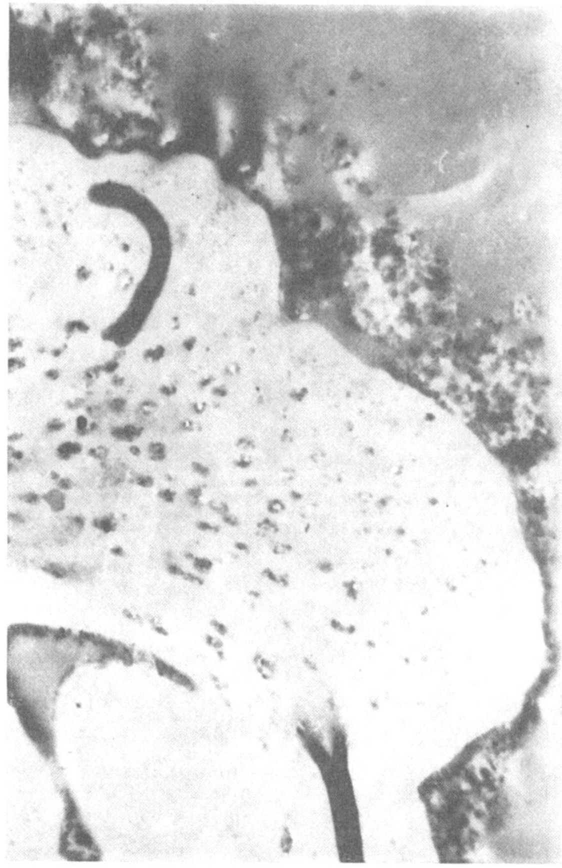

Bild 7. Querschnitt von mit Divinylbenzol gepfropfter Viskosefaser ($A = 10{,}3\%$), (17000:1), Aufnahme: Dr.-Ing. *U. Müller*

Die elektronenmikroskopischen Untersuchungsergebnisse bestätigen die bei den lichtmikroskopischen Untersuchungen gewonnenen Erkenntnisse. Beim Vergleich der Faserlängsansichten von ungepfropftem und gepfropftem Material (Bild 6) ist deutlich ersichtlich, daß das oberflächlich abgelagerte Homopolymerisat und Pfropfpolymerisat die Oberfläche rauh und narbig machen. Im Querschnitt (Bild 7) sind die Polymereinlagerungen erkennbar, wobei im Gegensatz zu den mit Acrylnitril gepfropften Viskosefasern [1] Häufigkeit und Größe der Einlagerungen nach dem Faserkern hin zunehmen. Offensichtlich ist bei dieser Pfropftechnik die Diffusionsgeschwindigkeit des Monomeren größer als die Polymerisationsgeschwindigkeit, so daß die Pfropfpolymerisation in den durch die Quellung am stärksten aufgeweiteten nichtkristallinen Bereichen der Kernzone der Viskosefaser bevorzugt zustande kommt.

4. *Untersuchungen über Intensität und Gleichmäßigkeit der Pfropfpolymereinlagerungen*

4.1. *Beeinflussung der Querschnittsform durch Pfropfen mit Divinylbenzol nach chemischer Initiierung*

Zur Untersuchung gelangten Abdrücke der Querschnittsschliffflächen in einer Polystyrolfolie (MOWITAL). Das Mikrobild der Abdrücke wurde mittels eines auf das Mikroskop aufgesetzten Prismas mit einem Abbildungsmaßstab von 2000:1 auf Millimeterpapier projiziert und nachgezeichnet.

Um die Änderungen der Querschnittsform durch das Pfropfen der Viskosefasern zu erfassen, wurde der von *E. Lord* [3] eingeführte Gestaltsfaktor C berechnet, der nach *W. Kittelmann* [4] der Angabe des Völligkeitsgrades nach *A. Herzog* [5] vorzuziehen ist, da eine größere Unrundheit der Querschnitte durch einen höheren C-Wert ausgewiesen wird, was dem Vorstellungsvermögen entgegenkommt.

Der Gestaltfaktor ist das Verhältnis der Fläche eines Kreises mit dem Umfang des Faserquerschnittes zur Faserquerschnittsfläche [3]:

$$C = \frac{U^2}{4\pi \cdot F}; \quad U = \text{Umfang des Faserquerschnittes}, \quad F = \text{Fläche des Faserquerschnittes.}$$

Bei mit Divinylbenzol gepfropften Proben ist eine Verminderung des Gestaltsfaktors mit steigender Pfropfausbeute zu beobachten (Bild 8), da die Kernzone durch die Polymereinlagerungen aufgeweitet wird, so daß die Kerbungen flacher werden. In diesem Falle vollzieht sich also beim Pfropfen ein dem Schrumpfen des Faserquerschnittes bei der Regenerierung im Spinnbad entgegengesetzter Prozeß. Bei Vergleichsuntersuchungen an mit Acrylnitril in Faserform gepfropften Proben

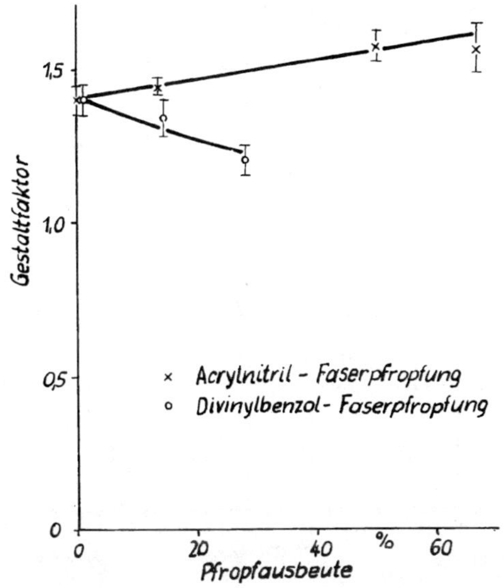

Bild 8. Gestaltfaktor in Abhängigkeit von der Pfropfausbeute

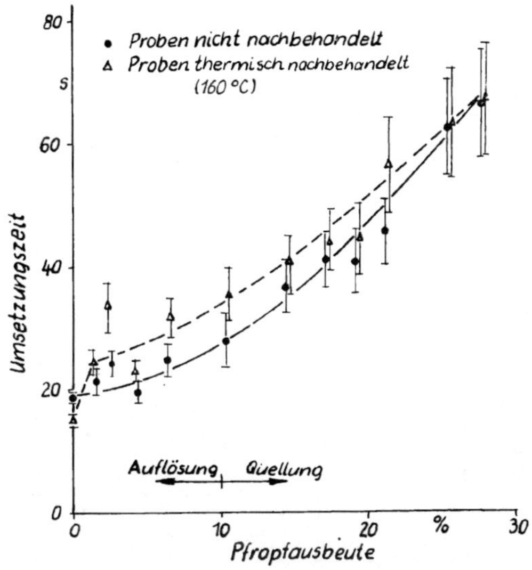

Bild 9. Umsetzungszeit der nach chemischer Initiierung mit Divinylbenzol gepfropften Viskosefasern in Cuämin in Abhängigkeit von der Pfropfausbeute (einschließlich Einfluß einer thermischen Behandlung)

nimmt im Gegensatz dazu auf Grund der Randzonenpfropfung der Gestaltfaktor mit steigender Pfropfausbeute zu, da hier die Randzone in einem durch Festsubstanz gequollenem Zustand vorliegt, weshalb die Lappungen ausgeprägter und tiefer erscheinen.

4.2. *Mikroquell- bzw. Mikrolösezeitmessungen*

4.2.1. *Auswahl eines geeigneten Quell- und Lösemittels*

Vorversuche mit verschiedenen Cellulosequell- und Celluloselösemitteln ergaben bei Cuämin und Cuoxam eindeutige Umsetzungsverläufe, die entsprechende Zeitmessungen vom Benetzen bis zum Verschwinden des Scheinlumens (Mikroquellzeit) oder bis zur vollständigen Auflösung der Faser (Mikrolösezeit) ermöglichen. Auf Grund der längeren Haltbarkeit wurde Cuämin ausgewählt.

Das Ausgangsmaterial löst sich in Cuämin ziemlich rasch und ohne Rückstände auf. Mit zunehmender Pfropfausbeute geht die Lösung in Quellung über, da durch das Pfropfen mit Divinylbenzol mit steigender Pfropfausbeute das für das Quellmittel zugängliche Porensystem der Faser bereits durch das synthetische Polymere ausgefüllt ist und die für die Anlagerung des Celluloselösemittels zuständigen funktionellen Gruppen des Cellulosemoleküls zunehmend blockiert werden. Weil im Bereich bis 10% Pfropfausbeute Mikrolösezeiten, bei höheren Pfropfausbeuten aber Mikroquellzeiten gemessen werden, wird im folgenden zusammenfassend von Umsetzungszeiten gesprochen.

Da bei den strahlenchemisch initiierten Pfropfungen nur geringe Pfropfausbeuten erreicht wurden (max. 6,5%), wurde zur besseren Differenzierung der Lösezeiten das Cuämin mit dest. Wasser 1:1 verdünnt.

Im übrigen wurden die Prüfbedingungen gemäß den im Teil 2 [2] angegebenen Bedingungen für Mikrolösezeitmessungen an mit Acrylnitril gepfropften Viskosefasern festgelegt. Da die Pfropfausbeute längs der Fasern verhältnismäßig gleichmäßig war, erübrigte sich in diesem Fall die getrennte Erfassung der maximalen und minimalen Umsetzungszeit.

4.2.2. *Versuchsauswertung*

Analog der Pfropfung mit Acrylnitril nimmt auch hier die Umsetzungszeit mit der Pfropfausbeute zu (Bild 9). Während beim Ausgangsmaterial die schwerer löslichen geordneten Bereiche der Faser für die Lösezeit ausschlaggebend sind, bestimmen mit zunehmender Pfropfausbeute die durch das Pfropfpolymere veränderten, weniger geordneten Bereiche zusammen mit der Diffusionshemmung durch oberflächlich abgelagertes Homopolymerisat die Umsetzungszeit. Bei Vorliegen

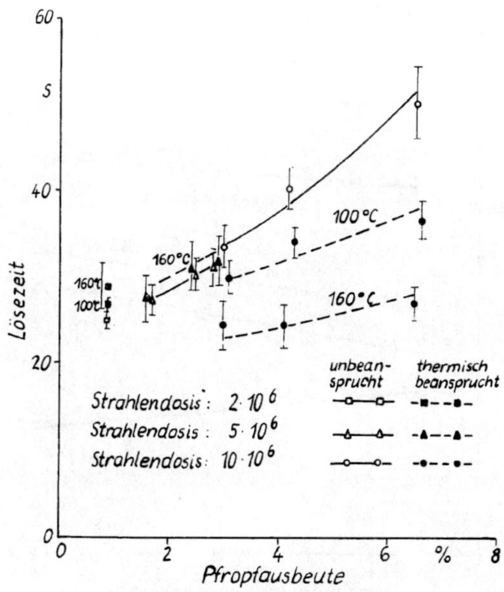

Bild 10. Lösezeit strahlenchemisch mit Divinylbenzol gepfropfter Viskosefasern in Cuämin/Wasser (1:1) in Abhängigkeit von der Pfropfausbeute (einschließlich Einfluß einer thermischen Behandlung)
(Strahlendosis in rd)

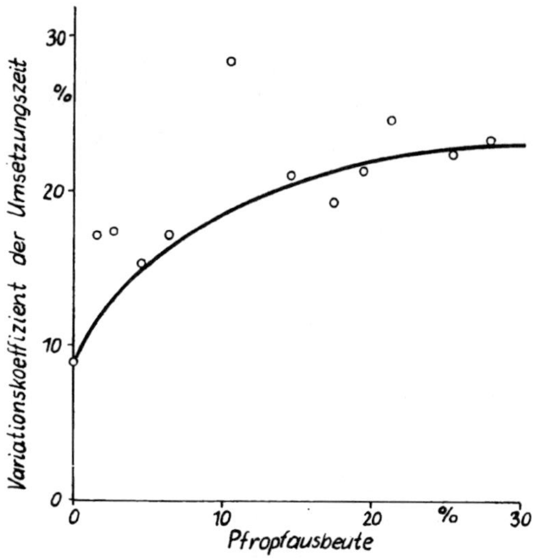

Bild 11. Variationskoeffizient der Umsetzungszeit der nach chemischer Initiierung mit Divinylbenzol gepfropften Viskosefasern in Cuämin in Abhängigkeit von der Pfropfausbeute

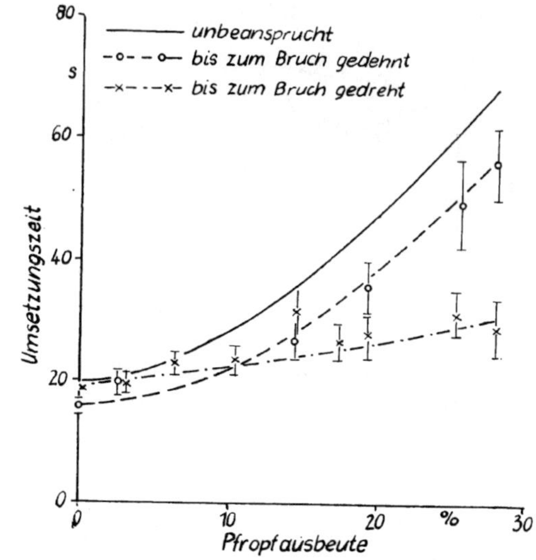

Bild 13. Umsetzungszeit der nach chemischer Initiierung mit Divinylbenzol gepfropften Viskosefasern in Cuämin nach mechanischer Beanspruchung

dieser „Eichkurve" kann die Bestimmung der Umsetzungszeit rasch zum indirekten Nachweis der erzielten Pfropfausbeute bei Variation der Pfropfbedingungen u. dgl. herangezogen werden.

Bei der strahlenchemisch initiierten Pfropfung wird ein ähnlicher Kurvenverlauf wie bei den chemisch initiierten Viskosefaser-Pfropfungen erhalten (Bild 10). Die Lösezeitkurve setzt sich aus drei Abschnitten zusammen, die sich durch die beim Pfropfen verwendete Strahlendosis unterscheiden; es ist erkennbar, daß die Lösezeit im wesentlichen von der Pfropfausbeute und weniger von der verwendeten Strahlendosis abhängig ist.

Die Ungleichmäßigkeit der Pfropfung kann anhand des Variationskoeffizienten beurteilt werden (Bild 11). Bereits für das Ausgangsmaterial wird ein Variationskoeffizient von etwa 10% ermittelt, da neben methodenbedingten Streuungen Schwankungen im strukturellen

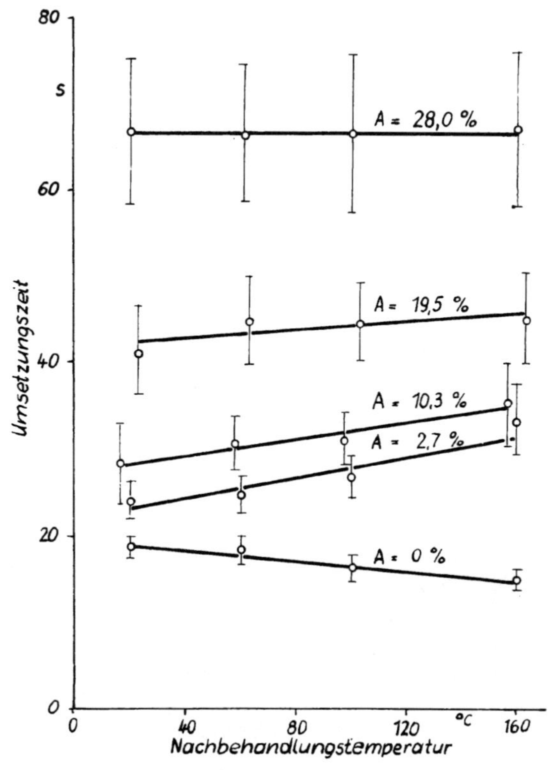

Bild 12. Umsetzungszeit der nach chemischer Initiierung mit Divinylbenzol gepfropften Viskosefasern in Cuämin nach 2 h Temperatureinwirkung

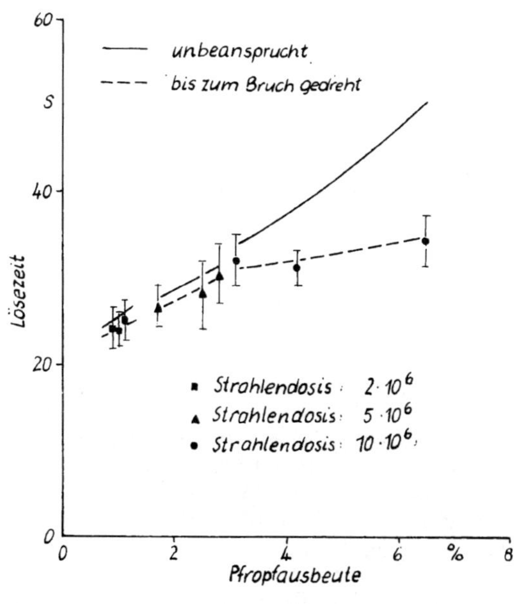

Bild 14. Lösezeit der strahlenchemisch mit Divinylbenzol gepfropften Viskosefasern in Cuämin/Wasser (1:1) nach mechanischer Beanspruchung
(Strahlendosis in rd)

Aufbau und in der äußeren Beschaffenheit der Fasern auftreten, die natürlich auch die Pfropfgleichmäßigkeit nachteilig beeinflussen. Der Variationskoeffizient der Umsetzungszeit nimmt daher im Bereich niedriger Pfropfausbeuten stark zu und nähert sich asymptotisch einem Grenzwert. Bei der strahlenchemischen Initiierung wird die gleiche tendenzielle Abhängigkeit zwischen Pfropfungleichmäßigkeit und Pfropfausbeute erhalten, wobei keine nachteilige Auswirkung der Gewebebindung auftritt.

4.2.3. Nachweis von Änderungen des übermolekularen Aufbaus durch verschiedene Beanspruchungen

Eine thermische Behandlung im Trockenschrank (Bild 12) ergibt beim Ausgangsmaterial einen Abfall der Lösezeit, da bereits ein Abbau der Cellulose einsetzt. Bei den gepfropften Fasern ist durch diese Behandlung bis zu einer Pfropfausbeute von 10% eine statistisch gesicherte Zunahme der Lösezeit nachweisbar. Es ist anzunehmen, daß sich bei nicht ausreichendem Monomerenüberschuß vorhandene Radikale in Peroxide oder Hydroperoxide umwandeln, die bei der thermischen Behandlung zerfallen und mit dem infolge der thermischen Beweglichkeit nachdiffundierten Divinylbenzol in Reaktion treten. Dieser Effekt tritt bei höherem Anteil an Monomeren während des Pfropfens mehr und mehr zurück, weshalb bei Pfropfausbeuten über 10% nur statistisch nicht gesicherte Unterschiede zwischen den Lösezeiten des Ausgangszustandes und dem thermisch behandelten Zustand auftreten. Die gleiche Tendenz zeigt auch die Gegenüberstellung von unbehandeltem und thermisch nachbehandeltem Material (160 °C, 2 h) in Bild 9.

Aufschlußreich sind die Mikrolösezeitmessungen nach thermischer Beanspruchung der strahlenchemisch initiierten Viskosefaserpfropfungen (Bild 10). Hierbei verhalten sich die Proben mit einer Pfropfausbeute von 0,9 bis 1,0%, die mit einer Strahlendosis von $2 \cdot 10^6$ rd initiiert wurden, ähnlich wie die chemisch initiierten Pfropfungen niedriger Pfropfausbeute: die Lösezeit steigt mit zunehmender Behandlungstemperatur an. Mit steigender Pfropfausbeute, die auf Grund höherer Strahlendosen erreicht wurde, zeigt sich ein entgegengesetzter Effekt, und zwar verstärkt die thermische Behandlung die durch hohe Strahlendosen (z. B. $10 \cdot 10^6$ rd) begonnene Schädigung.

Bei mechanischer Beanspruchung (Dehnen, Tordieren) der Einzelfasern ist ein Abfall der Reißkraft und Bruchdehnung sowie der Drehungszahl/cm bis zum Bruch bei zunehmender Pfropfausbeute nachweisbar, was eine entsprechende Versprödung der Fasern durch das Pfropfen veranschaulicht. Daher liegen auch die Umsetzungszeiten nach diesen Beanspruchungen niedriger als beim unbeanspruchten Material (Bilder 13 und 14); das Gefüge wird also durch das eingelagerte Pfropfpolymere verspannt, die Bindungskräfte der Nebenvalenzbindungen zwischen den Cellulosemolekülen werden geschwächt, weshalb sie gegenüber mechanischen Beanspruchungen weniger widerstandsfähig sind.

5. Zusammenfassung

Durch Einwirkung typischer Cellulosequell- oder Celluloselösemittel ist es möglich, sich einen Überblick über die Anordnung des Pfropfpolymeren in oder auf der Faser zu verschaffen; allerdings ist die Ansprechgenauigkeit dieser qualitativen Beurteilungsmethoden bei Pfropfausbeuten unter 10% relativ gering. Bezüglich des Nachweises des synthetischen Polymeren in der Faser durch Färbung hat sich die mikroskopische Betrachtung der Sekundärfluoreszenzerscheinungen als besonders zweckmäßig erwiesen.

Sowohl bei chemisch als auch bei strahlenchemisch gepfropften Viskosefasern ist mit steigender Pfropfausbeute eine zunehmende Behinderung der Quell- und Lösbarkeit in Celluloselösemitteln zu beobachten, da durch das synthetische Polymere das Porensystem der Faser ausgefüllt wird und außerdem eine Diffusionsbehinderung durch oberflächlich abgelagertes Homo- und Pfropfpolymerisat auftritt. Diese Erscheinung kann durch Mikroquell- und Mikrolösezeitmessungen in Cuämin quantitativ erfaßt und zur raschen indirekten Bestimmung der Pfropfausbeute bei Reihenuntersuchungen angewendet werden, wobei der Variationskoeffizient der Umsetzungszeit auch ein Maß für die Ungleichmäßigkeit der Pfropfung dargestellt.

Thermische Beanspruchung ergibt bei den chemisch gepfropften Viskosefasern bei niedrigen Pfropfausbeuten einen Lösezeitanstieg, was auf nachträgliche Reaktionen in der Cellulose hindeutet. Der gleiche Effekt ist auch bei strahlenchemisch gepfropften Proben geringer Pfropfausbeute (0,9%, 1,0%) vorhanden. Bei höheren Pfropfausbeuten, die durch entsprechend höhere Strahlendosen beim Initiieren erreicht werden, tritt durch die Temperatureinwirkung die begonnene Schädigung deutlich hervor.

Gepfropfte Viskosefasern sind gegenüber Längs- und Querbeanspruchungen empfindlicher als das Ausgangsmaterial, was auf eine Anspannung der Nebenvalenzbindungen durch das eingelagerte Pfropfpolymere zurückzuführen ist. In der Praxis ist festzustellen, daß diese relative Festigkeitseinbuße durch den Beitrag des eingelagerten Pfropfpolymeren zur Festigkeit z. T. ausgeglichen wird.

6. Literatur

[1] *Mally, A.:* Nutzungsmöglichkeiten der Mikroskopie zur Analyse der Beschaffenheit von durch Pfropfpolymerisation modifizierten Viskosefaserstoffen. Teil 1. Qualitative Untersuchungen von durch Pfropfpolymerisation mit Acrylnitril modifizierten Viskosefaserstoffen. Faserforsch. u. Textiltechnik **22** (1971) 11, S. 525—535.

[2] *Mally, A.:* Nutzungsmöglichkeiten der Mikroskopie zur Analyse der Beschaffenheit von durch Pfropfpolymerisation modifizierten Viskosefaserstoffen. Teil 2. Quantitative Untersuchungen an durch Pfropfpolymerisation mit Acrylnitril modifizierten Viskosefaserstoffen. Faserforsch. u. Textiltechnik **22** (1971) 12, S. 604—609.

[3] *Lord, E.:* Air flow through plugs of textile fibres. Part 1. General flow relations. J. Textile Inst. **46** (1955) S. T191—T213.

[4] *Kittelmann, W.:* Die Oberflächenbeschaffenheit von Elementarfäden von Viskoseseiden. Faserforsch. u. Textiltechnik **15** (1964) S. 406—411.

[5] *Herzog, A.:* Handbuch der mikroskopischen Technik für Fasertechnologen. Berlin: Akademie Verlag 1951.

Eingegangen am 15. Juni 1971

Zur Untersuchung der Adsorption kationaktiver Tenside an Faserstoffen mit Hilfe der Wechselstrompolarographie

Hans-Jörg Jacobasch, Harry Jehring) und Ursula Schumann*

Deutsche Akademie der Wissenschaften zu Berlin, Institut für Technologie der Fasern in Dresden

DK 677.4:661.185.23:541.183.03:543.253

Die Eignung der Wechselstrompolarographie zur Untersuchung der Adsorption kationaktiver Tenside an Faserstoffen im Bereich der Monoschichtbildung wird untersucht. Die Adsorptionsisothermen von Alkylpyridiniumhalogeniden an Polyacrylnitril-, Polyamid-, Polyester und Regeneratcellulose-Faserstoffen wurden aufgenommen. Die adsorbierte Tensidmenge steigt mit zunehmender Kettenlänge des Tensids.

К вопросу об изучении адсорбции катионоактивных ПАВ волокнами методом полярографии с переменным током

Изучалась применимость полярографии переменного тока для исследования адсорбции катионоактивных ПАВ волокнами в области образования монослоя. Определялись изотермы адсорбции алкилпиридиний-галогенидов полиакрилонитрильными, полиамидными, полиэфирными и вискозными волокнами. Было установлено, что адсорбируемое количество увеличивается с возрастающей длиной цепи ПАВ.

Investigation of the Adsorption of Cationic Tensides on Fibres by Alternating Current Polarography

The application of alternating current polarography for investigating the adsorption of cationic tensides forming monolayers on fibres has been investigated. The adsorption isothermes of alkylpyridinium halides on polyacrylonitrile, polyamide, polyester and rayon fibres were determined. The amount of tensides adsorbed increases with increasing chain length of the tensides.

1. *Einleitung*

Zum Studium der Wechselwirkung zwischen Faserstoffen und Tensiden sowie der wissenschaftlichen Durchdringung von Textilveredlungs- und Waschvorgängen ist es notwendig, das Adsorptionsverhalten von Tensiden aus wäßrigen Lösungen an Faserstoffen zu untersuchen. Es ist zu erwarten, daß sich aus der Aufnahme von Adsorptionsisothermen besonders im Bereich monomolekularer Bedeckung Aussagen über die Natur der Bindung von Tensiden an Faserstoffen machen lassen.

Bisherige Untersuchungen des Adsorptionsverhaltens von anionaktiven [1 bis 4] und kationaktiven [1, 4, 5, 6] wäßrigen Lösungen an Baumwolle und Chemiefaserstoffen wurden vorwiegend in Konzentrationsbereichen durchgeführt, in denen eine Mehrschichtenadsorption des Tensids am Faserstoff stattfindet. Der Konzentrationsbereich, in dem eine Monoschichtbildung zu erwarten ist, wurde bisher wenig untersucht. Diese Tatsache ist durch die meßmethodischen Schwierigkeiten bei der quantitativen Bestimmung geringer Tensidkonzentrationen auf dem Faserstoff bzw. in der Adsorptionslösung zu erklären. Da die spezifische Oberfläche der gebräuchlichen synthetischen Faserstoffe nur ca. 0,2 bis 0,5 m^2/g [7,8] beträgt, werden z. B. nur $1 \cdot 10^{-6}$ bzw. $2{,}5 \cdot 10^{-6}$ mol Alkylpyridiniumhalogenid pro Gramm Faserstoff adsorbiert, wenn die Tensidmoleküle in dichtester Lage und senkrecht zur Faseroberfläche angeordnet sind (der Flächenbedarf des Alkylpyridiniumions beträgt bei senkrechter Stellung zur Faseroberfläche ca. 35 Å^2 [9]). Wenn für Adsorptionsuntersuchungen unterhalb der Monoschichtbildungskonzentration 1 g synthetischer Faserstoff und 100 ml Adsorptionslösung verwendet werden, müssen sich also Konzentrationsänderungen der Adsorptionslösung $< 1 \cdot 10^{-5}$ mol/l bestimmen lassen. Da die zur Bestimmung ionogener Tenside meist verwendeten maßanalytischen Methoden zu unempfindlich sind, die Erfassungsgrenze wird mit $1 \cdot 10^{-5}$ mol/l angegeben [10], werden zur Bestimmung von Tensidkonzentrationen $< 1 \cdot 10^{-5}$ mol/l vorwiegend elektrochemische Methoden (vgl. [5]) sowie eine Markierung der Tenside mit radioaktiven Isotopen angewendet [11]. In der vorliegenden Arbeit wird die Adsorption von Alkylpyridiniumhalogeniden an Faserstoffen mit Hilfe der Wechselstrompolarographie untersucht, wobei in erster Linie die Eignung der Wechselstrompolarographie zur Lösung derartiger Aufgaben überprüft wird.

*) Zentralinstitut für Physikalische Chemie, Arbeitsbereich Physikalische Methoden der Analytischen Chemie, Berlin-Adlershof

2. *Prinzip der wechselstrompolarographischen Tensidanalyse*

Bei der Tensidanalyse ergibt sich die Möglichkeit zur Steigerung der Empfindlichkeit, wenn man sich der Eigenschaften der Tenside bedient, die auch ihren technischen Einsatz begründen, nämlich ihrer starken Anreicherung in Grenzflächen. Die analytische Meßtechnik beruht dann auf der Messung von Eigenschaften der Grenzflächen von Tensidlösungen gegenüber Gasen, Flüssigkeiten oder Festkörpern.

Eine elegante analytische Methode ist die Messung elektrochemischer Größen, speziell der elektrochemischen Doppelschichtkapazität an der Phasengrenze Elektrode/Elektrolyt in Abhängigkeit von der Tensidart und -konzentration im Elektrolyten. Meßtechnisch eignet sich für den praktischen Einsatz gut die Wechselstrompolarographie nach *Breyer* (vgl. [12, 13]). Während bei der Gleichstrompolarographie der Stromfluß zwischen der Quecksilbertropfelektrode und einer Bezugselektrode in Abhängigkeit vom angelegten Potential gemessen wird, registriert man bei der Wechselstrompolarographie den Wechselstrom am Quecksilbertropfen als Funktion des angelegten Potentials. Bekanntlich bildet sich an der Phasengrenze zwischen Quecksilbertropfen und Elektrolyt eine elektrochemische Doppelschicht aus, deren Kapazität vom angelegten Potential sowie der Art und Konzentration adsorbierbarer Substanzen, speziell Tensiden, in der Lösung abhängig ist. Durch Messung der Doppelschichtkapazität oder damit im Zusammenhang stehender Größen ist es also möglich, Tensidkonzentrationen zu bestimmen.

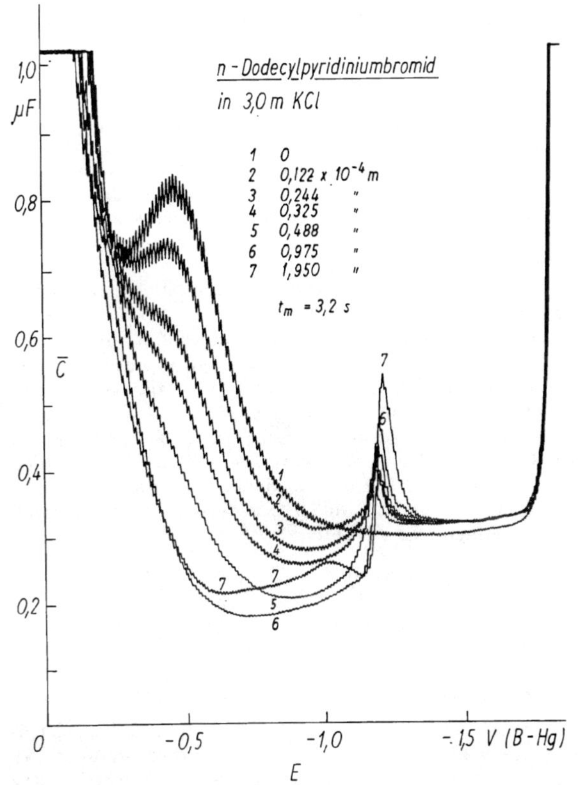

Bild 1. Wechselstrompolarogramm von Dodecylpyridiniumbromid

Zur Kapazitätsmessung wird dem Potential E eine konstante Wechselspannung U (2 bis 20 mV) mit der Frequenz f (40 bis 200 Hz) überlagert und die Doppelschichtkapazität C aus dem Wechselstrom J gemäß Gleichung (1) berechnet:

$$J = U \cdot 2\pi \cdot f \cdot C. \qquad (1)$$

In Bild 1 ist ein typisches Wechselstrompolarogramm einer tensidhaltigen Lösung dargestellt. Es wird die mittlere Doppelschichtkapazität am Quecksilbertropfen als Funktion der angelegten Gleichspannung aufgetragen. Im Potentialbereich zwischen ca. —0,3 bis —1,0 mV wird die Kapazität der Quecksilbertropfelektrode durch die Adsorption der Tensidmoleküle erniedrigt. Bei höheren und niederen Potentialen treten Kapazitätserhöhungen (Desorptionswellen) auf, die durch die Desorption des Leitelektrolyten (ca. —0,45 V) bzw. des Tensids bedingt sind (ca. 1,2 V). Sowohl die Höhe der Desorptionswelle bei —1,2 V als auch die Kapazitätserniedrigung hängen von der Tensidkonzentration ab.

Die Doppelschichtkapazität, die den Wechselstromleitwert, d. h. die Stromstärke, bestimmt, setzt sich bei Einkomponentenadsorption[1]) aus dem Kapazitätsanteil der noch unbedeckten Elektrodenoberfläche $C_0(1-\theta)$, dem bedeckten Anteil $C_s\theta$ sowie einem durch die Potentialabhängigkeit der Adsorption hervorgerufenen kinetischen Anteil $(q_s - q_0)\, d\theta/dE$ zusammen:

$$C = C_0(1-\theta) + C_s\theta + (q_s - q_0)\, d\theta/dE. \qquad (2)$$

Hierbei bedeuten:

C = Kapazität,
C_0 = Kapazität der leeren Grundlösung ($\theta = 0$),
C_s = Kapazität bei Adsorptionssättigung ($\theta = 1$),
θ = Bedeckungsgrad,
q_s = Ladungsdichte bei $\theta = 1$,
q_0 = Ladungsdichte bei $\theta = 0$,
E = Elektrodenpotential.

Im Potentialgebiet maximaler Adsorption, d. h. im Kapazitätsminimum zwischen beiden Wellen, ist $d\theta/dE = 0$, und die Kapazität wird nur von den ersten beiden Gliedern der Gleichung (2) bestimmt. Die Desorptionswellen haben ihre Begründung im dritten Glied von Gleichung (2). Die Zusatzkapazität, d. h. die Wellenhöhe, wird beeinflußt von der Kinetik der Ad-Desorption und damit von der Geschwindigkeit der Potentialänderung, d. h., sie ist abhängig von der Frequenz f der überlagerten Wechselspannung U.

Sowohl in die Kapazitätserniedrigung als auch in die Höhe der Desorptionswellen geht als wichtigste Größe der Bedeckungsgrad θ ein. Dieser wiederum ist bei eingestelltem Adsorptionsgleichgewicht eine relativ einfache und eindeutige Funktion der Konzentration c über den Adsorptionskoeffizienten, bzw. bei langsamer Gleichgewichtseinstellung ebenfalls eine Funktion der Konzentration über die Kinetik (z. B. Stofftransport zur Elektrode durch Diffusion).

So ergibt sich z. B. für die Kapazitätserniedrigung ΔC der Bedeckungsgrad nach Gleichung (2) direkt zu

$$\theta = (C - C_0)/(C - C_s)\, \Delta C/\Delta C_s.$$

Für relativ niedrige Bedeckungsgrade, d. h. im Anfangsteil der Funktion, resultiert eine nahezu lineare Beziehung zwischen ΔC und c, weil sowohl im Gleichgewichtsfalle als auch bei Diffusionshemmung an der Tropfelektrode $\theta \sim c$ gilt. Für die Wellenhöhe ist die Interpretation wesentlich schwieriger, was für die rein analytische Konzentrationsbestimmung aus Eichkurven zunächst ohne Belang ist.

Für die Konzentrationsbestimmung in der Lösung wertet man die Kapazitätserniedrigung ΔC oder die Wellenhöhe h (zweckmäßig bezogen auf den Grundstrom der leeren Lösung) über Eichkurven aus. Man bedient sich dabei der Schreibermittelwerte der Tropfenzacken $\Delta\bar{C}$ bzw. $\bar{h}$ und $\bar{C}$. Bezüglich weiterer Einzelheiten zur Meß- und Auswertetechnik sei auf die entsprechende Literatur verwiesen [12, 13, 14].

In Bild 2 ist die Kapazitätserniedrigung und die Höhe der Desorptionswelle als Funktion der Dodecylpyridiniumchlorid-Konzentration aufgetragen. Es ist ersichtlich, daß bis zu Konzentrationen von ca. $3{,}5 \cdot 10^{-5}$ n ein linearer Zusammenhang besteht.

In einer Reihe von Arbeiten (vgl. [14]) wurde das wechselstrompolarographische Verhalten einer Reihe von Tensidklassen und anderer für den Textilchemiker wichtigen Verbindungsklassen untersucht. Im einzelnen sei aufgeführt:

Alkylamin- und Alkylammoniumverbindungen,
Fluortenside,

[1]) Wenn man das Lösungsmittel, das ja ebenfalls adsorbiert wird, nicht als zweite Komponente ansieht.

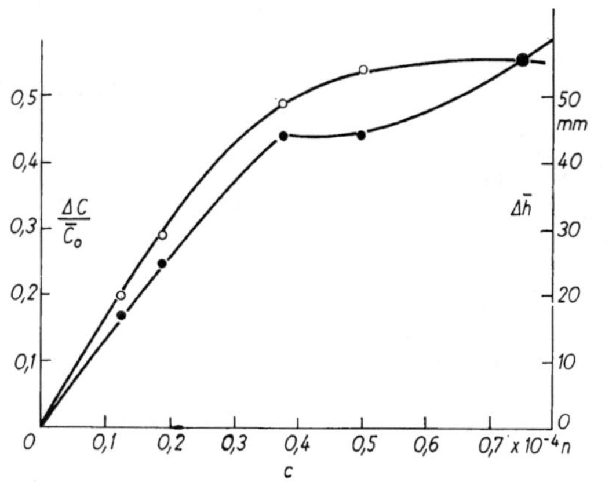

Bild 2. Abhängigkeit der Kapazitätserniedrigung und der Höhe der Desorptionswelle von der Konzentration an Dodecylpyridiniumchlorid

Alkylsulfate und -sulfonate,
Polyglykoläther,
Cellulosederivate,
Organophosphorverbindungen,
Polyphosphate,
Farbstoffe.

Die durchgeführten Untersuchungen beschränken sich im allgemeinen auf das Verhalten der jeweiligen Substanzen an der Quecksilbertropfelektrode. In den nachfolgend beschriebenen experimentellen Arbeiten wurde die Anwendbarkeit der Wechselstrompolarographie auf die Untersuchung der Adsorption von Alkylpyridiniumhalogeniden an Faserstoffen untersucht.

3. *Wechselstrompolarographische Untersuchung der Adsorption von Alkylpyridiniumhalogeniden an Faserstoffen*

3.1. *Wechselstrompolarographie von Alkylpyridiniumhalogeniden*

Als Modellsubstanzen für die Untersuchungen der Adsorption kationaktiver Tenside an Faserstoffen wurden Alkylpyridiniumhalogenide gewählt. Es standen folgende, im Laboratoriumsmaßstab hergestellte[2]) Substanzen zur Verfügung:

Dodecylpyridiniumchlorid,
Tetradecylpyridiniumbromid,
Hexadecylpyridiniumchlorid,
Octadecylpyridiniumchlorid.

Die Wechselstrompolarogramme der C_{12}- bis C_{16}-Verbindungen zeigten bis zu Konzentrationen von $1 \cdot 10^{-4}$ mol/l prinzipiell den gleichen Verlauf wie Bild 1. Bei Konzentrationen $> 1 \cdot 10^{-4}$ mol/l treten Störungen im Polarogramm auf, die eine quantitative Auswertung unmöglich machen. Da die Polarogramme von Octadecylpyridiniumchlorid-Lösungen bereits bei Konzentrationen von $2 \cdot 10^{-6}$ mol/l Störungen aufweisen, ist eine wechselstrompolarographische Bestimmung dieses Tensids nicht möglich. Für die C_{12}- bis C_{16}-Alkylpyridiniumhalogenide existieren die nachstehend angeführten Konzentrationsbereiche, in denen die Kapazitätserniedrigung bzw. die Höhe der Desorptionswelle linear von der Tensidkonzentration abhängen:

Dodecylpyridiniumchlorid	$1 \cdot 10^{-5}$ bis $3{,}5 \cdot 10^{-5}$ mol/l,
Tetradecylpyridiniumbromid	$2 \cdot 10^{-6}$ bis $1 \cdot 10^{-5}$ mol/l,
Hexadecylpyridiniumchlorid	$2 \cdot 10^{-6}$ bis $1 \cdot 10^{-5}$ mol/l.

In diesen Konzentrationsbereichen sind also anhand von Eichkurven quantitative Bestimmungen der genannten Tenside durchführbar. Die untere Erfassungsgrenze liegt bei Tensidkonzentrationen von ca. $2 \cdot 10^{-6}$ mol/l. Durch das Arbeiten bei verlängerten Tropfzeiten oder an stationären Elektroden ist eine Erhöhung der Empfindlichkeit möglich (vgl. [14]).

Die Fehlergrenzen der Bestimmungen betragen ca. 0,5 bis 1×10^{-6} mol/l, wobei die Genauigkeit mit steigender Kettenlänge des Tensids zunimmt. Der Zeitaufwand für eine Messung ist nicht höher als 15 min.

Für die wechselstrompolarographische Bestimmung der Alkylpyridiniumhalogenide wurde der Gleich-Wechselstrom-Polarograph GWP 563 der Akademie-Werkstätten für Forschungsbedarf, Berlin-Adlershof, verwendet. Es wurden folgende Bedingungen gewählt:

Leitelektrolyt	0,5 m KCl,
Tropfzeit	3 bis 4 s,
Bezugselektrode	Bodenquecksilber.

3.2. *Experimentelle Durchführung der Adsorptionsuntersuchungen an Faserstoffen*

Es wurde die Adsorption von Dodecyl- und Hexadecylpyridiniumchlorid sowie Tetradecylpyridiniumbromid an Viskose-, Polyamid-6-, Polyacrylnitril- und Polyesterfasern aus wäßriger Lösung untersucht. Die verwendeten Fasern Zellwolle (VEB Zellwollfarbik Plauen/Vogtl.), DEDERON (VEB Chemiefaserwerk „Friedrich Engels", Premnitz), WOLPRYLA 65 (Premnitz), GRISUTEN (Premnitz) wurden 4 h im Extraktor nach Soxhlet mit Methylenchlorid extrahiert und anschließend gründlich mit destilliertem Wasser gewaschen.

Die wasserlöslichen Monomeren bzw. Oligomeren der verwendeten DEDERON-Fasern wurden durch 2 h Auskochen in destilliertem Wasser weitgehend entfernt. Die Sauberkeit der untersuchten Faserstoffe wurde durch die wechselstrompolarographische Untersuchung der letzten Waschflotte bestätigt.

Zur Aufnahme der Adsorptionsisothermen wurde jeweils 1 g Faserflocke bei 25 °C ± 0,2 grd während 3 min unter gelegentlichem Umschütteln mit 100 ml wäßriger Tensidlösung behandelt; die Ausgangskonzentrationen der Tensidlösungen lagen zwischen $2 \cdot 10^{-6}$ bis $3 \cdot 10^{-4}$ mol/l. Die vom Faserstoff aufgenommene Tensidmenge wurde durch Bestimmung der Restkonzentration in der Adsorptionslösung ermittelt. Hierzu ist die Konzentration in einen zur Messung geeigneten Bereich einzustellen (vgl. 3.1.).

3. 3. *Ergebnisse der Adsorptionsuntersuchungen an Faserstoffen*

3. 3. 1. *Zeitabhängigkeit der Adsorption*

Zur Bestimmung der günstigsten Adsorptionszeiten wurde die Zeitabhängigkeit der Adsorption von Hexadecylpyridiniumchlorid an den einzelnen Faserstoffen untersucht. 1 g Faserflocke wurde mit 100 ml Adsorptionslösung bei 25 °C zwischen 15 s bis 15 h behandelt, wobei für die einzelnen Faserstoffe folgende Ausgangskonzentrationen gewählt wurden:

WOLPRYLA 65	$1{,}0 \cdot 10^{-5}$ mol/l,
GRISUTEN	$1{,}2 \cdot 10^{-5}$ mol/l,
DEDERON	$5{,}0 \cdot 10^{-5}$ mol/l,
Zellwolle	$1{,}0 \cdot 10^{-4}$ mol/l.

[2]) Herrn Dr. *Püschel* vom Institut für Fettchemie der Deutschen Akademie der Wissenschaften zu Berlin, Berlin-Adlershof, sei für die Überlassung der Substanzen bestens gedankt.

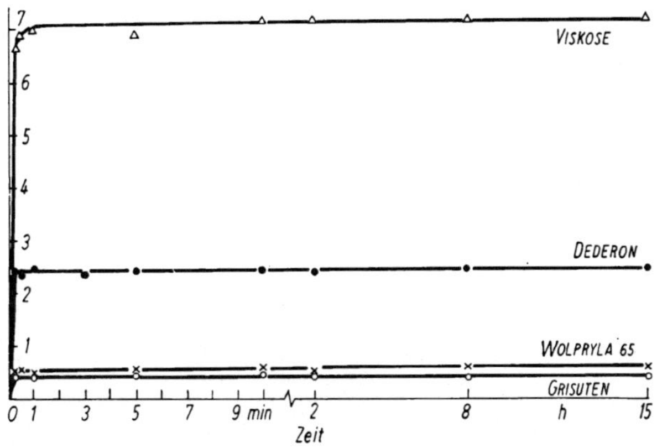

Bild 3. Zeitabhängigkeit der Adsorption von Hexadecylpyridiniumchlorid an Viskose-, Polyamid-6-, Polyacrylnitril- und Polyesterfasern

Aus dem in Bild 3 dargestellten zeitlichen Verlauf der Adsorption ist zu erkennen, daß bei allen untersuchten Faserstoffen bereits nach 15 s der Gleichgewichtsadsorptionswert erreicht ist. Die schnelle Einstellung des Adsorptionsgleichgewichtes läßt darauf schließen, daß unter den gewählten Bedingungen keine wesentlichen Adsorptions- bzw. Transport-(Diffusions-) Hemmungen vorliegen.

3.3.2. Aufnahme der Adsorptionsisothermen

In Bild 4 ist die pro Gramm Faserstoff adsorbierte Menge Hexadecylpyridiniumchlorid als Funktion der Gleichgewichtskonzentration in der Adsorptionslösung dargestellt. Die höchste Tensidmenge wird von Viskosefasern adsorbiert, es folgen Polyamid-6-, Polyacrylnitril- und Polyesterfasern. Wird die adsorbierte Tensidmenge nicht auf die Masseneinheit, sondern auf die spezifische Oberfläche der trockenen Faserstoffe bezogen, so ergibt sich nach Tabelle 1 die Reihenfolge Viskose-, Polyamid-6-, Polyester- und Polyacrylnitrilfasern. Offensichtlich tritt kein einheitlicher Bedeckungsgrad auf, da große Unterschiede in der pro Flächeneinheit adsorbierten Tensidmenge zu erkennen sind.

Es sei an dieser Stelle auf die Problematik eines Vergleiches der spezifischen Oberflächen von trockenen und in wäßrigem Medium befindlichen Faserstoffen hingewiesen. Die Oberfläche hydrophiler Faserstoffe

Tabelle 1. Adsorbierte Tensidmenge, bezogen auf die spezifische Oberfläche der Faserstoffe

Faserstoff	spez. Oberfläche m^2/g	Methode	ads. Tensidmenge bei $C_{Gl} = 5 \cdot 10$ mol/l mol/m^2
WOLPRYLA 65	0,57	BET	$2{,}6 \cdot 10^{-6}$
Zellwolle	0,28	BET	$2{,}8 \cdot 10^{-5}$
DEDERON	0,18	berechnet aus Querschnitt und Dichte	$1{,}3 \cdot 10^{-5}$
GRISUTEN	0,15		$5{,}3 \cdot 10^{-6}$

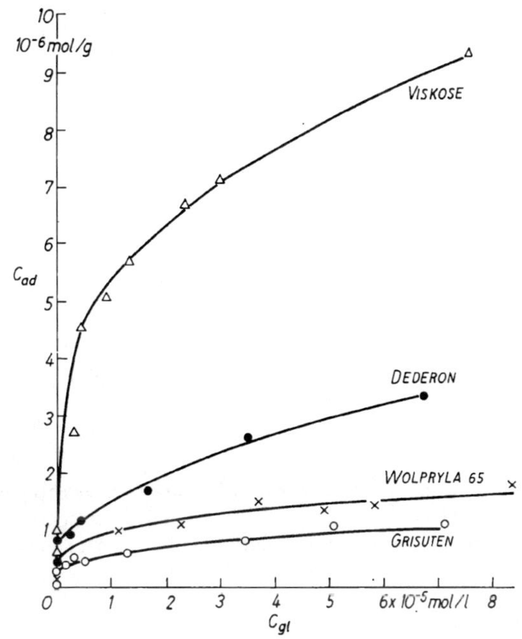

Bild 4. Adsorptionsisothermen von Hexadecylpyridiniumchlorid an Viskose-, Polyamid-6-, Polyacrylnitril- und Polyesterfasern

wird durch Quellung in wäßrigem Medium wesentlich vergrößert [7], während bei hydrophoben Faserstoffen, da kleine Poren nicht genetzt werden, ein Teil der durch Inertgasadsorption bestimmten Oberfläche für die Adsorption aus wäßriger Lösung nicht zur Verfügung steht. Bei Faserstoffen, die lösliche Anteile enthalten, erfolgt durch Anlösen eine Veränderung der Oberfläche. Aus den genannten Gründen ist auch ein Vergleich des pro Flächeneinheit trockenen Faserstoffs adsorbierten Tensids wenig aussagekräftig; aus der alleinigen Aufnahme der Adsorptionsisothermen eines Tensids an verschiedenen Faserstoffen lassen sich demzufolge nur wenig Aussagen hinsichtlich der Bindung Faserstoff/Tensid machen. Nach *Giles* u. Mitarb. [15] lassen sich lediglich aus dem Anstieg der Adsorptionsisothermen Rückschlüsse auf die Stärke der Bindung ziehen.

Dagegen lassen sich aus der Abhängigkeit der Adsorption von der Kettenlänge der untersuchten Tenside Aussagen über die Art der Bindung an den Faserstoff machen. Die Bindung Faserstoff/kationaktives Tensid kann sowohl durch elektrostatische als auch durch *van der Waals*sche Kräfte erfolgen. Unter der Voraussetzung, daß bei der Bindung durch elektrostatische Kräfte undissoziierte Adsorbate entstehen, ist bei ausschließlicher Wirkung elektrostatischer Kräfte keine Abhängigkeit der Adsorption von der Kettenlänge der Tenside zu erwarten. Wenn die Bindung wesentlich durch *van der Waals*sche Kräfte beeinflußt wird, müßte die Adsorption mit steigender Kettenlänge des Tensids zunehmen.

Aus Untersuchungen von *Jaycock*, *Ottewill* und *Rastogi* [9] über die Adsorption von kationaktiven Tensiden an Silberjodid sowie von *Wakamatsu* und *Fuerstenau* [18] über die Adsorption von Alkylsulfonaten

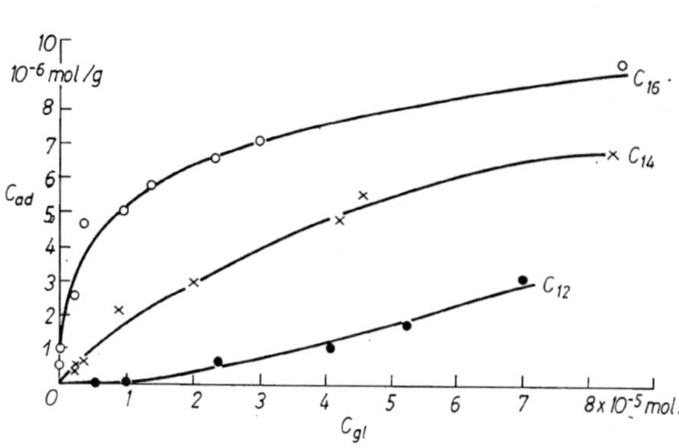

Bild 5. Adsorptionsisothermen von Alkylpyridiniumhalogeniden an Viskosefasern

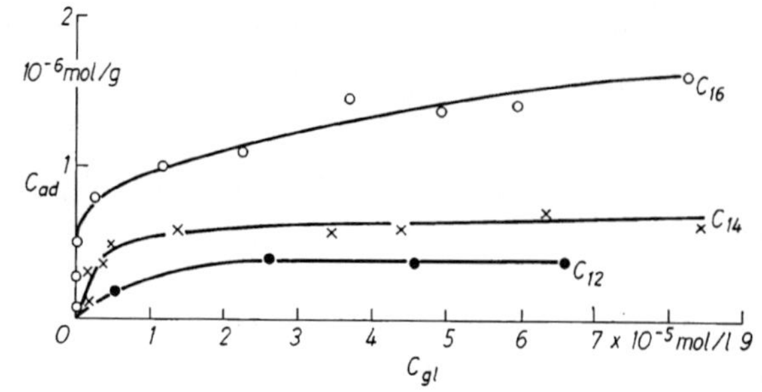

Bild 7. Adsorptionsisothermen von Alkylpyridiniumhalogeniden an Polyacrylnitrilfasern

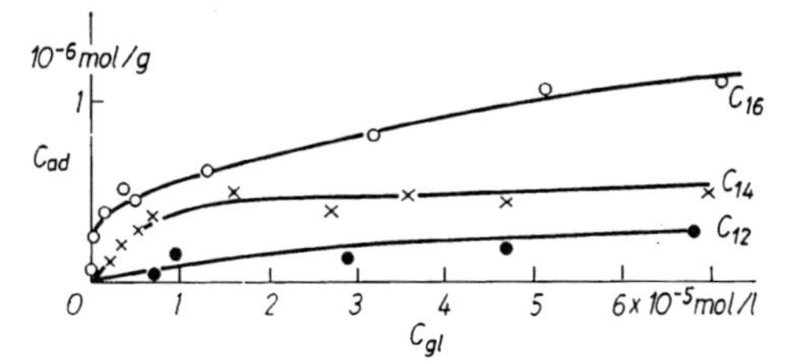

Bild 8. Adsorptionsisothermen von Alkylpyridiniumhalogeniden an Polyesterfasern

an Aluminiumoxid geht hervor, daß bei der Adsorption von ionogenen Tensiden aus wäßrigen Lösungen an Festkörpern generell eine Zunahme der adsorbierten Tensidmengen mit wachsender Kettenlänge des Alkylrestes zu erwarten ist.

Im folgenden wird geprüft, ob sich mittels der Wechselstrompolarographie Abhängigkeiten der Adsorption an Faserstoffen von der Kettenlänge der verwendeten Tenside nachweisen lassen. Aus den Bildern 5 bis 8 ist an allen untersuchten Faserstoffen eindeutig eine Erhöhung der Adsorption mit steigender Kettenlänge zu erkennen, was auf das ausgeprägte Vorhandensein *van der Waals*scher Kräfte bei der Bindung Faserstoff/kationaktives Tensid schließen läßt. Mit der Kettenlänge nimmt auch die Steilheit des Anstiegs der Adsorptionsisothermen zu. Das bedeutet nach [15] eine Erhöhung der Bindungsenergie mit steigender Kettenlänge.

Zu einer exakten Deutung aller bei der Adsorption kationaktiver Tenside an Faserstoffen auftretenden Vorgänge reichen die durchgeführten Untersuchungen nicht aus; hierzu sind noch Untersuchungen der pH- und Temperaturabhängigkeit der Adsorption sowie des Einflusses funktioneller Gruppen und des elektrokinetischen Potentials der Faserstoffe auf die Adsorption notwendig. Dies sei weiteren Arbeiten vorbehalten. Es konnte jedoch schon jetzt gezeigt werden, daß die Wechselstrompolarographie eine zur Bestimmung geringer Mengen an Faserstoffen adsorbierter Alkylpyridiniumhalogenide geeignete Methode ist.

Es ist allerdings zu berücksichtigen, daß die Messungen in dem unter 3.1 angegebenen, relativ engen Konzentrationsbereich, in dem die Kapazitätserniedrigung bzw. Wellenhöhe linear von der Tensidkonzentration abhängen, durchgeführt werden müssen. Diese Tatsache schränkt die Wechselstrompolarographie auf die Erfassung geringer Tensidkonzentrationen, im Falle von Adsorptionsuntersuchungen an Faserstoffen auf den ungefähren Bereich der Monoschichtbildung ein.

Fräulein *E. Horn*, Berlin-Adlershof, danken wir für die aktive Mitarbeit bei der Durchführung der experimentellen Untersuchungen.

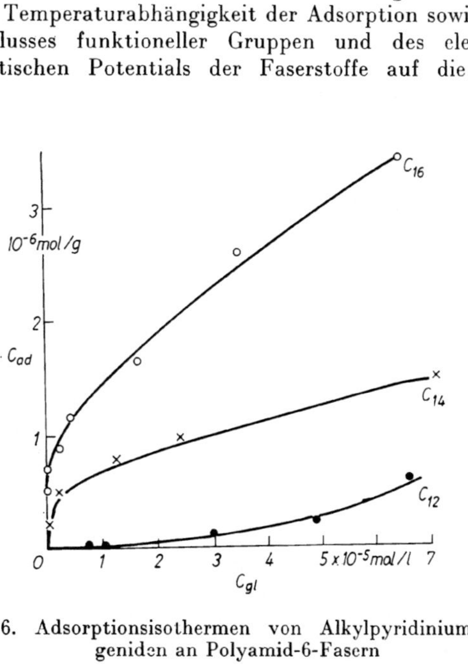

Bild 6. Adsorptionsisothermen von Alkylpyridiniumhalogeniden an Polyamid-6-Fasern

Literatur

[1] *Weatherburn, A. S.*, und *Bayley, C. H.*: The sorption of synthetic surface-active compounds by textile fibres. Textile Res. J. **22** (1952) S. 797—804.

[2] *Götte, E.*: Die Eigenschaften der Salze primärer unverzweigter Alkylsulfate und ihrer Lösungen im Hinblick auf ihren technischen Einsatz. Fette, Seifen, Anstrichmittel **56** (1954) S. 583—587.

[3] *Kölbel, H.*, und *Hörig, K.*: Konstitution und Eigenschaften grenzflächenaktiver Stoffe. II. Sorption von anionischen grenzflächenaktiven Stoffen an Textilfasern. Angew. Chemie **71** (1959) S. 691—697.

[4] *Van Senden, K.*, und *König, I.*: Die Wechselwirkung von Tensiden mit Textilien unter besonderer Berücksichtigung von Baumwolle und Nylon. Fette, Seifen, Anstrichmittel **70** (1968) S. 36—39.

[5] *Rinckleb, W.*: Wechselwirkung zwischen wäßriger Laurylpyridiniumbromidlösung und Perlon. Dissertation TH Dresden 1958.

[6] *Sexsmith, F. H.*, und *White, H. J.*: The adsorption of surfactants by cellulose molecules. J. colloid Sci. **14** (1959) S. 598—618.
[7] *Flath, H.-J.*, und *Kühne, Ch.*: Zur Bestimmung der spezifischen Oberfläche von Faserstoffen mit Hilfe der Tieftemperatur-Gasadsorption. Faserforsch. u. Textiltechnik **19** (1968) S. 266—272.
[8] *Wagner, E. F.*: Die innere und äußere Oberfläche von textilen Fasern. Melliand Textilber. **50** (1969) S. 1075 bis 1081.
[9] *Jaycock, M. J. Ottewill R. H.*, und *Rastogi, M. C.*: The adsorption of cationic surface active agents. 3. Internat. Kongreß über grenzflächenaktive Stoffe. Köln 1960, Vortragsband B, S. 283—287.
[10] *Somasundaran, P.*, und *Fuerstenau, P. W.*: Mechanismus of alkylsulfonate adsorption at the alumina-water interface, J. physic. Chem. **70** (1966) S. 90—96.
[11] *Mast, R. C.*, und *Benjamin, C.*: Sorption of dimethyldodecylphosphinoxide by Cotton, Nylon, Rayon and selected particulate substrates. J. Colloid interface Sci. **31** (1969) S. 31—38.
[12] *Breyer, B.*, und *Bauer, H. H.*: Alternating Current Polarography and Tensammetry. New York/London: Interscience Publ. 1963.
[13] *Jehring, H.*: Habilitationsschrift TU Dresden 1965.
[14] *Jehring, H.*: Doppelschichtkapazitätsmessung mit der *Breyer*-Wechselstrompolarographie. J. Electroanal. Chem. **21** (1969) S. 77—98.
[15] *Giles, C. H.*, *MacEvan, T. H.*, *Nakawa, S. N.*, und *Smith, D.*: Studies in adsorption. J. chem. Soc. **70** (1960) S. 3973—3993.

Eingegangen am 8. September 1971

Neue Bücher

Mechanische Spinnerei. Von *W. Oeser.* Berlin: Fachverlag Schiele und Schön 1971. 274 S., 219 Abb. Lwd. DM 31,—.

Der vorliegende Titel ist eine Neubearbeitung des 1951 von Dipl.-Ing. *Driesch* herausgegebenen Buches. Der Inhalt umfaßt eine durch ein sehr umfangreiches Bildmaterial veranschaulichte Erläuterung der für die verschiedenen Technologien der Garnherstellung wesentlichen Prozeßstufen, der Funktionsweise der Maschinen und der daraus ableitbaren technologischen Vorgänge. Die Gliederung wurde in der für Fachbücher gleicher Fachdisziplin bisher üblichen Weise aufgebaut, indem eine Einteilung der Garnherstellungsprozesse nach den zu verarbeitenden Faserstoffen erfolgte. Wenn der Verfasser in seiner Einführung selbst auf diese Problematik eingeht und feststellt, daß diese beibehaltene Systematik auf Grund der ständig wachsenden Bedeutung der Chemiefaserverarbeitung im allgemeinen und der Chemiefaserverspinnung im besonderen mehr und mehr an Gültigkeit verliert, dürfte der trotzdem beibehaltene Aufbau des Buches in erster Linie als ein Zugeständnis des Verfassers an die ihm vorgelegene Grundkonzeption zu werten sein. Neben einer jeweils kurz umrissenen Abhandlung von Struktur und Funktion moderner und international bekannter Konstruktionen des Spinnereimaschinenbaues in Westeuropa und den USA werden Hinweise auf getriebetechnische und kinematische Besonderheiten gegeben. Gebührende Aufmerksamkeit wird dem Problem der Aggregierung von Prozeßstufen geschenkt. In diesem Zusammenhang wurden auch Fragen der Anwendung der Meß-, Steuer- und Regelungstechnik aufgegriffen, indem auf Überwachungsfunktionen sowie Steuer- und Regeleinrichtungen an verschiedenen Prozeßstufen eingegangen wird. Auf jede Art von numerischen Berechnungen sowie auf eine mathematische Modellierung spinnereitechnischer Probleme wurde in diesem Rahmen verzichtet.

Das Buch in seiner vom gegenwärtigen maschinentechnischen Entwicklungsstand in den Spinnereien aus beurteilten Aktualität stellt insofern eine Ergänzung zu der bereits bekannten deutschsprachigen Fachliteratur auf diesem Fachgebiet dar, als es sich durch die kurzen allgemeinverständlichen Abhandlungen und Veranschaulichungen in besonderem Maße für Fachinteressenten anbietet, die, aufbauend auf vorhandenem Grundwissen, nach einer möglichst kurz umrissenen Zusammenstellung suchen, aus der sich ein Überblick über den gegenwärtigen Entwicklungsstand auf dem sehr umfangreichen Fachgebiet ableiten läßt.

W. Weissenberger

The Chemistry and Uses of Fire Retardants. Von *John W. Lyons.* New York/London/Sidney/Toronto: Wiley-Interscience 1970. XIV, 462 S. Lwd. £ 7,—.

Das Gebiet des Entflammungsschutzes von natürlichen und synthetischen Polymeren ist infolge der besonders im letzten Jahrzehnt ständig steigenden Anstrengungen äußerst aktuell. Der Autor gibt mit dem vorliegenden Werk einen sehr weitgehenden Einblick in die Chemie und die Anwendung von flammfestmachenden Mitteln, den Mechanismus des Flammfestmachens, die Flammfest-Prüfverfahren u. a. m.

Dieses sehr umfangreiche Gebiet wird in den Kapiteln „Chemie der Flammschutzmittel auf Phosphorbasis", „Chemie des Antimons, Bors, Chlors und Broms", „Chemie von Cellulose, Holz und Papier und die Waldbrandbekämpfung", „Cellulosetextilien", „Beschichtung", „Synthetische Polymere mit nur Kohlenstoffatome enthaltenden Ketten" und „Synthetische Polymere mit Heteroatomen in der Kette" behandelt, wobei in jedem Kapitel die Chemie des zu schützenden Materials und seine die Entflammung betreffenden Eigenschaften tabellarisch übersichtlich wiedergegeben werden. Ferner wird über die Anwendung der Flammfestmittel für die einzelnen Polymeren berichtet, und es werden Erfinder, Firmen und Patentnummern angegeben. Der ungewöhnlich breite Überblick, den dieses Werk vermittelt, macht es für die Chemiefaser- und Cellulosefaserindustrie als eine wertvolle Informationsquelle ebenso interessant wie für Institute und alle auf diesem und benachbarten Fachgebiet tätigen Fachleute.

G. Lange

„Spinning in the '70". Hgg. von *P. R. Lord.* Watford: Merrow Publ. Co. 1970. VI, 288 S. Lwd. 15 $.

P. R. Lord stützt sich mit seinem Buch über das Thema „Die Spinnereitechnik in den 70er Jahren" weitestgehend auf namhafte Referenten einer mit dem Buch gleichnamigen Konferenz, die im April 1969 an der Universität Manchester vom Institut für Wissenschaft und Technologie durchgeführt wurde.

Neben hervorragenden Spezialisten der verschiedenen Forschungsstätten Englands, wie *H. Cripps* und *R. Lyon* vom Shirley-Institut, *S. L. Anderson* und *J. Ingham* von WIRA, *P. Volans*, Monsanto Chemicals Ltd., *P. A. Smith*, Universität Leeds, kommen auch Vertreter des Forschungsinstitutes für Baumwolle (V.U.B.), Usti n. O. der ČSSR, *Z. Pospišil* und *J. Kasparek*, japanische und holländische Experten zu Worte. Im zweiten Teil des Kapitels 11 über die Offenend-Spinnmaschine BD 200 der ČSSR werden die Erfahrungen aus der DDR auf den Seiten 229—231 zitiert, die *S. Geißler* vom WTZ der VVB Baumwolle Karl-Marx-Stadt zu einem Symposium im März 1969 in Prag vorgetragen hat.

Es ist ein Buch besonderer Art in mehrfacher Hinsicht. Der Inhalt reicht von der praktischen Realität bis zu hochinteressanten Zukunftsideen, die sicher nicht im Zeitraum der 70er Jahre — wenn überhaupt — praktisch realisierbar erscheinen. Von der Form her ist die Sammlung der Referate einer Konferenz und weiterer Quellen, wie z. B. des Symposiums über OE-Spinnen in Prag, schwer in eine einheitliche Form zu gießen, wie man das von der deutschsprachigen Fachliteratur gewöhnt ist. So gesehen sind zwischen einzelnen Kapiteln große Qualitätsunterschiede vorhanden, die teilweise ihre Begründung in der Unterschiedlichkeit der Auffassung der verschiedenen Autoren vom Stoff haben, aber auch stofflich selbst begründet sind.

Abgesehen von einigen Ungenauigkeiten in verschiedenen Kapiteln, wo einmal von drallosen Verfahren und zum anderen vom O-Drall-Verfahren gesprochen wird (gemeint ist das C.S.I.R.O.-Spinnsystem) gibt es für den deutschen Leser eine Reihe von begrifflichen Problemen, die — eben wieder hervorgerufen durch die verschiedenen Autoren —, sich mitunter als uneinheitlich darbieten und sowieso Schwierigkeiten bei der wörtlichen Übersetzung in die deutsche Sprache verursachen.

Hier kann nur eine großzügige sinngemäße Anwendung der deutschen Fachterminologie weiterhelfen, die aber andererseits eine intensive Fachkenntnis voraussetzt. Diese Voraussetzung ist aber für den sehr speziellen Inhalt über weite Strecken des Buches bei breiten Kreisen von Lesern nicht gegeben.

Sehr breiten Raum ist im Kapitel 8 dem OE-Spinnen eingeräumt. In einzelnen Kapiteln über elektro-statisches Spinnen, Luft-Spinnen und das Turbinen-Spinn-System erstreckt sich die Behandlung dieses Komplexes von den Seiten 122 bis 280 über 158 Seiten dieses 288 Seiten umfassenden Buches, d. h. diesen sicher von der praktischen Bedeutung und vom Entwicklungsstand her gesehen am weitesten fortgeschrittenen Fadenbildungsmethoden werden etwa $^3/_5$ des gesamten Buches gewidmet.

Es sind aber auch in diesen Kapiteln sehr bemerkenswerte Feststellungen zu ökonomischen Problemen des Einsatzes der OE-Technik gemacht worden, die in etwa die Grenzen der Einsatzmöglichkeit abstecken.

Zusammenfassend kann festgestellt werden, daß der im Buch gebotene Inhalt hochinteressante Aspekte für die Spinnereitechnik bietet, so daß die Frage gestellt werden muß, ob es nicht ratsam wäre, einzelne Abschnitte (Kapitel) in vollem Umfang und weitere Teile auszugsweise ins Deutsche zu übersetzen, und so der deutschen Fachwelt und ggf. Studierenden und in der Forschung und Entwicklung Tätigen den Inhalt dieses Buches im stärkeren Umfang zu erschließen.

W. Mey

Bleiche und Appretur. Von einem Autorenkollektiv unter Federführung von Dipl.-Ing. *E. Tögel.* Leipzig: Fachbuchverlag: 1971. 509 S. mit 312 Abb., 72 Tab. und 1 Tafelanhang. Halbgewebeeinband M 28,—.

Das Buch behandelt die Gebiete der Vorbehandlung, Bleicherei und Appretur einschließlich der Kunststoffanwendung und umschließt damit das Gesamtgebiet der Textilveredlung, wenn man die Farbgebung (Färberei und Druckerei) ausklammert.

Die vielseitigen Arbeiten zur Erzielung der verschiedensten Veredlungseffekte werden nach folgenden Verfahrensgruppen abgehandelt:

— Mechanische und chemische Vorappretur;
— Wasch-, Alkali- und Bleichbehandlungen;
— Mechanische Appretur;
— Chemische Appretur;
— Aufmachungs- und Abschlußarbeiten.

Diese Einteilung wird gleichzeitig für das in elf Kapiteln gegliederte Buch zugrunde gelegt.

Gleichzeitig sei zu Beginn hervorgehoben, daß im Gegensatz zu den bisher vorliegenden Lehr- und Fachbüchern auf diesem Gebiet keine bloße Aufzählung der Arbeitsgebiete erfolgt, sondern in den einzelnen Kapiteln die theoretisch-wissenschaftlichen Grundlagen komplex mit den maschinentechnischen und technologischen Darlegungen verknüpft werden, womit ein tieferes Verständnis und eine wissenschaftliche Durchdringung des Stoffes erreicht wird.

Nach zwei einleitenden Kapiteln über Definition und Wesen der Vorbehandlung, Bleicherei und Appretur sowie über die Warenvorbereitung folgt ein Kapitel über mechanische und chemische Vorappretur, das Ausführungen über das Noppen, Klopfen, Bürsten, Sengen, Entschlichten, Karbonisieren und Walken enthält.

In zwei weiteren Kapiteln werden die Alkalibehandlungen für Cellulosefaserstoffe sowie die Waschprozesse ausführlich behandelt, wobei physikalisch-mathematische Betrachtungen zum tieferen Eindringen in den Waschprozeß außerordentlich beitragen. Von besonderem Wert ist auch die Systematisierung der Waschmaschinen, die in einem Tafelanhang von 37 Seiten einen Überblick über die verschiedenen Varianten an Diskontinue- und Kontinue-Waschmaschinen ermöglicht. Bei den Alkalibehandlungen sind die alkalischen Reinigungsverfahren (Beuchen, Abkochen, Kotonisieren) sowie Laugieren und Mercerisieren aufgeführt.

Die daran anschließenden Kapitel „Bleichen und optisch Aufhellen" sowie „Entwässern und Trocknen" lassen eine umfassende Information über den derzeitigen Stand der Verfahren und Maschinen unter Berücksichtigung der theoretisch-wissenschaftlichen Grundlagen und Entwicklungstendenzen zu. Besonders hervorzuheben sind die theoretischen Ableitungen für die Entwässerung und Trocknung mit Berechnungsformeln, die in den bisherigen Lehrbüchern der Textilveredlung nicht enthalten sind.

Zur Appretur werden drei Kapitel abgehandelt, und zwar die mechanische und chemische Appretur sowie Flächenstabilisierung (Fixierung). Für die bisher noch mit viel Empirie durchgeführten Arbeiten der mechanischen Appretur wurden die derzeit gesicherten fasertechnologischen und maschinentechnischen theoretischen Grundlagen aufgenommen, insbesondere für das Rauhen, Scheren, Pressen und Kalandern. Wegen der besonderen Bedeutung der Fixierverfahren wurde diesem Teil der Appretur ein besonderes Kapitel gewidmet. Dabei hat neben der Thermofixierung der Synthesefaserstoffe auch die Hydro- und Thermohydrofixierung sowie die Flächenstabilisierung der Wolle Berücksichtigung gefunden.

Die chemische Appretur stellt das umfangreichste Kapitel (106 Seiten) des vorliegenden Buches dar und umfaßt alle Textilveredlungsverfahren, die für Hochveredlungs- und weitere spezielle Veredlungseffekte, wie z. B. flammenhemmende, Baktericid- oder Fungicid-Ausrüstung usw. erforderlich sind. Ein besonderer Abschnitt ist der Plastapplikation gewidmet, in dem die für die Textilveredlung wichtigen Polymeren, deren Eigenschaften und Technologien der Applikation erläutert werden.

Ein Kapitel über Aufmachung der Fertigungserzeugnisse beschließt das Buch.

In den einzelnen Kapiteln des Buches sind wertvolle Anregungen für die Entwicklung von Fließ- und Teilfließlinien enthalten, was außerdem in einem besonderen Abschnitt in der mechanischen und chemischen Appretur zum Ausdruck kommt.

Die Betriebsmeß-, Steuer- und Regeltechnik wird jeweils bei den einzelnen Verfahren und Maschinen besprochen.

Die methodische Gestaltung weicht von dem in der bisherigen Literatur vielfach üblichen Prinzip ab. Das Buch ist nicht nach dem technologischen Ablauf der Veredlung einzelner Faserstoffe bzw. Warenarten gegliedert, sondern die Bleich- und Appreturvorgänge sind jeweils komplex im Hinblick auf die zu erzielenden Effekte und die dabei möglichen chemischen und technologischen Varianten dargestellt. In den einzelnen Abschnitten wurde zur besseren Übersicht weitgehend mit Tabellen gearbeitet, wobei diese nicht statistischen Charakter aufweisen, sondern die Kategorien Mittel/Zweck bzw. Zweck/Mittel erfassen sollen. Hiermit wurde bei den physikalischen, chemischen und auch technologischen Darlegungen eine in der internationalen Fachliteratur der Textilveredlung neue komplexe Betrachtungsweise erreicht.

Außerdem tragen die zahlreichen Diagramme, Schemazeichnungen von Maschinen und Bilder zur besseren Anschaulichkeit des Stoffes wesentlich bei. Zum tieferen Eindringen in die eine oder andere Problematik dient ein umfangreiches Literaturverzeichnis, das bis 1968 geführt ist.

Das vorliegende Lehr- und Fachbuch wendet sich vor allem an Studenten der Ingenieurschulen, Ingenieur-Hochschulen sowie Technischen Hochschulen der Fachrichtungen Textilchemie und Textiltechnologie. Es ist ferner als Nachschlagewerk für Ingenieure, Chemiker und Technologen aller Zweige der Textilindustrie sowie für Textilmaschinenbau Chemiefaser- und Textilhilfsmittelindustrie, besonders aber für die in der Praxis tätigen Spezialisten der Textilveredlung, zu empfehlen.

H. Petzold

Patentschau

Auszug aus der Lieferung 11/12/1971 der Patentschau „Faserstoffe und Textiltechnik“, Ausgabe A: Faserstoffe einschl. Kunststoffe und organ. Grundsubstanzen, zusammengestellt von der Abteilung Wissenschaftliches Berichtswesen des Instituts für Faserstoff-Forschung der DAW. 153 Teltow-Seehof, Kantstr. 55

Die Patentschau ist nach der Internationalen Patentklassifikation (IPC) gegliedert. Es bedeuten: DDP = DDR-Patent; DBP = Deutsches Bundespatent; DAS = (West)-Deutsche Auslegeschrift; DOS = (West)-Deutsche Offenlegungsschrift; OeP = Österreichisches Patent; PoP = Polnisches Patent; SzP = Schweizer Patent; FrP = Französisches Patent; GBP = Britisches Patent; JaP = Japanisches Patent; SvP = Schwedisches Patent; SUP = Sowjetisches Patent; ČSP = Tschechoslowakisches Patent; USP = Amerikanisches Patent; A = Anmeldedatum, O bzw. B = Tag der Ausgabe der Offenlegungs-, Auslege- bzw. Patentschrift.

Sektion B. Verformende Bearbeitung

Klasse B 65. Transport, Verpackung und Lagerung

Klasse B 65 h. Handhabung von flachem und faserförmigem Material, z. B. Platten, Netzen, Seilen

FrP 2041851. Garnsträhne, Vorrichtung für die Handhabung und Anlage für die Durchführung. Inh.: D. M. Deleruc. A. 10. 4. 69, B. 12. 3. 71. Int. Kl.: B 65h 54/00, D 01d 9/00. A.-Z.: 6911124.

JaP 7035813. Garnaufwindegerät. Inh.: Toray Ind. Inc. A. 17. 1. 66, B. 14. 11. 70. Kl.: F 2. A.-Z.: 2248/66.

Sektion C. Chemie und Metallurgie

CHEMIE

Klasse C 03. Glas; Mineral- und Schlackenwolle

Klasse C 03b. Herstellung, Formgebung und Nachbehandlungsverfahren

GBP 1218379. Verfahren und Vorrichtung zur Herstellung und Beförderung von Fäden aus thermoplastischem Material, z. B. Glas. Inh.: Compagnie de Saint Gobain. A. 18. 11. 68, B. 6. 1. 71. Kl.: C 1.M, Int. Kl.: C 03b 37/02. A.-Z.: 54514/68. Prior.: 20. 11. 67 u. 22. 11. 67 (It; A.-Z.: 815531 u. 22981). A.-Z.: 22981 entspr. SzP 490519 u. DOS 1809761.

USP 3539316. Verfahren und Vorrichtung zur Herstellung von faserartigen Strukturen. Erf.: *William C. Tretheway*. Inh.: Owens-Corning Fiberglas Corp. A. 25. 7. 67, B. 10. 11. 70. Kl.: 65-2, Int. Kl.: C 03b 37/02. 15 Anspr. A.-Z.: 655942.

SUP 294804 (Urheberschein). Kammer zum Absetzen von Faserteilchen. Erf.: *A. P. Soljarskij*. Anm.: Vsesojuznyj naučno-issledovatel'skij proektnyj Institut „Teploproekt“. A. 19. 5. 69, B. 4. 2. 71, Int. Kl.: C 03b 27/06. A.-Z.: 1332585/29-33.

Klasse C 07. Organische Chemie

Klasse C 07c. Acyclische und carbocyclische Verbindungen

JaP 7036732. Terephthalsäure zur Direktpolymerisation. Inh.: Maruzen Oil Co. Ltd. A. 26. 6. 67, B. 21. 11. 70. Kl.: A43–E14. A.-Z.: 40481/67.

JaP 7036738. Herstellung von bis(β-Hydroxyäthyl)terephthalat. Inh.: Mitsui Petrochem. Inds. Ltd. A. 16. 8. 67, B. 21. 11. 70. Kl.: A23–E14. A.-Z.: 52255/67.

Klasse C 07d. Heterocyclische Verbindungen

DOS 1902458. Verfahren zur Herstellung von ε-Caprolactam. Erf.: *Karl-Siegfried Brenner*. Anm.: Badische Anilin- & Soda-Fabrik AG, 6700 Ludwigshafen (DB). A. 18. 1. 69, O. 17. 9. 70. Kl.: 12p, 5. A.-Z.: P 1902458. Entspr. FrP 2028568.

JaP 7037022. Herstellung von ε-Caprolactam. Inh.: Teijin Ltd. A. 19. 2. 66, B. 25. 11. 70. Kl.: A 43–E 13. A.-Z.: 9928. Entspr. SzP 504440, FrP 1511994 u. USP 3527754.

JaP 7037023. Herstellung von ε-Caprolactam. Inh.: Toray Ind. Inc. A. 23. 2. 66, B. 25. 11. 70. Kl.: A43–E13. A.-Z.: 10480/66.

Klasse C 08. Makromolekulare Verbindungen; ihre Herstellung und chemische Verarbeitung; auf diesen Verbindungen beruhende Gemische

Klasse C 08b. Polysaccharide und deren Derivate

USP 3549617. Aufhellen wasserlöslicher Cellulosederivate. Erf.: *Herbert W. Whitmeyer*. Inh.: E. I. du Pont de Nemours and Co., Wilmington, Del. A. 13. 3. 68, B. 22. 12. 70. Kl.: 260-232, Int. Kl.: C 08b 3/22, 11/20. 10 Anspr. A.-Z.: 712612. Entspr. FrP 2003794 u. GBP 1209858.

JaP 7036830. Herstellung von Celluloseacetatmaterialien, die mit einem anionischen Farbstoff färbbar sind. Inh.: Teijin Ltd. A. 6. 3. 68, B. 21. 11. 70. Kl.: A11–E19–F1–(A25–A66–A94). A.-Z.: 14872/68.

Klasse C 08f. Polymerisationsprodukte

DOS 1645659. Verfahren zum Herstellen von Perlpolymerisaten. Erf. u. Anm.: *Günther Will*. 6100 Darmstadt (DB). A. 29. 7. 65, O. 17. 9. 70. Kl.: 39b4, 1/13. A.-Z.: P 1645659 (W 39639).

SzP 504480. Verfahren und Vorrichtung zur Herstellung von Polymeren. Erf.: *Arnold Mützenberg, S. G. Buchs* u. *Albin Reichling*. Inh.: Luwa AG, Anemonenstraße 40, Zürich (Sz). A. 14. 2. 68, B. 15. 3. 71. Int. Kl.: C 08f 1/00. A.-Z.: 2162/68. Entspr. DOS 1905919.

DOS 2009215. Verfahren zur Polymerisierung von äthylenisch ungesättigten Monomeren. Erf.: *Luigi Patron, Marcello Di Ciolo* u. *Luciano Console*. Anm.: Chatillon Soc. An. Italiana per le Fibre Tessili Artificiali S.p.A. Mailand (It). A. 27. 2. 70, O. 17. 9. 70. Kl.: 39b4, 1/60. A.-Z.: P 2009215. Prior.: 28. 2. 69 (It; A.-Z.: 13478 A/69).

SzP 504482. Verfahren zur Stabilisierung von Polyvinylnitrat. Erf.: *Eduard Daume* u. *Jürg Breitenmoser*. Inh.: Werkzeugmaschinenfabrik Oerlikon-Bührle AG, Birchstraße 155, Zürich (Sz). A. 19. 9. 68, B. 15. 3. 71. Int. Kl.: C 08f 1/88, C 06d 5/00. A.-Z.: 14042/68.

FrP 2043056. Verfahren zur Herstellung von Polymeren und/oder Copolymeren des Styrols mit selbstlöschenden Eigenschaften. Erf.: *R. Lanzo* u. *N. Rainaldi*. Inh.: Montecatini Edison S.p.A. A. 8. 4. 70, B. 19. 3. 71. Int. Kl.: C 08f 1/00, 19/00, 41/00. A.-Z.: 7012626. Prior.: 10. 4. 69 (It; A.-Z.: 15341 A/69).

FrP 2043995. Gegen Gelbildung stabilisierte wäßrige Polyvinylesterdispersionen sowie deren Herstellungsverfahren. Erf.: *J.-C. Bruyère*. Inh.: Manufacture de Produits Chimiques Protex. A. 12. 5. 69, B. 26. 3. 71. Int. Kl.: C 08f 1/00, 29/00, 37/00. A.-Z.: 6914326.

FrP 2044364. Neues Verfahren zur Herstellung von Polymeren und Copolymeren, die in ihren Monomerkompositionen unlöslich sind, mittels Impfung. Erf.: *T. Kemp*. Inh.: Produits Chimiques Pechiney-Saint-Gobain. A. 19. 5. 69, B. 26. 3. 71. Int. Kl.: C 08f 1/00, 3/00, 15/00. A.-Z.: 6916089.

FrP 2045261. Verfahren zum Aufpfropfen von Vinylmonomeren auf Polymere. Erf.: *M.-F. Blin, R. Candau, G. Gaussens, F. Lemaire* u. *D. Paoli*. Inh.: Commissariat à l'Energie Atomique. A. 30. 6. 69, B. 2. 4. 71. Int. Kl.: C 08f 1/00. A.-Z.: 6922068.

GBP 1215943 Zus. z. Pat. 1069296. Polymerisationsverfahren. Inh.: British Petroleum Co. Ltd. A. 26. 8. 68, B. 16. 12. 70. Kl.: C 5.E, Int. Kl.: C 07c 3/20, 11/02. A.-Z.: 50491/67.

GBP 1217449. Verfahren zum Initiieren der Polymerisation und Copolymerisation von Äthylen mit Radikalen. Inh.: Leuna-Werke „Walter Ulbricht“ VEB. A. 10. 4. 69, B. 31. 12. 70. Kl.: C 3.P, Int. Kl.: C 08f 1/00. A.-Z.: 18535/69.

GBP 1217552. Verfahren zum Polymerisieren von Acrylamid. Inh.: Imperial Chemical Industries Ltd. A. 4. 3. 68, B. 31. 12. 70. Kl.: C 3.P, Int. Kl.: C 08f 1/08, 3/90, 15/02. A.-Z.: 10288/68.

GBP 1223378. Verfahren und Vorrichtung zur Polymerisation. Inh.: Asahi Kasei Kogyo K. K. A. 23. 4. 69, B. 24. 2. 70. Kl.: B 1.X, Int. Kl.: C 08f 1/98, C 08g 35/00. A.-Z.: 20772/69.

GBP 1226717. Verfahren zur Polymerisation von Olefinen. Inh.: Dow Chemical Co. A. 21. 8. 69, B. 31. 3. 71. Kl.: C 3.P, Int. Kl.: C 08f 1/42. A.-Z.: 41736.

JaP 7036515. Herstellung von Acrylnitrilpolymeren. Inh.: Teijin Ltd. A. 31. 5. 67, B. 20. 11. 70. Kl.: A14–(A51). A.-Z.: 34619/67.

SUP 296777 (Urheberschein). Verfahren zur Herstellung von Polyvinyläthern. Erf.: *V. Z. Annenkova, A. K. Chaliullin, R. G. Mirskov, L. G. Bugun*. Anm.: Irkutskij Institut organičeskoj Chimii Sibirskogo Otdelenija AN SSSR. A. 14. 8. 69, B. 2. 3. 71. Int. Kl.: C 08f 1/36, 3/34. A.-Z.: 1360462/23-5.

SUP 296778 (Urheberschein). Verfahren zur Herstellung von Polymerderivaten des N-substituierten Methacrylamids. Erf.: *S. I. Kotenko, A. G. Fadeičeva, V. Ja. Počinok* u. *N. A. Mochort*. Anm.: Kievskij naučno-issledovatel'skin Institut Farmakologii i Toksikologii; u. Kievskij gosudarstvennyj Universitet Im. T. G. Ševčenko. A. 23. 10. 69, B. 2. 3. 71. Int. Kl.: C 08f 1/62. A.-Z.: 1371293/23-5.

DOS 1645034. Verfahren zur Herstellung fluorierter polymerer Materialien Erf.: *Giancarlo Borsini, Mario Ragazzini, Mario Modena* u. *Carlo Nicora*. Anm.: Montecatini Edison S.p.A., Mailand (It). A. 29. 9. 66, O. 24. 9. 70. Kl.: 39b4, 3/20. A.-Z.: P 1645034 (M 71101). Prior.: 4. 10. 65 (It; A.-Z.: 9732).

DOS 1645325. Verfahren zum Unterbrechen der Tieftemperaturpolymerisation von Vinylchlorid. Erf.: *Carlo Nicora* u. *Giancarlo Borsini*. Anm.: Società Edison, Mailand (It). A. 15. 2. 66, O. 24. 9. 70. Kl.: 39b4, 3/30. A.-Z.: P 1645325 (S 102016). Prior.: 22. 2. 65 (It; A.-Z.: 3608/65). Entspr. DDP 55137, SzP 463791, FrP 1469833, GBP 1071201, ČSP 138855 u. USP 3390143.

DOS 1645354. Kontinuierliches Verfahren zum Polymerisieren von Vinylchlorid bei niedrigen Temperaturen. Erf.: *Giancarlo Borsini, Francesco Visani, Luigi Ciligot Magagnin* u. *Luciano Lodi*. Anm.: Società Edison, Mailand (It). A. 8. 6. 66, O. 24. 9. 70. Kl.: 39b4, 3/30. A.-Z.: P 1645345 (S 104195). Prior.: 14. 6. 65 (It; A.-Z.: 13276/65). Entspr. DDP 56099, SzP 465239, FrP 1482685 u. GBP 1146717.

DOS 1645359. Verfahren zur Polymerisation olefinisch ungesättigter Kohlenwasserstoffe in einer Wirbelschicht. Erf.: *Jan Gerrit van de Vusse*. Anm.: Shell Internationale Research Maatschappij N. V., Den Haag (Nd). A. 20. 6. 66, O. 24. 9. 70. Kl.: 39b4, 3/02. A.-Z.: P 1645359 (S 104345). Prior.: 22. 6. 65 (Nd; A.-Z.: 6507968). Entspr. FrP 1484893 u. GBP 1082038.

DOS 1720340. Verfahren zur kontinuierlichen Herstellung von Acrylnitrilpolymerisaten. Erf.: *Hermann Fischer, Eduard Heil, Heinz Pohlemann* u. *Johann Swoboda*. Anm.: Badische Anilin- & Soda-Fabrik AG, 6700 Ludwigshafen (DB). A. 5. 1. 68, O. 10. 9. 70. Kl.: 39b4, 3/76. A.-Z.: P 1720340 (B 96120). Entspr. OeP 288696 u. FrP 2000034.

DOS 1962638 Zus. z. Anm.: 1720233. Verfahren zur Polymerisation von Vinylchlorid. Erf.: *Corrado Mazzolini, Luigi Patron* u. *Alberto Moretti*. Anm.: Chatillon Soc. An. Italiana per le Fibre Tessili Artificiali S.p.A., Mailand (It). A. 13. 12. 69, O. 17. 9. 70. Kl.: 39b4, 3/30. A.-Z.: P 1962638. Prior.: 16. 12. 68 (It; A.-Z.: 25161 A/68). Entspr. FrP 2026225.

FrP 2041661. Neues Verfahren zur Herstellung von Polymeren und Copolymeren, die in ihren Monomerkompositionen unlöslich sind, unter Einimpfen und Varianten zur Durchführung des Verfahrens. Erf.: *Kemp. T.* Inh.: Produits Chimiques Pechiney-Saint-Gobain. A. 19. 5. 69, B. 5. 3. 71. Int. Kl.: C 08f 1/00, 3/00, 15/00. A.-Z.: 6916088.

GBP 1224344. Polymerisation von Monomeren oder Monomermischungen. Inh.: Industrie-Forschungs-Zentrum Chemieanlagen. A. 1. 7. 68, B. 10. 3. 71. Kl.: B1.X, Int. Kl.: B 01j 3/00. A.-Z.: 31248/68.

GBP 1226685. Acryloyloxyphenole und ihre Polymeren. Inh.: E. I. du Pont de Nemours and Co. A. 18. 6. 69, B. 31. 3. 71. Kl.: C2.C, Int. Kl.: C 07c 69/52. A.-Z.: 30914/69.

SUP 295771 (Urheberschein). Verfahren zur Herstellung von Polymeren. Erf.: *G. S. Kolesnikov, A. S. Tevlina, A. G. Maksumov, N. I. Skripčenko, A. Safaev, Š. U. Abdullaev, A. S. Gusarova* u. *I. G. Strachovskaja*. Anm.: Moskovskij chimiko-technologičeskij Institut Im. D. I. Mendeleeva. A. 30. 9. 69, B. 12. 2. 71. Int. Kl.: C 08f 3/62, 27/00. A.-Z.: 1371422/23 (unter Einbeziehung der Anm. m. A.-Z.: 1371424/23).

DOS 1805045. Homo- und Copolymere von 4-Vinylazetidionon-2 und Verfahren zu ihrer Herstellung. Erf.: *Herbert Bestian, Eduard Kaiser* u. *Helmut Korbanka*. Anm.: Farbwerke Hoechst AG vorm. Meister Lucius & Brüning, 6000 Frankfurt (DB). A. 25. 10. 68, O. 17. 9. 70. Kl.: 39b4, 7/12. A.-Z.: P 1805045.

GBP 1223015. 2-Methyl-4-(vinyloxymethyl)-1,3-dioxolan-Polymere. Inh.: British Oxygen Co. Ltd. A. 25. 4. 69, B. 17. 2. 71. Kl.: C 3.P, Int. Kl.: C 08f 7/12. A.-Z.: 19767/68.

SUP 296779 (Urheberschein). Verfahren zur Herstellung von Polymeren der Methacrylreihe. Erf.: *U. N. Musaev, T. M. Babaev, S. Ch. Nazyrov, R. S. Tillaev* u. *Ch. U. Usmanov*. Anm.: Taškentskij gosudarstvennyj Universitet Im. V. I. Lenina. A. 9. 10. 69, B. 2. 3. 71. Int. Kl.: C 08f 7/12. A.-Z.: 1373849/23-5.

GBP 1223441. Polymerisation von Pentadienoylestergruppen enthaltenden Farbstoffen. Inh.: Imperial Chemical Industries Ltd. A. 28. 11. 68, B. 24. 2. 71. Kl.: C 3.P, Int. Kl.: C 08f 13/00. A.-Z.: 43931/67.

DOS 1645449. Verfahren zu der Herstellung ungesättigter Mischpolymerisate. Erf.: *Cornelis Emile Petrus Valerius van den Berg* u. *Roelof Fidder*. Anm.: Stamicarbon N. V., Heerlen (Nd). A. 31. 5. 65, O. 17. 9. 70. Kl.: 39b4, 15/04. A.-Z.: P 1645449 (St 23908). Prior.: 2. 6. 64 (Nd; A.-Z.: 1406167).

DOS 1900967. Verwendung eines Redoxkatalysatorsystems zur Herstellung von gepfropften Äthylen-Vinylacetatcopolymer-Dispersionen. Erf.: *Hubert Wiest, Erwin Lieb* u. *Eduard Bergmeister*. Anm.: Wacker-Chemie GmbH, 8000 München (DB). A. 9. 1. 69, O. 17. 9. 70. Kl.: 39b4, 15/40. A.-Z.: P 1900967. Entspr. FrP 2027991.

SzP 505158. Verfahren zur Herstellung von Copolymerisation von Isopropenylalkyläthern. Erf.: *Kurt Moser* u. *Theodor Völker*. Inh.: Lonza AG, Gampel/Wallis. A. 17. 1. 69. Int. Kl.: C 08f 15/00. A.-Z.: 617/69. Entspr. DOS 2000751 u. FrP 2028522.

FrP 2044950. Verfahren zur Herstellung von Copolymeren. Inh.: Gulf Research & Development Co. A. 28. 5. 69, B. 2. 4. 71. Int. Kl.: C 08f 15/00, 27/00. A.-Z.: 6917311.

GBP 1223688. Isocyanathaltige Monocarbamate und Verfahren zu ihrer Herstellung. Inh.: Imperial Chemical Industries Ltd. A. 29. 7. 68, B. 3. 3. 71. Kl.: C 2.C, Int. Kl.: C 07c 125/66. A.-Z.: 37027/67.

JaP 7033063. Herstellung von äthylenartigen Copolymeren. Inh.: Kureha Chem. Ind. Co. Ltd. A. 21. 7. 67, B. 24. 10. 70. Kl.: A17–(A72). A.-Z.: 46615/67.

JaP 7033189. Herstellung von Polyvinylalkohol. Inh.: Kurare Co. Ltd. A. 19. 10. 68, B. 26. 10. 70. Kl.: A16–(A75). A.-Z.: 76227/68.

SUP 295772 (Urheberschein). Verfahren zur Herstellung von Copolymeren. Erf.: *V. G. Sinjavskij, K. K. Chomenkova, E. I. Zuchava, L. N. Korsakova* u. *K. A. Korneev*. Anm.: Institut Chimii vysokomolekuljarnych Soedinenij AN Ukrainskoj SSR. A. 22. 12. 66, B. 12. 2. 71. Int. Kl.: C 08f 15/02. A.-Z.: 1120865/23.

SUP 296780 (Urheberschein). Verfahren zur Herstellung von Copolymeren. Erf.: *O. S. Karčmarčik* u. *A. V. Merkur'eva*. Anm.: Institut vysokomolekuljarnych Soedinenij AN SSSR. A. 13. 8. 69, B. 2. 3. 71. Int. Kl.: C 08f 15/02. A.-Z.: 1357027/23-5.

GBP 1216552. Dienpolymere, gepfropft mit dienophilen Monomeren. Inh.: Esso Research & Eng. Co. A. 12. 2. 68, B. 23. 12. 70. Kl.: C 3.G, Int. Kl.: C 08f 25/00. A.-Z.: 6807/68.

GBP 1217640. Thermoplastische elastomere Kompositionen. Inh.: Shell Internationale Research Maatschappij N. V. A. 4. 6. 69, B. 31. 12. 70. Kl.: C 3.P, Int. Kl.: C 08f 25/00. A.-Z.: 28290/69.

GBP 1221838. Propylen/Äthylen-Blockcopolymeres. Inh.: Esso Research & Eng. Co. A. 4. 7. 68, B. 10. 2. 71. Kl.: C 3.P, Int. Kl.: C 08f 25/00. A.-Z.: 31919/68.

SUP 295773 (Urheberschein). Verfahren zur Herstellung eines Pfropfcopolymeren. Erf.: *A. F. Nikolaev, K. A. Makarov, G. M. Tomaševskaja* u. *L. N. Vorob'ev*. Anm.: Leningradskij technologičeskij Institut Im. Lensoveta. A. 15. 9. 69, B. 12. 2. 71. Int. Kl.: C 08f 25/00. A.-Z.: 1362680/23.

DOS 1620939. Verfahren zum Chlorieren von pulverförmigem Hochdruck-Polyäthylen. Erf.: *Leonard Marshall Shorr, Shemayahu Ben-Moshe* u. *Noah Sofer*. Anm.: Israel Mining Industries, Ir Ganim; Israel Petrochemical Enterprises Ltd., Haifa Bay, Haifa (Is). A. 24. 11. 66, O. 24. 9. 70. Kl.: 39b4, 27/03. A.-Z.: P 1620939 (I 32328). Prior.: 25. 11. 65 (Is; A.-Z.: 24680). Entspr. GBP 1099249.

DOS 1645372. Verfahren zum Halogenieren von Vinylpolymeren. Erf.: *Giorgio Gatta*. Anm.: Società Edison, Mailand (It). A. 19. 7. 66, O. 24. 9. 70. Kl.: 39b4, 27/02. A.-Z.: P 1645372 (S 104874). Prior.: 21. 7. 65 u. 22. 3. 66 (It; A.-Z.: 7188 u. 15807). Entspr. OeP 288020.

GBP 1217737. Verfahren zum Alkylieren von Polystyrol. Inh.: Dow Chemical Co. A. 17. 4. 68, B. 31. 12. 70. Kl.: C 3.P, Int. Kl.: C 08f 27/00. A.-Z.: 18141/68.

JaP 7033190. Herstellung von granuliertem Polyvinylalkohol. Inh.: Kurare Co. Ltd. A. 2. 10. 68, B. 26. 10. 70. Kl.: A16–(A75). A.-Z.: 76874/68.

SUP 295775 (Urheberschein). Verfahren zur Herstellung polymerer Acetale. Erf.: *N. Tjažlo, Z. R. Uspenskaja, A. F. Gladkich, M. E. Kozenberg* u. *M. P. Dokučaeva*. A. 25. 9. 69, B. 12. 2. 71. Int. Kl.: C 08f 27/20. A.-Z.: 1369692/23.

DOS 1569391. Stabilisierungsmittel für Polyvinylchlorid und andere Halogen enthaltende Harze. Erf. u. Anm.: *Carlos Sena Lazcano* u. Halogen enthaltende Harze. Erf. u. Anm.: *Carlos Sena Lazcano*. Sondica, Biskaya (Sp). A. 18. 6. 64, O. 24. 9. 70. Kl.: 39b4, 29/14. A.-Z.: P 1569391 (S 91589). Prior.: 20. 6. 63 (Sp; A.-Z.: 289241). Entspr. FrP 1399240, GBP 1016919 u. GBP 1032409.

DOS 2007965. Polyäthylengemisch. Erf.: *Constantine Nicholas Zissermann, William George Barton, Martin Roowe Sutcliffe, Philip York Robinson* u. *Jack Yarm Burgoyne*. Anm.: Imperial Chemical Industries Ltd., London (GB); u. Imperical Chemical Industries of Australia & New Zealand Ltd., Victoria (Au). A. 20. 2. 70, O. 10. 9. 70. Kl.: 39b4, 29/04. A.-Z.: P 2007965. Prior.: 20. 2. 69 (Au; A.-Z.: 50797/69), u. 2. 9. 69 (GB; A.-Z.: 43327/69).

DOS 2008006. Verfahren zur Anfärbbarmachung von Polypropylen durch strahlungsinduzierte Pfropfung. Erf.: *Sharda DasGupta*. Anm.: Atomic Energy of Canada Ltd., Ottawa (Ca). A. 20. 2. 70, O. 10. 9. 70. Kl.: 39b4, 29/02. A.-Z.: P 2008006. Prior.: 21. 2. 69 (Ca; A.-Z.: 043630).

DOS 2008273. Textilfasern usw. mit hoher Farbstoffaufnahmefähigkeit. Erf.: *Alberto Bonvicini* u. *Giuseppe Cantatore*. Anm.: Montecatini Edison S.p.A., Mailand (It). A. 23. 2. 70, O. 17. 9. 70. Kl.: 39b4, 29/00. A.-Z.: P 2008273. Prior.: 26. 2. 69 (It; A.-Z.: 13333 A/69). Entspr. FrP 2033038.

GBP 1218136. Stabilisatorkompositionen für Vinylchloridpolymere. Inh.: Imperial Chemical Industries Ltd. A. 8. 7. 68, B. 6. 1. 71. Kl.: C 3.P, Int. Kl.: C 08f 29/24, 45/56. A.-Z.: 32486/68.

GBP 1219639. Polymere Kompositionen. Inh.: Montecatini Edison S.p.A. A. 28. 10. 68, B. 20. 1. 71. Kl.: C 3.P, Int. Kl.: C 08f 29/02. A.-Z.: 51015/68. Prior.: 31. 10. 67 (It; A.-Z.: 22205). Entspr. DOS 1805959 u. FrP 1590028.

GBP 1222558. Ausrüstungskomposition für Glasfasern. Inh.: Institut Fizicheskoi Khimii. A. 16. 7. 69, B. 17. 2. 71. Kl.: C 3.P, Int. Kl.: C 08f 29/30. A.-Z.: 17866/68.

GBP 1224770. Stabilisierung von Polymeren. Inh.: Imperial Chemical Industries Ltd. A. 17. 10. 68, B. 10. 3. 71. Kl.: C 3.P, Int. Kl.: C 08f 29/24. A.-Z.: 49282/68.

GBP 1223678. Polymerkompositionen mit antistatischen Eigenschaften. Inh.: Berk Ltd. A. 4. 7. 68, B. 3. 3. 71. Kl.: C 3.P, Int. Kl.: C 08f 45/60. A.-Z.: 31115/67. Entspr. FrP 1585089.

JaP 7036417. Gegen thermische Alterung beständige Polyolefinkomposition. Inh.: Toray Inds. Inc. A. 10. 1. 67, B. 19. 11. 70. Kl.: A14–E14–(A61). A.-Z.: 1567/67.

SzP 504486. Verfahren zur Herstellung von adhäsiv mit natürlichen oder synthetischen Fasern verbundenem Gummi aus einer vulkanisierbaren Mischung. Erf.: *Luigi Torti* u. *Guido Bertelli*. Inh.: Montecatini Edison S.p.A., 1-2 Largo Guido Donegani, Mailand (It). A. 13. 10. 67, B. 15. 3. 71. Int. Kl.: C 08f 47/12, C 08j 1/36, B 32b 25/02. A.-Z.: 14333/67. Prior.: 14. 10. 66 (It; A.-Z.: 28860 A/66). Entspr. GBP 1197484.

FrP 2045250. Verfahren zur kontinuierlichen Herstellung von Acrylnitrilpolymer- und -copolymerlösungen. Inh.: Société des Usines Chimiques Rhône-Poulenc. A. 30. 6. 69, B. 2. 4. 71. Int. Kl.: C 08f 47/00. A.-Z.: 6922015.

Klasse C 08g. Polykondensations- und Polyadditionsprodukte

DOS 1745698. Verfahren zur Herstellung von Copolymeren des Polyoxymethylens. Erf.: *Werner Kern* u. *Volker Jaacks*. Anm.: Deutsche Gold- und Silber-Scheideanstalt vorm. Roessler, 6000 Frankfurt (DB). A. 13. 5. 60, O. 17. 9. 70. Kl.: 39b5, 1/12. A.-Z.: P 1745698 (D 33328). Entspr. SzP 455291, SzP 459570, SzP 481156, GBP 961962 u. GBP 961943.

JaP 7033431. Herstellung von Keton/Formaldehyd-Harz mit hoher relativer Molekülmasse. Inh.: Licensia Taralmanjokat Eltekesit Baralat. A. 17. 1. 66, B. 27. 10. 70. Kl.: A 26. A.-Z.: 2278/66.

DOS 1645360. Verfahren zur Polymerisation von β-Lactonen. Erf.: *Arie Klottwijk*. Anm.: Shell Internationale Research Maatschappij N. V., Den Haag (Nd). A. 21. 6. 66, O. 24. 9. 70. Kl.: 39b5, 17/017. A.-Z.: P 1645360 (S 104367). Prior.: 23. 6. 65 (Nd; A.-Z.: 6508040). Entspr. FrP 1484228 u. GBP 1090780.

DOS 1906706. Verfahren zur Verbesserung der Farbstoffaufnahmefähigkeit von Hochpolymeren faserbildenden Polyestern. Erf.: *Jürgen Küther, Klaus Gerlach* u. *Heribert Dau*. Anm.: Glanzstoff AG, 5600 Wuppertal (DB). A. 11. 2. 69, O. 10. 9. 70. Kl.: 39b5, 17/14. A.-Z.: P 1906706. Entspr. FrP 2030415.

SzP 505163. Verfahren zum kontinuierlichen Polykondensieren von Vorkondensaten, und Einrichtung zur Ausführung des Verfahrens. Erf. u, Inh.: *Wolf-Diether Hahn*. Frankfurt/M., Myliusstr. 36 (DB). A. 14. 10. 65. Int. Kl.: C 08g 17/04. A.-Z.: 14213/65.

SzP 505165. Verfahren zur Herstellung spinnbarer Polyester mit guter Farbaffinität. Erf.: *Alex Krieger*. Inh.: Société de la Viscose Suisse, Emmenbrücke. A. 14. 7. 69, Int. Kl.: C 08g 17/14, D 01f 7/04. A.-Z.: 10744/69.

GBP 1216504. Fluorierte aromatische Polyester. Inh.: National Research Development Corp. A. 6. 6. 67, B. 23. 12. 70. Kl.: C 3.R, Int. Kl.: C 08g 17/08. A.-Z.: 26158/67.

GBP 1221788. Verfahren zur Herstellung von Polyestern aus Terephthalsäure und Glykolen. Inh.: Gevaert-Agfa N. V. A. 2. 6. 67, B. 10. 2. 71. Kl.: C 3.R, Int. Kl.: C 08g 17/015. A.-Z.: 25645/67. Entspr. OeP 279177, FrP 1567637 u. USP 3511811.

GBP 1224704. Verfahren zur Herstellung von Polyesterharzen. Inh.: FMC Corp. A. 1. 5. 69, B. 10. 3. 71. Kl.: C 3.R, Int. Kl.: C 08g 17/015. A.-Z.: 22315/69. Prior.: 27. 6. 68 (Is; A.-Z.: 740466).

JaP 7032943. Polycarbonat-Komposition. Inh.: Teijin Ltd. A. 9. 12. 67, B. 23. 10. 70. Kl.: A23–E14(A66). A.-Z.: 78919/67.

SUP 293819 (Urheberschein). Verfahren zur Herstellung von Polyestern. Erf.: *A. A. Berlin, Ch. A. Brikenštejn, V. F. Varnavskij, G. N. Vedenov, A. E. Golod, L. I. Korabljov, N. A. Oniščenko, T. S. Skrodskaja* u. *L. D. Šapovalov*. A. 10. 9. 68, B. 26. 1. 71. Int. Kl.: C 08g 17/14, C 08d 3/64. A.-Z.: 1360715/23-5.

JaP 7033198. Herstellung von Polyestern. Inh.: Teijin Ltd. A. 1. 7. 61, B. 26. 10. 70. Kl.: A23–(A51). A.-Z.: 23144/61.

SUP 296784 (Urheberschein). Verfahren zur Herstellung eines modifizierten Polyesterterephthalatharzes. Erf.: *I. M. Myjofis, A. N. Grunval'd, I. V. Kirjušina* u. *N. A. Čebotareva*. A. 14. 11. 69, B. 2. 3. 71. Int. Kl.: C 08g 17/14, C 09d 13/48. A.-Z.: 1375429/23-5.

DOS 1645300. Verfahren und Vorrichtung zur Durchführung der Endphase bei der Beseitigung der leichten Stoffe und Fraktionen von Polymeren zur Erhöhung der Viskosität. Erf.: *Francesco Siclari* u. *Sergio Fulmini*. Anm.: Snia Viscosa Società Nazionale Industria Applicazioni Viscosa. Mailand (It). A. 27. 10. 65, O. 17. 9. 70. Kl.: 39b5, 20/42. A.-Z.: P 1645300 (S 100238). Prior.: 30. 10. 64 (It; A.-Z.: 23346/64). Entspr. GBP 1129456.

FrP 1602751. Verbesserung der Herstellung von Polylactamen. Erf.: *M. Biensan* u. *P. Bruant*. Inh.: Société Nationale des Petroles d'Aquitaine. A. 31. 12. 68, B. 5. 3. 71. Int. Kl.: C 08g 20/00. A.-Z.: 182521.

GBP 1217052. Kontinuierliche Verfahren zur Herstellung von Polycaproamid. Inh.: Vsesojuzny Nauchno-Issledovatelsky Institut Sinteticheskogo Volokna. A. 8. 4. 68, B. 23. 12. 70. Kl.: C 3.R, Int. Kl.: C 08g 20/42, 20/14. A.-Z.: 16715/68.

GBP 1218361. Herstellung von faden- und filmbildenden Kompositionen Inh.: National Research Development Corp. A. 21. 3. 67, B. 6. 1. 71. Kl.: C 3.R, Int. Kl.: C 08g 20/32. A.-Z.: 13245/67.

GBP 1219094. Modifiziertes Polyamid. Inh.: Courtaulds Ltd. A. 10. 10. 67, B. 13. 1. 71. Kl.: C 3.R, Int. Kl.: C 08g 20/38. A.-Z.: 46286/67. Entspr. FrP 1589260.

GBP 1226944. Polyamide. Inh.: Imperial Chemical Industries Ltd. A. 23. 4. 68, B. 31. 3. 71. Kl.: C 3.R, Int. Kl.: C 08g 20/02. A.-Z.: 20020/67. Entspr. FrP 1581518.

JaP 7036855. Polyxylylenadipamidfaserstoff. Inh.: Toyo Spinning Co. Ltd. A. 19. 12. 67, B. 25. 11. 70. Kl.: A14 – F1 – (A34 – A94). A.-Z.: 81735/67. Entspr. DOS 1815192, FrP 1596164 u. USP 3536804.

SUP 293820 (Urheberschein). Verfahren zur Herstellung eines thermisch stabilisierten Poly-ε-caproamids. Erf.: *N. V. Michajlov, V. Ja. Efremov, N. N. Rozova, T. D. Bratčenko, L. K. Esipov, V. A. Balašov, P. A. Kirpičnikov, M. V. Ivanova, N. A. Mukmeneva* u. *N. S. Koljubakina.* A. 2. 10. 69, B. 26. 1. 71. Int. Kl.: C 08g 20/12. A.-Z.: 1369741/23-5.

DOS 2011063. Verfahren zur kontinuierlichen Massenpolymerisation. Erf. *Paul Joseph Alexandre Desgurse* u. *Harm Philippus Rogaar.* Anm.: Shell Internaitonale Research Maatschappij N. V., Den Haag (Nd). A. 9. 3. 70, O. 2. 9. 70. Kl.: 39b5, 23/00. A.-Z.: P 2011063. Prior.: 10. 3. 69 (Nd; A.-Z.: 6903704). Entspr. FrP 2037819.

JaP 7033427. Copolyäther. Inh.: Japanese Geon Co. Ltd. A. 8. 4. 65, B. 27. 10. 70. Kl.: A25 – (A74). A.-Z.: 20258.

SUP 295781 (Urheberschein). Verfahren zur Herstellung von Polyphenylenäthern. Erf.: *B. I. Judkin, B. M. Chlebnikov, N. P. Soldatova, K. N. Olejnikova* u. *L. V. Rešetova.* A. 29. 9. 69, B. 12. 2. 71. Int. Kl.: C 08g 23/18. A.-Z.: 1365905/23-5.

USP 3549595. Poly(phenylensulfonat)harz und Herstellungsverfahren. Erf.: *Robert W. Campbell.* Inh.: Phillips Petroleum Co. A. 11. 3. 69, B. 22. 12. 70. Kl.: 260-40, Int. Kl.: C 08g 23/00. 10 Anspr. A.-Z.: 806282.

DOS 1643381. Hochmolekulare lineare Polyazoverbindungen. Erf.: *Eduard Radlmann, Wolfhard Schmidt* u. *Günther Nischk.* Anm.: Farbenfabriken Bayer AG, 5090 Leverkusen (DB). A. 8. 12. 67, O. 24. 9. 70. Kl.: 39b5, 33/02. A.-Z.: P 1643381 (F 54263).

DOS 1912111. Weichgemachte Polyamide. Erf.: *Rolf Krüger, Armin Gude* u. *Gerhard Hopf.* Anm.: Chemische Werke Hüls AG, 4370 Marl (DB). A. 11. 3. 69, O. 24. 9. 60. Kl.: 39b5, 41/02. A.-Z.: P 1912111. Entspr. FrP 2032991.

GBP 1223839. Polyamide. Inh.: Imperial Chemical Industries Ltd. A. 29. 4. 68, B. 3. 3. 71. Kl.: C 3.R, Int. Kl.: C 08g 41/04. A. 2-Z.: 2723/67. Entspr. SzP 503061 u. FrP 1566937.

JaP 7036826. Polyesterharzkomposition. Inh.: Teijin Ltd. A. 5. 12. 67, B. 21. 11. 70. Kl.: A23 – F1 – (A24). A.-Z.: 78096/67.

GBP 1222704. Äthylensulfidpolymere enthaltende stabilisierte Kompositionen und ihre Herstellung. Knh.: Thiokol Chemical Corp. A. 9. 8. 68, B. 17. 2. 71. Kl.: C 3.R, Int. Kl.: C 08g 43/00, 51/60. A.-Z.: 38259/68.

GBP 1226964. Polyamide. Inh.: Imperial Chemical Industries Ltd. A. 16. 7. 68, B. 31. 3. 71. Kl.: C 3.R, Int. Kl.: C 08g 41/02, 51/54. A.-Z.: 37028/67. Entspr. SzP 504499 u. FrP 1584621.

JaP 7033390. Fluorezcenz-Aufheller für Polyamid-Komposition. Inh.: Nippon Kayaku K. K. A. 28. 2. 66, B. 27. 10. 70. Kl.: A24 – E24(A64). A.-Z.: 11648/66.

Klasse C 08k. Zusatzstoffe für allgemeine Anwendung

FrP 2043481. Verbessertes Verfahren zur Herstellung von als Weichmacher einsetzbaren Estern. Inh.: Recherches Chimiques et Developments Industries S. A. A. 27. 5. 69, B. 26. 3. 71. Int. Kl.: C 07c 67/06. A.-Z.: Industries S. A. A. 27. 5. 69, B. 26. 3. 71. Int. Kl.: C 07c 67/00. A.-Z.: 6917272.

GBP 1224556. Oxydationsprodukte von Diarylaminen und Tetraarylhydrazinen und ihre Verwendung als Antioxydantien. Inh.: Geigy (u. K.) Ltd. A. 11. 4. 68, B. 10. 3. 71. Kl.: C 2.C, Int. Kl.: C 07c 135/00. A.-Z.: 17461/68.

JaP 7036415. Antistatikum für synthetisches Thermoplastharz. Inh.: Adeka Argus Chems Co. Ltd.; u. Hakutan Kasei Kogyo K. K. A. 28. 12. 66, B. 19. 11. 70. Kl.: A36 – E14 – (A69). A.-Z.: 85204/66.

Sektion D. Textilien und Papier

TEXTILIEN

Klasse D 01. Natürliche oder künstliche Fäden oder Fasern; Spinnen

Klasse D 01b. Mechanische Behandlung von natürlichen faserigen oder fadenförmigen Stoffen zur Gewinnung von Fasern oder Fäden, z. B. zum Verspinnen

FrP 2043800. Verfahren zur Behandlung von Fasermaterialien sowie die Anwendung des Verfahrens ermöglichende Vorrichtung. Inh.: F. E. Van Hauwaert. A. 1. 9. 69, B. 26. 3. 71. Int. Kl.: D 01b 1/00, D 01c 1/00. A.-Z.: 6929844. Prior.: 30. 5. 69 (Be; A.-Z.: 74774).

JaP 7032782. Baumwollöffnungsapparatur und Verfahren. Inh.: Toyota Automatic Loom Works Ltd. A. 15. 3. 67, B. 22. 10. 70. Kl.: F 1. A.-Z.: 16210/67.

Klasse D 01d. Mechanische Verfahren und Vorrichtungen für die Herstellung von künstlichen Fäden, Gespinsten, Fasern, Borsten oder Bändern

DOS 1660171. Spinnkopfplatte und Spinnkopfanordnung zur Herstellung von Fäden nach dem Schmelzspinnverfahren. Erf.: *Robert Sluijters.* Anm.: Algemene Kunstzijde Unie N. V., Arnheim (Nd). A. 3. 1. 67, O. 17. 9. 70. Kl.: 29a, 6/10. A.-Z.: P 1660171 (A 54525). Prior.: 4. 1. 66 (Nd; A.-Z.: 6600025). Entspr. USP 3439382.

GBP 1218078. Spinndüsenanordnung zum Schmelzspinnen. Inh.: Algemene Kunstzijde Unie N. V. A. 8. 3. 68, B. 6. 1. 71. Kl.: B 5.B, Int. Kl.: D 01d 3/00. A.-Z.: 11490/68. Prior.: 9. 3. 67 (Nd; A.-Z.: 6703657). Entspr. DDP 65993.

JaP 7033364. Herstellung von dicken und dünnen Fäden. Inh.: Toray Ind. Co. A. 2. 3. 68, B. 27. 10. 70. Kl.: A34 – F1 – (A94). A.-Z.: 13343/68.

DOS 1904686 Zus. z. Anm.: 1660286. Vorrichtung zum Zerschneiden von band- oder strangförmigem Gut. Erf.: *Arthur Gardner Coffin* u. *Bruce Wilmer Stockbridge.* Anm.: Eastman Kodak Co., Rochester, N. Y. (US). A. 31. 1. 69, O. 10. 9. 70. Kl.: 29a, 6/05. A.-Z.: P 1904686.

DOS 1908207. Beheizbarer Spinnbalken zum Erzeugen von Endlosfäden aus synthetischem Polymeren. Erf.: *Erich Lenk* u. *Theodor Krwaszik.* Anm.: Barmag Barmer Maschinenfabrik AG, 5600 Wuppertal (DB). A. 19. 2. 69, O. 10. 9. 70. Kl.: 29a, 6/31. A.-Z.: P 1908207. Entspr. SzP 498209 u. FrP 2035613.

DOS 2008570. Verfahren zur Herstellung von Mono- oder Multifilfäden bzw. -garnen aus einem Polypivalolacton enthaltenden Polymerisat. Erf.: *Maarten Sluis* u. *Marinus de Vente.* Anm.: Shell Internationale Research Maatschappij N. V., Den Haag (Nd). A. 24. 2. 70, O. 27. 9. 70. Kl.: 29a, 6/31. A.-Z.: P 2008570. Prior.: 26. 2. 69 (Nd; A.-Z.: 6902959). Entspr. FrP 2037416.

FrP 2044098. Verfahren zur kontinuierlichen Herstellung von gekräuselten Polypropylenfäden, daraus hergestellte Produkte sowie deren Anwendungen. Inh.: *S. A. Sommer.* A. 8. 5. 69, B. 26. 3. 71. Int. Kl.: D 01d 5/00, D 04h 1/00. A.-Z.: 6914841.

FrP 2045331. Verfahren und Vorrichtung zur Herstellung von Endlosfäden aus synthetischen Polymeren. Inh.: Toray Industries Inc.A. 10. 4. 70, B. 2. 4. 71. Int. Kl.: D 01d 5/00, D 04h 3/00. A.-Z.: 7013055.

GBP 1218830. Herstellung von Fäden aus synthetischen Polymeren mit variabler Feinheit. Inh.: Imperial Chemical Industries Ltd. A. 12. 6. 68, B. 13. 1. 71. Kl.: B 5.B, Int. Kl.: D 01d 5/20. A.-Z.: 27906/68. Entspr. DOS 1929962.

GBP 1220213 Zus. z. Pat. 1128321. Orientierung von Fasermaterial. Inh.: National Research Development Corp. A. 4. 10. 66, B. 20. 1. 71. Kl.: B 5.B, Int. Kl.: D 01d 5/06. A.-Z.: 44318/66.

GBP 1222063. Herstellung thermoplastischer Fäden. Inh.: Imperial. Chemical Industries Ltd. A. 11. 8. 67, B. 10. 2. 71. Kl.: B 5.B, Int. Kl.: D 01d 5/20, D 02j 1/22. A.-Z.: 37026/67. Entspr. FrP 1578379.

JaP 7032781. Gekräuselte Polyamid-Spaltfasern. Inh.: Asahi Chem. Ind. Co. Ltd. A. 21. 9. 67, B. 22. 10. 70. Kl.: A24 – F1 – (A94). A.-Z.: 60192/67.

JaP 7032791. Konjugierte Acrylfasererzeugnisse. Inh.: Toray Ind. Inc. A. 14. 6. 67, B. 22. 10. 70. Kl.: A14 – F1 – (A34 – A94 – F2). A.-Z.: 37607.

JaP 7033369. Herstellung von thermoplastischen synthetischen Fäden für Wollgarn Inh.: Toray Ind. Co. Ltd. A. 4. 10. 66, B. 27. 10. 70. Kl.: A 34 – F 1 – (A 94). A.-Z.: 64898/66.

JaP 7033376. Herstellung von röhrenförmig gespaltenem Garn. Inh.: Chori K. K. A. 1. 11. 67, B. 27. 10. 70. Kl.: A 35 – F 1 – (A 94). A.-Z.: 70548/67.

JaP 7033378. Fadenherstellung durch Schlitzen eines thermoplastischen Films. Inh.: Mitsubishi Petro-Chemical Co. Ltd. A. 28. 12. 67. B. 27. 10. 70. Kl.: A 35 – F 1 – (A 94). A.-Z.: 83834. Entspr. DOS 1 816671.

JaP 7036335. Herstellung von Polyoxymethylenfaserstoff. Inh.: Daicel Ltd. A. 12. 4. 67, B. 19. 11. 70. Kl.: A 25 – F 1 – (A 94). A.-Z.: 23295/67.

JaP 7036337. Herstellung von Polyamid/Polyester-Konjugatfaserstoff. Inh.: Unitika Ltd. A. 17. 1. 67, B. 19. 11. 70. Kl.: A 23 – F 1 – (A 24 bis A 94). A.-Z.: 3292/67.

JaP 7036338. Herstellung von gekräuseltem Konjugatfaserstoff. Inh.: Asahi Chem. Ind. Co. Ltd. A. 31. 1. 67, B. 19. 11. 70. Kl.: A 24 – F 1 bis (A 94). A.-Z.: 5794/67. Entspr. SzP 480460 u. GBP 1172045.

JaP 7036858. Aufteilen von ungedrehtem Multifilgarn Inh.: Toray Ind. Ltd. A. 1. 7. 67, B. 24. 11. 70. Kl.: F 2, A.-Z.: 41961/67.

SUP 294874 (Urheberschein). Vorrichtung zum Erspinnen von synthetischen Fäden. Erf.: Ju. *D. Lukomskij, N. I. Ageenko, G. A. Voronin, A. Z. Griščenko, M. G. Grudin, A. M. Litvinov, N. A. Pachomov, A. Ja. Protopopov, V. Ja. Radčenko, T. A. Satyr* u. *A. V. Černyšev,* Anm.: Institut Avtomatiki, Kievskij Filial Gosudarstvennogo Instituta po Procktirovaniju Predprijatij iskusstvennogo Volokna; u. Černigovskij Kombinat sintetičeskich Volokon. A. 13. 10. 67, B. 4. 2. 71. Int. Kl.: D 01d 5/08. A.-Z.: 1190727/28 – 12.

SUP 294875 (Urheberschein). Verfahren zum kontinuierlichen Recken von Polyamidmonofil. Erf.: *P. S. Kulikov, A. A. Burlickij, E. I. Kameneckij, N. A. Kotikov.* Anm.: Klinskij Kombinat iskusstvennogo i sintetičeskogo Volokna. A. 7. 6. 66, B. 4. 2. 71. Int. Kl.: D 01d 5/12. A.-Z.: 1080445/23-5.

USP 3549743. Mehrstufiges Reckverfahren. Erf.: *Peter R. Riordon.* Inh.: Chemcell Ltd., Drummondville, Quebec (Ca). A. 15. 5. 67, B. 22. 12. 70. Kl.: 264 – 290, Int. Kl.: B 29c 17/02. 3 Anspr. A.-Z.: 638419.

SUP 296833 (Urheberschein). Untere Abdichtung der elektrisch angetriebenen Spinnzentrifuge. Erf.: *M. I. Sapronov, A. N. Šmelev, G. P. Savin, A. G. Borik, V. A. Toropov* u. *V. A. Alekseev.* A. 26. 12. 68, B. 2. 3. 71. Int. Kl.: D 01d 9/04. A.-Z.: 1292358/28-12.

Klasse D 01f. Chemische Gesichtspunkte bei der Herstellung von künstlichen Fäden, Gespinsten, Fasern, Borsten oder Bändern

JaP 7036847. Herstellung von mattiertem Faserstoff. Inh.: Toray Monofilament K. K. A. 5. 6. 67, B. 24. 11. 70. Kl.: A 34 – F 1 – (A 94). A.-Z.: 35460/67.

JaP 7036844. Erspinnen von hochfestem Viskosefaserstoff. Inh.: Toyo Spinning Co. Ltd. A. 7. 9. 67, B. 24. 11. 70. Kl.: A 11 – F 1 – (A 34 – A 94). A.-Z.: 57467/67.

DOS 1669534. Verfahren zur Herstellung von Fäden aus Acrylnitril-Homo- oder -Mischpolymerisaten. Erf.: *Franco Codignola* u. *Roberto Maria Costa.* Anm.: Società Italiana Resine S.p.A., Mailand (It). A. 2. 5. 67, O. 24. 9. 70. Kl.: 29b, 3/65. A.--Z.: P 1669534 (S 109692). Prior.: 3. 5. 66 (It; A.-Z.: 10082/66). Entspr. FrP 1521920 u. GBP 1174347.

DOS 1908172. Fasern, Fäden und Folien aus paraffinsulfonathaltigen Polyamiden. Erf.: *Rolf-Rüdiger Reinshagen, Franz Jacob,* u. *Martin Rieber.* Anm.: Farbwerke Hoechst AG vorm. Meister Lucius & Brüning, 6000 Frankfurt (DB). A. 19. 2. 69, O. 17. 9. 70. Kl.: 29b, 3/60. A.-Z.: P 1908172. Entspr. SzP 497558 u. FrP 2035646.

DOS 1908173. Fasern, Fäden und Folien aus paraffinsulfonathaltigen Polyestern. Erf.: *Rolf-Rüdiger Reinshagen, Günther Keil, Franz Jakob* u. *Martin Rieber.* Anm.: Farbwerke Hoechst AG vorm. Meister Lucius & Brüning, 6000 Frankfurt (DB). A. 19. 2. 69, O. 10. 9. 70. Kl.: 29b, 3/60, A.-Z.: P 1908173. Entspr. SzP 497559, u. FrP 2035647.

FrP 2041914. Verfahren und Vorrichtung zur Herstellung von synthetischen, konjugierten Acrylfasern vom Plüschtyp und daraus erhaltene Produkte. Ihn.: Asahi Kasei Kongyo Kabushoki Kaisha. A. 24. 4. 69, B. 12. 3. 71. Int.: Kl.: D 01d 3/00, D 01f 7/00. A.-Z.: 6913073.

GBP 1216786. Konjugiertes Spinnen von Acrylnitrilfäden. Inh.: Asahi Kasei Kogyo K. K. A. 1. 4. 69, B. 23. 12. 70. Kl.: B 5. B, Int. Kl.: D 01f 7/02. A.-Z.: 17051/69.

GBP 1219154. Verfahren zum Recken und Texturieren eines Kabels aus Polyesterfäden mit asymmetrischer Doppelbrechung. Inh.: E. I. du Pont de Nemours & Co. A. 17. 6. 68, B. 13. 1. 71. Kl.: B5. B, Int. Kl.: D 01f 7/06. A.-Z.: 28695/68.

GBP 1219503. Verfahren zur Herstellung von Mehrkomponentenfäden und -fasern. Inh.: VEB Chemiefaserkombinat Schwarza „Wilhelm Pieck". A. 16. 2. 68, B. 20. 1. 71. Kl.: B5. B, Int. Kl.: D 01f 7/04. A.-Z.: 7685/68.

GBP 1224038. Hitzebehandlung von Fäden aus aromatischem Polyester. Inh.: Imperial Chemical Industries Ltd. A. 2. 7. 69, B. 3. 3. 71. Kl.: B5.B, Int.: Kl.: D 01f 7/06. A.-Z.: 32487/68. Entspr. DOS 1934644.

JaP 7036339. Herstellung von gekräuseltem Schaumpolyolefinfaserstoff Inh.: Toray Ind. Inc. A. 22. 6. 66, B. 19. 11. 70. Kl.: A 17 – F 1 – (A 34 bis A 94). A.-Z.: 40290/66.

JaP 7036342. Herstellung von Acrylkonjugatfaserstoff. Inh.: Toho Beslon K. K. A. 16. 3. 67, B. 19. 11. 70. Kl.: A 14 – F 1 – (A 94). A.-Z.: 16557/67.

JaP 7036853. Schmelzspinnen eines modifizierten synthetischen Faserstoffs. Inh.: Toray Ind. Inc. A. 23. 8. 67, B. 24. 11. 70. Kl.: A 24 – F 1 – (A 25 bis A 34 – A 94). A.-Z.: 53693/67.

JaP 7036856. Schmelzspinnen von Polyamiden. Inh.: du Pont. A. 29. 12.67, B. 24. 11. 70. Kl.: A 24 – F 1 – (A 23 – A 94). A.-Z.: 84575.

Klasse D 02. Garne; mechanische Veredlung von Garnen oder Seilen; Schären oder Bäumen

Klasse D 02g. Kräuseln oder Krimpfen (Texturieren) von Fasern, Zwirnen oder Garnen; Garne oder Zwirne

DOS 1806218. Drallgeberspindel für das Falschzwirnen. Erf.: u. Anm.: *Ernst August, Weinz*, 6580 Idar-Oberstein (DB). A. 31. 10. 68, O. 24. 9. 70. Kl.: 29a, 6/20. A.-Z.: P 1806218.

DOS 1908219. Verfahren zur Herstellung eines wolleähnlichen Mischfadens. Erf.: *Manfred Nagel* u. *Rainer Seuß*. Anm.: Kunstseiden AG, 5600 Wuppertal (DB). A. 19. 2. 69, O. 10. 9. 70. Kl.: 29a, 6/20. A.-Z.: P 1908219.

SzP 505229. Drehkopf für eine Textilmaschine. Erf.: *Claude Guignard, Jean Pellaton* u. *Maurice Poull*. Inh.: Electrospin Corp., 4041 Roberts Road, Columbus, Ohio (US). A. 18. 2. 69. Int. Kl.: D 02g 1/00, D 01h 7/00. A.-Z.: 2418/69.

SzP 505230. Maschine zum Kräuseln eines thermoplastischen Fadens. Erf.: *Risto Salama*. Inh.: Spinner Osakeyhtiö, Karvaamokuja 4, Helsinki 37 (Fi). A. 24. 12. 69. Int. Kl.: D 02g 1/00, B 65h 57/14. A.-Z.: 19266/69. Prior.: 31. 10. 69 (Fi; A.-Z.: 3135/69).

SzP 505923. Maschine zum Strecken und Kräuseln eines thermoplastischen Fadens. Erf.: *Risto Salama*. Inh.: Spinner Osakeyhtiö, Karvaamokuja 4, Helsinki (Fi). A. 9. 1. 70. Int. Kl.: D 02g 1/04. A.-Z.: 286/70. Prior.: 4. 11. 69 (Fi; A.-Z.: 3162/69).

FrP 2041654. Vorrichtung zur Texturierung mittels Flüssigkeit und mit dieser Vorrichtung durchführbares Verfahren. Inh.: Soc. Rhodiaceta. A. 16. 5. 69, B. 5. 3. 71. Int. Kl.: D 02g 1/00. A.-Z.: 6915940.

FrP 2043462. Verfahren zur Herstellung eines Phantasiefadens, Vorrichtung zur Durchführung des Verfahrens sowie danach erhaltenes Produkt. Inh.: Société Moulinage et Retorderie de Chavanoz. A. 12. 5. 69, B. 26. 3. 71. Int. Kl.: D 02g 1/00, 3/00. A.-Z.: 6914881.

FrP 2044524. Texturierverfahren sowie Vorrichtung zu dessen Durchführung Inh.: ISSEC. A. 23. 5. 69, B. 26. 3. 71. Int. Kl.: D 02g 1/00. A.-Z.: 6916911.

FrP 2045070. Vorrichtung zur Stauchkammerkräuselung. Erf.: *L. Brenner* u. *W. Gerhard*. Inh.: VEB Spinn- und Zwirnereimaschinenbau Karl-Marx-Stadt. A. 30. 5. 69, B. 2. 4. 71. Int. Kl.: D 02g 1/100. A.-Z.: 6917786.

GBP 1226816. Gemischte texturierte Garne und Verfahren. Inh.: Lansil Ltd. A. 19. 5. 69, B. 31. 3. 71. Kl.: D 1. W, Int. Kl.: D 02g 1/02, 1/06, 1/12, 1/14, 1/16, 1/20, 3/04, 3/24, 3/36. A.-Z.: 29451/68.

JaP 7032790. Für Kräuselware ausgerüstetes Polyestergarn. Inh.: Toray Inds. Inc. A. 20. 12. 66, B. 22. 10. 70. Kl.: A 23 – F 2 – (A 94). A.-Z.: 82987/66.

aP 70 36331. Herstellung eines Stretch-Bauschgarns. Inh.: Toray Ind. Inc. A. 24. 5. 66, B. 19. 11. 70. Kl.: A 35 – F 2 – (A 94). A.-Z.: 3273/66.

JaP 7036332. Herstellung von Nichtstretch-Bauschgarn. Inh.: Teijin Ltd. A. 4. 8. 66, B. 19. 11. 70. Kl.: A 34 – F 2 – (A 94). A.-Z.: 51329/66.

USP 3548581. Verfahren und Vorrichtung für das ringlose Erspinnen von Faserpolymergarnen. Erf. u. Inh.: *Emilian Bobkowicz* u. *Andrew John Bobkowicz*, 1435 St. Alexander St., Room 310, Montreal 111, Quebec (Ca). A. 25. 11. 68, B. 22. 12. 70. Kl.: 57 – 34, Int. Kl.: D 02g 1/02. 14 Anspr. A.-Z.: 778714. Prior.: 2. 10. 68 (Ca; A.-Z.: 31529). Entspr. FrP 2019636.

GBP 1219 793. Verfahren zur Herstellung verzwirnten Papiergarns. Inh.: Kimberley-Clark Corp. A. 1. 2. 68, B. 20. 1. 71. Kl.: D 1.F, Int. Kl.: D 02g 3/08. A.-Z.: 5270/68.

Klasse D 02j. Veredeln oder Ausrüsten von Fäden, Garnen, Zwirnen, Schnüren Seilen od. dgl.

GBP 1223119. Verfahren zum Bauschen von Garn. Inh.: Courtaulds Ltd. A. 11. 7. 68, B. 24. 2. 71. Kl.: D1. F, Int. Kl.: D 02j 1/00, 1/02, 1/04, 1/08, 1/22. A.-Z.: 32089/67.

GBP 1223259. Verfahren und Vorrichtung zur Herstellung von verflochtenem Garn. Inh.: Nelsons Silk Ltd. A. 12.7.68, B. 24.2.71. Kl.: D1. F, Int. Kl.: D 02j 1/08. A.-Z.: 32229/67. Entspr. USP 3468114.

GBP 1223260. Verfahren und Vorrichtung zur Herstellung von Garn aus verschlungenen Fäden. Inh.: Nelsons Silk Ltd. A. 12. 7. 68, B. 24. 2. 71. Kl.: D 1.F, Int. Kl.: D 02j 1/08. A.-Z.: 32230/67. Entspr. USP 3468113.

PAPIER

Klasse D 21. Papierherstellung; Gewinnung von Cellulose bzw. Zellstoff

Klasse D 21c. Gewinnung von Cellulose durch Abscheiden nichtcelluloseartiger Substanzen von cellulosehaltigen Stoffen; Wiedergewinnung der Zellstoffablaugen; Vorrichtungen dafür

SUP 294894 (Urheberschein). Verfahren zum Reinigen der Hackschnitzel. Erf.: *L. V. Svirin, A. V. Žitkov*, u. *O. I. Ponomarev*. Anm.: Vsesojuznyj naučno-issledovatel'skij Institut celljuloznobumažnoj Promyšlennosti. A. 20. 8. 69, B. 4. 2. 71. Int.: Kl.: D 21c 1/00. A.-Z.: 1357655/29-33.

USP 3549483. Imprägnieren und Digerieren von Cellulose in einem einfachen Behälter Erf.: *Albert Edward Harold Fair*. Inh.: The Lummus Co., New York, N. Y. A. 4. 8. 67, B. 22. 12. 70. Kl.: 162 – 19, Int. Kl.: D 21c 3/26. 7 Anspr. A.-Z.: 658488.

DOS 1561631. Verfahren und Vorrichtung zum Aufbereiten von aufgeschlossenem Holz. Erf.: *Siegfried Hirsch*. Anm.: Zellstoffabrik Waldhof, 6800 Mannheim-Waldhof (DB). A. 10. 6. 67, O. 17. 9. 70. Kl.: 55b, 5/01. A.-Z.: P 1561631 (Z 12884).

FrP 2042117. Verfahren zur Behandlung von Zellstoffmassen. Inh.: Aminkemi AB. A. 17. 3. 70, B. 12. 3. 71. Int. Kl.: D 21c 9/00. A.-Z.: 7009478.

GBP 1217833. Zellstoffaufschlußverfahren. Inh.: Electric Reduction Co. of Canada Ltd. A. 16. 1. 67. B. 31. 12. 70. Kl.: D1. P, Int. Kl.: D 21c 9/02, 9/12, 9/14, 11/02, 11/04, 11/12. A.-Z.: 2240/67. Vgl. auch GBP 1102369.

Section G Physik

Klasse G 01 Messen

Klasse G 01n. Prüfen von chemischen und/oder physikalischen Eigenschaften von Stoffen einschließlich Laboratoriumsgeräte

DOS 1802321 Zus. z. Anm.: 1798035. Fäden überwachende Einrichtung (Flusenwächter). Erf.: *Albert Ott*. Anm.: Visomat-Geräte GmbH, 6500 Frankfurt/M. (DB). A. 10. 10. 68, O. 17. 9. 70. Kl.: 42k, 50. A.-Z.: P 1802321.

DOS 1913044. Verfahren zur Erkennung und Registrierung von Schußfadenfehlern in laufenden Gewebebahnen. Erf.: *Dieter Sell* u. *Reinhard Blaser*. Anm.: Licentia Patent-Verwaltungs-GmbH, 6000 Frankfurt (DB). A. 11. 3. 69, O. 24. 9. 70. Kl.: 42k, 50. A.-Z.: P 1913044.

SzP 505377. Verfahren zur Messung der Masse durch Vergleichmäßigung der Faserlängen. Erf.: *Ronald William Tolmie* u. *Peter Francis Berry*. Inh.: Atomic Energy of Canada Ltd., Commercial Products, Tunney's Pasture, Ottawa, Ontario (Ca.) A. 4. 10. 68, Int. Kl.: G 01n 9/24, G 01b 15/02. A.-Z.: 14849/68. Prior.: 14. 11. 67 (Ca; A.-Z.: 004983).

SUP 294094 (Urheberschein). Gerät zum Bestimmen der Schlingenfestigkeit von Fäden. Erf.: *M. I. Sucharev* u. *V. E. Bedenko*. Anm.: Leningradskij Institut tekstilnoj i legkoj Promyšlennosti Im. S. M. Kirova. A. 23. 5. 68, B. 26. 1. 71. Int. Kl.: G 01n 3/08. A.-Z.: 1242973/28-12.

SUP 294101 (Urheberschein). Gerät zum Bestimmen der Luftdurchlässigkeit von Filtergewebe. Erf.: *M. A. Valujskij*. A.19. 7. 68, B. 26. 1. 71. Int. Kl.: G 01n 15/08. A.-Z.: 1259574/28-12.

Literaturschau

Auszug aus Lieferung 19 und 20/1971 der Literaturschau „Faserstoffe und Textiltechnik"[1]*,*
zusammengestellt von der Abteilung Wissenschaftliches Berichtswesen des Instituts für Faserstoff-Forschung der DAW,
153 Teltow-Seehof, Kantstr. 55

I. Wissenschaftliche Grundlagen

Allgemeines

(Untersuchungsmethoden u. a.)

Brown, D. H.: Einige Beispiele von thermogravimetrischer Analyse als einer präparativen Methode. Proc. Soc. anal. Chem. 8 (1971) 8, S. 169 – 170.

Miller, R. P.: Differentialthermoanalyse (DTA) durch Hochtemperaturmikroskopie. Proc. Soc. anal. Chem. 8 (1971) 8, S. 160 – 164.

Cobbold, A. J., Mendelson, A. E.: Ultradünnschnitte von Polymeren bei tiefen Temperaturen für elektronenmikroskopische Untersuchungen. Sci. Tools, Bromma/Schweden **18** (1971) 1, S. 1 – 9.

O'Mara, M.: Pyrolyse-gaschromatographische Bestimmung von Polyvinylchlorid. II. In situ Absorption von HCl während der Pyrolyse und Verbrennung von PVC. J. Polymer Sci., A – 1: Polymer Chem. **9** (1971) 5, S. 1387 – 1400.

Klenin, V. I., Ščegolov, S. Ju.: Spektroturbidimetrische Titration von Polymerlösungen. Vysokomol. Soed. (Hochmol. Verbind.) Serie A 13 (1971) 8. S. 1919 – 1925.

Perone, S. P.: Computeranwendungen im chemischen Laboratorium – Ein Überblick. Analytic. Chem. **43** (1971) 10, S. 1288 – 1299.

Bässler, H. K.: Mikromol – Ein neues Gerät zur Bestimmung des Molekulargewichts. GIT. Fachz. Laboratorium **15** (1971) 9, S. 971 – 972.

Kirkbright, G. F.: Die Anwendung von flammfreien Atomzellen in der Atomabsorptions- und Atomfluoreszenzspektroskopie. Analyst **96** (1971) 1146, S. 609 – 623.

Simpson, R. B., Smith, J. S., Irving, H. M. N. H.: Ein automatisches Kapillarviskosimeter. II. Automatische Apparatur für viskosimetrische Titrationen. Analyst **96** (1971) 1145, S. 550 – 561.

Physik und Chemie der Hochpolymeren

Banks, W., Greenwood, C. T., Hourston, D. J., Procter, A. R.: Amylose in wäßriger Lösung – eine viskosimetrische Untersuchung. Polymer, London **12** (1971) 7, S. 452 – 466.

Jinescu, V. V.: Verallgemeinerte Gleichung des rheologischen Zustandes. Rev. Chimie, București **22** (1971) 8, S. 481 – 486. 2 Abb., 43 Lit. (IFF).

Rowland, S. P., Roberts, E. J., Bose, L. J.: Zugänglichkeit und Ordnungszustand von Hydroxylgruppen auf der Oberfläche mikrostruktureller Einheiten von kristalliner Baumwollcellulose. J. Polymer Sci., A – 1: Polymer Chem. **9** (1971) 5, S. 1431 – 1440.

[1]) Die Literaturschau „Faserstoffe und Textiltechnik" ist zu beziehen vom Institut für Faserstoff-Forschung der DAW, 153 Teltow-Seehof, Kantstr. 55. Sie wird gemeinsam bearbeitet mit den Dokumentationsstellen im Forschungsinstitut für Textiltechnologie, 906 Karl-Marx-Stadt, Annaberger Str. 240, und im VEB Chemiefaserkombinat Schwarza „Wilhelm Pieck", 6822 Rudolstadt-Schwarza.

Literaturschau

Bezruk, L. I., Lipatov, Ju. S.: Elektronenmikroskopische Untersuchung der Struktur von Polymerstoffen. Vysokomol. Soed. (Hochmol. Verbind.) Serie A **13** (1971) 8, S. 1905–1912.
Usmanov, Ch. U., Julčibaev, A. A., Asamov, M. K., Valiev, A. (Schreibw. i. Orig.: *Usmanov, Kh. U., Yulchibaev, A. A.*): Strahlungsinduzierte Pfropfung von Vinylfluorid auf einige natürliche und synthetische Polymere. J. Polymer Sci., A–1: Polymer Chem. **9** (1971) 5, S. 1459–1462.
Manley, R. St. J.: Molekulare Morphologie von Cellulose. J. Polymer Sci., A–2: Polymer Physics **9** (1971) 6, S. 1025–1059.
Basin, V. E., Ganina, T. N., Grozdov, A. G., Korsunskij, L. M.: Übermolekulare Struktur einiger vernetzter Polyester auf der Basis von Dimethylterephthalat und Glykolen. Vysokomol. Soed. (Hochmol. Verbind.) Serie A **13** (1971) 8, S. 1716–1720.
Ogasa, T., Imai, S.: Theorie zu den mechanischen Eigenschaften von Polymerlösungen. J. chem. Physics **54** (1971) 7, S. 2989–3004.
Kargin, V. V., Andrianova, G. P., Carevskaja, I. Ju., Goldanskij, V. I., Jampol'skij, P. A. (Schreibw. i. Orig.: *Tsarevskaya, I. Yu., Goldanskii, V. I., Yampolskii, P. A.*): Strukturphänomene bei Polymeren bei tiefen Temperaturen und durch Einwirkung starker Kräfte. J. Polymer Sci., A–2: Polymer Physics **9** (1971) 6, S. 1061–1081.
Smit, J. A. M., Hoogervorst, C. J. P., Staverman, A. J.: Dispersionseffekt in der Gelchromatographie. Eine schnelle numerische Lösung für die Integralgleichung von Tung. J. appl. Polymer Sci. **15** (1971) 6, S. 1479–1492.
Kargin, V. A., Sogolova, T. I., Rapoport, N. Ja., Vorotnikova, V. A., Slovochotova, N. A.: Einfluß von Salzen organischer und anorganischer Säuren auf die Struktur und Eigenschaften von Polyamiden. Vysokomol. Soed. (Hochmol. Verbind.) Serie A **13** (1971) 8, S. 1779–1789.
Hama, Y., Hosono, K., Furui, Y. Shinohara, K.: ESR-Untersuchung von bei der Bestrahlung von Polyäthylen mit ulrtavioletten Licht entstandenen freien Radikalen. J. Polymer Sci., A–1. Polymer Chem. **9** (1971) 5, S. 1411–1419.
Jachnin, E. D., Averbach, E. I., Ljubomirova, O. I.: Konzentrations- und Temperaturkurven der Wechselwirkung von Teilchen durch Kontakte in Polymerlösungen. Dokl. Akad. Nauk SSSR (Ber. Akad. Wiss. UdSSR) **199** (1971) 5, S. 1114–1117.
Turner-Jones, A.: Ausbildung der γ-Kristallform in statistischen Copolymeren des Propylens und ihre Bestimmung durch DSC und röntgenographische Methoden. Polymer, London **12** (1971) 8, S. 487–508.
Timm, Th.: Neuere Ansätze zur Deutung des nicht-Newton'schen Fließverhaltens von Polymeren mit Hilfe der Potenzbeziehung von Ostwald und de Waele. Kautschuk, Gummi, Kunststoffe **24** (1971) 8, S. 391–398.
Eichhoff, E., Zachmann, H. G.: Einfluß der Quellung in Aceton auf das Kernresonanzspektrum von Polyäthylenterephthalat. Makromol. Chemie **147** (1971) S. 41–51.
Nekrasov, I. K.: Bestimmung einiger Molekularparameter von Poly-m-phenylenisophthalamid mit Hilfe der Sedimentationsgeschwindigkeit und der Viskositätsmethode. Vysokomol. Soed. (Hochmol. Verbind.) Serie A **13** (1971) 8, S. 1707–1715.
Novikov, N. P.: Anwendung der Dislokationstheorie der Zerstörungsvorgänge auf Polymere. Mech. Polimerov, Riga **7** (1971) 3, S. 549–551.
Veliev, S. I., Korsukov, V. E., Vettegren', V. I., Šalaeva, L. F., Novak, I. I.: Mechanische Umwandlungen beim Orientierungsrecken von Polymeren. Mech. Polimerov, Riga **7** (1971) 3, S. 387–390.
Nakayama, K., Okajima, S., Kobayashi, Y.: Sichtbarer Dichroismus des Systems Polypropylen/Dispersionsfarbstoff bei hohen Temperaturen. J. appl. Polymer Sci. **15** (1971) 6, S. 1453–1464.
Frost, D. F., Barzilay, J.: Magnetische Kernresonanzbestimmung von nichtkonjugierten cis-ungesättigten Fettsäuren und Estern. Analytic. Chem. **43** (1971) 10, S. 1316–1318.
Agranat, M. B., Krasjuk, I. K., Novikov, N. P., Perminov, V. P., Judin, Ju. I., Jampol'skij, P. A.: Durch Laser-Impulse hervorgerufene mechanische Zerstörungen in Polymeren. Mech. Polimerov, Riga **7** (1971) 3, S. 436–444.
Dobb, M. G.: Untersuchungen über Elektronenbeugung an Keratin-Zellen. J. Textile Inst. **61** (1970) 5, S. 232–234.
Meunier, J.-C., van Leemput, R.: Untersuchung der Eigenschaften von sternförmig verzweigtem Polystyrol in verdünnter Lösung. Makromol. Chemie **147** (1971) S. 191–211 (franz.).

Physik und Chemie der Monomeren und Oligomeren

Henahan, J. F.: James D. Idol, jr. – Umwälzung der Acrylnitrilchemie. Chem. engn. News **49** (1971) 27, S. 16–18.
Lipták, A., Jodál, I. N.: Methyläther von Kohlehydraten. III. Dünnschichtchromatographische Trennung und quantitative Bestimmung von Methylglucosen. Acta chim. Acad. Sci. hung. **69** (1971) 1, S. 103–106.

Polymerisation

Gitina, R. M., Zajceva, E. L., Jakubovic, A. Ja.: Polykondensationsreaktion von fluorierten organischen Verbindungen. Usp. Chimii (Fortschr. d. Chemie) **40** (1971) 8, S. 1479–1510.
Kaeriyama, K.: Polymerisation von Methylmethacrylat mit Metallocenen. Polymer, London **12** (1971) 7, S. 422–430.
Vinogradova, S. V., Vasnev, V. A., Koršak, V. V.: Über die relative Reaktionsfreudigkeit von Dicarbonsäurechloriden bei der Polyveresterung bei niedrigen Temperaturen. Vysokomol. Soed. (Hochmol. Verbind.) Serie B: Kratkie Soobšč. (Kurzmitt.) **13** (1971) 8, S. 600–602.
Guidotti, V., Russo, M., Mortillaro, L.: Polyamide aus ungesättigten Säuren. IV. Polyfumaramide aus Methyl-substituierten Fumarsäuren. Makromol. Chemie **147** (1971) S. 111–121. (engl.).
Dixit, S. S., Deshpande, A. B., Kapur, S. L.: Polymerisation von Acrylnitril mit einem VCl_4-$Al(C_2H_5)_3$-Katalysatorsystem in Gegenwart von Acetonitril. J. Polymer Sci., A–1: Polymer Chem. **9** (1971) 5, S. 1167 bis 1172.
Katayama, Sh., Horikawa, H., Masuda, N.: Anionische Copolymerisation von Acrylnitril mit β-Propiolacton. J. Polymer Sci., A–1: Polymer Chem. **9** (1971) 5, S. 1173–1188.
Joh, Y., Kurihara, S., Tomita, T.: Stereospezifische Polymerisation von Methacrylnitril. VII. Versuche zur Kontrolle der relativen Molekülmasse. J. Polymer Sci., A–1: Polymer Chem. **9** (1971) 5, S. 1463–1468.
Tidswell, B. M., Doughty, A. G.: Die elektroinitiierte Polymerisation von Styrol. Teil I. Polymer, London **12** (1971) 7, S. 431–443.
Funt, B., Rubicky, J.: Elektroinitiierte Copolymerisationsreaktionen mit Donator/Akzeptor-Komplexen. III. Copolymerisation von Butadien und Acrylnitril mit $ZnCl_2$ als Katalysator. J. Polymer Sci., A–1: Polymer Chem. **9** (1971) 5, S. 1441–1449.
Skwarski, T., Wodka, T.: Copolymerisationskonstanten bei der Copolymerisation von Acrylnitril mit Allyl- und Vinylphosphaten. Polimery, Warszawa **16** (1971) 5, S. 234–237.

II. Faserstoffe. Ausgangsstoffe usw.

Naturfaserstoffe

Pflanzliche Faserstoffe

Muller, L. L., Herbert, J. J., Rollins, M. L.: Elektronenmikroskopische Untersuchung der Cer/Baumwollcellulose-Reaktionen. J. appl. Polymer Sci. **15** (1971) 6, S. 1425–1435.

Tierische Faserstoffe

McPhee, J. R.: Neuere Entwicklungen der Technologie der Wolle. Textilia, Milano **47** (1971) 8, S. 29–32.
Lindley, H., Gillespie, J. M., Rowland, R. J.: Kritik einiger Hypothesen über die Heterogenität stark schwefelhaltiger Wollproteine. J. Textile Inst. **61** (1970) 4, S. 157–165.
Bauters, M.: Reaktionsfähigkeit von Cystin in alkalischem Medium. Bull. Inst. Textile France **25** (1971) 155, S. 541–556.

Chemiefaserstoffe

Konstruieren mit Chemiefasern. Wirk.- u. Strick-Technik **26** (1971) 8, S. 520–525.
Gelder, D.: Stabilität von Reckprozessen. IEC. Ind. engng. Chem./Fundamentals **10** (1971) 3, S. 534–535.

Cellulose und Zellstoff

Ivanov, Ju. S., Nepenin, Ju. N., Sul'man, I. S.: Änderung der Verteilung der relativen Molekülmassen der Kohlenhydrate beim Sulfataufschluß. Bumaž. Prom. (Papier-Ind.) (1971) **9**, S. 5–6.

Regeneratfaserstoffe

Sihtola, H. Blomberg, L., Johansen, M., Laamanen, L.: Retention der als Katalysator verwendeten Schwefelsäure im Celluloseacetat. Cellulose Chem. Technology, Jassy/Rum. **5** (1971) 3, S. 297–313. (engl.).
Ruta, D., Gabbiani, A.: Die „Polynosic"-Faser im Haus. Textilia, Milano **47** (1971) 6, S. 158–161.

Synthetische Faserstoffe

Dživanov, K., Minčev, V.: Forschungsarbeit auf dem Gebiet der bulgarischen Synthesefasern. Tekstil. Prom., Sofija (Textil-Ind.) **20** (1971) 5, S. 214 bis 215.
Pigeon, R.: Kermel: Neue flamm- und hitzebeständige Faser aus Polyamidimiden. Textilia, Milano **47** (1971) 7, S. 35–39.
Parisot, A.: Verändern von traditionellen Chemiefaserstoffen. Bull. Inst. Textile France **25** (1971) 155, S. 503–526.
Warren, St. F.: Hochfeste Polyester-Spinnfaser. Mod. Textiles Mag. **52** (1971) 5, S. 42–43, 46–47.
„Chinon" – seidenähnlicher Synthesefaserstoff. Textilia, Milano **47** (1971) 9, S. 63–64.
Hearle, J. W. S., Greer, R.: Über die Form von lamellenartigen Kristallen in Polyamidfasern. J. Textile Inst. **61** (1970) 5, S. 240–244.
Hicks, E. M. u. a.: Die Herstellung von Faserstoffen aus synthetischen Polymeren. Textile Progress, Manchester **3** (1971) 1, S. 1–108.
Škrlec, I.: Beitrag zur Bestimmung von Titan in Polypropylenfasern. Chem. Vlákna, Svit (Chem. Fasern) **21** (1971) 4, S. 122–125.
Steigendes Interesse für Fasern und Fäden aus Folien. Chemiefasern **21** (1971) 9, S. 807–809.
Beck, T.: Einige neuere technisch-prinzipielle Fragen der Erzeugung synthetischer Folienbänder. Magyar Textiltechn. **23** (1971) 7, S. 339–343

Künstliche mineralische Faserstoffe

Jeffries, R.: Aussichten der Kohlenstoff-Fasern. Nature, London **232** (1971) 5309, S. 304–307.
Neue Verbundstoffe: Graphitband. Chem. engn. News **49** (1971) 29, S. 16.

Ausgangsstoffe. Schaumstoffe. Kautschuk

Blais, P., Carlsson, D. J., Suprunchuk, T., Wiles, D. M.: Bikomponente Zusammensetzungen. Herstellung aus unverträglichen Polymeren durch Strahlungsbehandlung (Koronaentladung. Textile Res. J. **41** (1971) 6, S. 485–491.

III. Fäden-Herstellungstechnologien

Spinnerei. Zwirnerei

Spinnereivorbereitung

Averous, M.: Die Mischungen in der Spinnerei. Vetir, Paris (1971) 149, S. 31–34; 150, S. 67–68.

Spinnerei

Allen, L. A., Henshaw, D. E.: Falschdrahtspinnen: Entwicklung eines Prototyps. J. Textile Inst. **61** (1970) 6, S. 260–268.
Henshaw, D. E.: Die Drehungsverteilung in Falschdraht-(self-twist)Garnen. J. Textile Inst. **61** (1970) 6, S. 269–278.
Dogu, I.: Eine Untersuchung über die Theorie der Streckkraft beim Walzen-Streckverfahren. Textile Res. J. **41** (1971) 6, S. 534–545.
Hinweise zur Vermeidung von Schroppfäden an Ringspinnmaschinen. Spinner, Weber, Textilveredlung **89** (1971) 7/8, S. 709–711.
Nutter, W.: Das Spinnen von Polyesterfasern und Polyesterfasermischungen bei hoher Geschwindigkeit. J. Textile Mach. Soc. Japan **17** (1971) 1, S. 10 bis 14.

Zwirnerei

Henshaw, D. E.: Modell für ein Eigendraht-Garn. J. Textile Inst. **61** (1970) 3, S. 97–107.

Erzeugnisse der Spinnerei und Zwirnerei

Ellis, B. C., Walls, G. W.: SST-Garne: Technologische Gesichtspunkte von gezwirnten Falschdraht-(self-twist)Garnen. J. Textile Inst. **61** (1970) 6, S. 279–303.

Texturfäden

Wegener, W., Coll-Tortosa, L.: Friktions- und Trennzwirnverfahren – ein Vergleich. Chemiefasern **21** (1971) 9, S. 774–786.
Trajkov, I.: Untersuchung des Auftretens von statischer Elektrizität bei der Herstellung von Texturgarn und ihre Beseitigung. Tekstil. Prom., Sofija (Textil-Ind.) **20** (1971) 5, S. 231–236.

Mikut, R., Unger, E.-W.: Prüfung der Volumeneigenschaften von Texturfäden. Teil 1. Systematik der Prüfverfahren – Lichtspaltmethode mit Fadenlagenmodulation. Dt. Textiltechnik **21** (1971) 8, S. 520–527.

Kern/Mantel-Fäden

Stoimenova, M., Christov, B.: Kernmantelgarn des Wolltyps mit einem Kern aus Widlon und einem Mantel aus Wollfasern. Tekstil. Prom., Sofija (Textil-Ind.) **20** (1971) 5, S. 260–264.

IV. Flächengebilde-Herstellungstechnologien

Materialvorbereitung

Lawes, J.: Die Wahl und Konstruktion von Ketten-Schärmaschinen. Textile Inst. Ind. **9** (1971) 7, S. 185–187.

Weberei

Weberei-Technologie

Eine Wellenfachwebmaschine. Vetir, Paris (1971) 149, S. 42–43.

Wieland, R., Antal, A., Brandhuber, M.: Über das Modernisieren des Webblattschleifens. Magyar Textiltechn. **23** (1971) 7, S. 347–351.

Erzeugnisse der Weberei

Lanius E. H.: Leichte Stoffe für den Sommer. VDI-Nachr. **25** (1971) 32, S. 9.

Grün, L.: Hygienefaktoren bei textilen Teppichbodenbelägen. Chemischreiniger/Wäscher/Färber-Ztg. **70** (1971) 7, S. 382–386.

de Monte, N. T. H.: Ökonomische Faktoren von Säcken, die aus einachsig orientierten Polyolefinen hergestellt sind. I. II. Textile Inst. Ind. **9** (1971) 5, S. 115–120; 6, S. 148–152.

Bagdon, V. J.: Entwicklung haltbarer Sandsäcke für Militärzwecke. Textile Res. J. **41** (1971) 6, S. 546–549.

Wirkerei und Strickerei. Konfektion. Sonstige Technologien

Fehn, G.: Ein heuristisches Modell zur automatischen Fertigungssteuerung für die Wirkerei/Strickerei und Konfektion eines Maschenoberbekleidungsbetriebes. Wirk.- u. Strick.-Technik **26** (1971) 7, S. 460–465; 8, S. 529 bis 533.

Millington, J. T.: Begleiterscheinungen für Wirker und Stricker durch Einführung des Dezimalsystems. Hosiery Trade J. **78** (1971) 927, S. 71–74.

Wirkerei- und Strickerei-Technologie

Weber, K.-P.: Die Wirkerei und Strickerei. Technologische und bindungstechnische Grundlagen. Melliand Textilber. internat. **52** (1971) 8, S. 932–937.

Batchelor, C. W.: Doppeljersey-Strickerei und Musterung – Die Grundprinzipien. Teil 1. Hosiery Trade J. **78** (1971) 928, S. 104–109.

Hollstein, H.: Platinenschwingungen bei hohen Jacquardmaschinendrehzahlen. Dt. Textiltechnik **21** (1971) 8, S. 505–510.

Erzeugnisse der Wirkerei und Strickerei

Burnip, M. S., Elmasri, M. T.: Experimentelle Untersuchungen über die Dimensionseigenschaften von lochgemusterten Gewirken. Teil I. Die Dimensionseigenschaften von Baumwollgeweben mit kleinen Lochmustern. J. Textile Inst. **61** (1970) 5, S. 197–213.

Konfektion

Krčma, R.: Einlagestoffe für die Bekleidungsindustrie. Textilveredlung, Weinfelden/Schweiz **6** (1971) 7, S. 452–456.

Cusick, G. E.: Materialien und Methoden zur Herstellung und Verwendung von schmelzbaren Zwischenfutterstoffen. Textile Inst. Ind. **9** (1971) 3, S. 67–68.

Textilverbundstoffe

Faserverbundstoffe Vliesstoffe

Scholtis, W., Ploch, S., Böttcher, P.: Maliwatt- und Malivlies-Nähwirkverfahren – einige neue technologische Erkenntnisse. Dt. Textiltechnik **21** (1971) 8, S. 513–516.

Sobotka, L.: Die Kontrolle und Steuerung der Produktion von Nähwirkstoffen. Inform. Přehled. Výzkumný Úst. Pletařský, Brno (Inform.-Übers. Wirkerei-Inst.) (1971) 1/2, S. 19–57.

Kochta, Z.: Neue Richtungen in der Bindungstechnik von nähgewirkten textilen Flächengebilden. Inform. Přehled. Výzkumný Úst. Pletařský, Brno (Inform.-Übers. Wirkerei-Inst.) (1971) 1/2, S. 3–18.

Schichtstoffe

Burrough, P. M.: Beschichtete Stoffe als aufblasbare Rettungseinrichtungen. Textile Inst. Ind. **8** (1970) 8, S. 222–226.

V. Textilveredlung

Farbstoffe. Textilhilfsmittel

Ueberschär, K.: Entwicklung enzymatischer Waschmittel. Textilreinigung **18** (1971) 5, S. 141–144.

Flath, H.-J., Pöschmann, R.: Über die anwendungstechnische Charakterisierung einiger Tenside mit Hilfe der HLB-Werte. Dt. Textiltechnik **21** (1971) 8, S. 516–518.

Stukenbrock, K.-H.: Chemische Grundlagen von Heiß-Siegelklebern für Fixiereinlagen. Textilveredlung, Weinfelden/Schweiz **6** (1971) 7, S. 459 bis 468.

Bleicherei. Sonstige Vorbehandlungsarbeiten der Textilveredlung

Reiniger, W.: Bleichen in Gegenstromwaschanlagen. Textilreinigung **18** (1971) 5, S. 150–155.

Färberei

Rouette, H. K., Wilshire, J. F. K., Yamase, I., Zollinger, H.: Farbstoff/Faser-Bindungsstabilität einiger Reaktivfarbstoffe mit Wolle. Textile Res. J. **41** (1971) 6, S. 518–525.

Kruglov, V. K., Eruchimovič, M. B., Kopel'man, D. S.: Färben von Leinen/Lavsan-Geweben mit Küpensolen. Tekstil. Prom., Moskva (Textil-Ind.) **31** (1971) 6, S. 50–52.

Dorset, B. M. C.: Die Herstellung von leicht färbbaren Polypropylenfaserstoffen. Textile Manuf. **97** (1971) 1153, S. 24–30.

Druckerei

Automatischer Flachbett-Filmdruck – Adhäsionsprobleme. Internat. Dyer, Textile Printer, Bleacher, Finisher **146** (1971) 1, S. 21–23.

Ausrüstung. Trocknung

Kalinowski, S. E.: Die Verwendung von Lösungsmittel-Emulsionen in der Herstellung von Polyester/Baumwoll-Mischungen. Textile Inst. Ind. **8** (1970) 4, S. 97–99.

Køpke, V.: Die Rolle des Wassers in der Wollfixierung: Eine Untersuchung des Fixierens bei Temperaturen über 100 °C. Teil I. Fixiergrad. Teil II. Gewebeeigenschaften. J. Textile Inst. **61** (1970) 8, S. 361–387, 388–407.

Jenkins, R. K., Lister, J.: Härtungsverhalten von einigen Harz/Glasfasergewebe-Systemen. J. appl. Polymer Sci. **15** (1971) 6, S. 1335–1340.

Weigmann, H.-D., Scott, M. G.: Die Bedeutung der Faserkohäsion in DP-Behandlungen von Baumwolle. Textile Res. J. **41** (1971) 6, S. 475–484.

McDonald, K., Smith, B. F., Dardis, R.: Entflammbare Gewebe und die Kosten des Verbraucherschutzes. Textile Res. J. **41** (1971) 6, S. 492–500.

Wäscherei. Chemische Reinigung

Køpke, V.: Fixier- und Wärmeübergangsprobleme beim Pressen von Geweben und Kleidern. Textile Inst. Ind. **8** (1970) 6, S. 151–157.

Kurz, J.: Das Verhalten frontfixierter Kleidung in der Chemischreinigung. Textilveredlung, Weinfelden/Schweiz **6** (1971) 7, S. 485–490.

Spencer-Smith, J. L.: Spezifische Wärme von hygroskopischen Textilien. J. Textile Inst. **61** (1970) 4, S. 194–196.

VI. Werkstoffprüfung. Meß- und Prüftechnik. Standardisierung

Eigenschaften und Fehler der Textilmaterialien u. a.

Vera, G.: Einfluß der Eigenschaften der Fasern auf die Struktur der Garne und auf ihre Kennzeichen. Textilia, Milano **47** (1971) 6, S. 87–93.

Mecheels, J.: Die Messung der funktionellen Wirkung der Kleidung auf den Menschen. Melliand Textilber. internat. **52** (1971) 8, S. 967–974.

Raman, S. K., Rouette, H. K.: Eine einfache Vorrichtung und Technik zur Messung der Baumwollfaser-Quellung. J. Textile Inst. **61** (1970) 8, S. 412–414.

Nikonovič, G. V., Burchanova, N. D., Usmanow, Ch. U.: Zur Entstehung der übermolekularen Struktur verschiedener Typen von Regeneratcellulosefäden. Cellulose Chem. Technology, Jassy/Rum. **5** (1971) 3, S. 225–268. (russ.)

Greer, R., Hearle, J. W. S.: Oberflächenänderungen von Polyamid 6 nach Drehen und Erwärmen. J. Textile Inst. **61** (1970) 8, S. 415–416.

Stearn, A. E.: Der Einfluß der Anisotropie in der zufälligen Faserorientierung auf die Faser-an-Faser-Berührungen. J. Textile Inst. **62** (1971) 7, S. 353 bis 360.

Hall, D. M., Nix, G. H., Vachon, R. I.: Einfluß der Kräuselung auf die Zug- und Kompressionseigenschaften von Polyesterfaserstoffen. J. appl. Polymer Sci. **15** (1971) 6, S. 1539–1544.

Fichtner, E.: Einfluß von Fasereigenschaften auf den Platz der Fasern im Garn und die daraus resultierenden Garneigenschaften. Melliand Textilber. internat. **52** (1971) 8, S. 892–900.

Meß- und Prüftechnik

David, H. G.: Die Probenstreuung des Reinwollgehaltes, des Gehaltes an Pflanzenteilen und der Feinheit bei australischen Wollschuren. J. Textile Inst. **61** (1970) 7, S. 305–312.

Schuy, K. D., Hunneman, D. H.: Kombinierte Gas-Chromatographie/Massenspektrometrie – Grundlagen des Verfahrens und Bedeutung der Kopplung in der Chemie. Chem.-Ztg. **95** (1971) 14, S. 633–643.

Jackson, W. L.: Gleichwertige Drehungen in Reifencorden. J. Textile Inst. **61** (1970) 4, S. 178–189.

Hassenboehler, Ch. B., jr.: Eine Schnellmethode zur Bestimmung der Biegeerholungseigenschaften einzelner Fasern nach hohen Dehnungswerten. Textile Res. J. **41** (1971) 6, S. 553–554.

David, H. G., O'Donnell, R. E.: Probenvorbereitung vorgewaschener Wolle für die Feinheitsmessung. J. Textile Inst. **62** (1971) 4, S. 213–218.

Postle, R.: Dicke und Bauschdichte von Rechtsgewirken. J. Textile Inst. **62** (1971) 4, S. 219–231.

Schönherr, F., Dawczynski, H., Langner, K.: Darlegung einiger Methoden zur physikalischen Untersuchung von Chemiefasern und deren Vorprodukten. Dt. Textiltechnik **21** (1971) 8, S. 487–493.

Heinz, K. I., van der Velden-van der Ende, G.: Die Zusammensetzung von Schmutz aus getragenen Unterhemden vor und nach dem Waschen. Fette, Seifen, Anstrichmittel/Ernährungsind. **73** (1971) 7, S. 449–454.

Deli, S.: Messung der Zugfestigkeit von Wolle in Form von Bündeln mit dem Lecarim-Gerät. Bull. Inst. Textile France **25** (1971) 155, S. 559–577.

Davies, I., Owen, J. D.: Das Biegeverhalten von Kettengewirken. J. Textile Inst. **62** (1971) 4, S. 181–197.

VII. Betriebstechnik. Ökonomie. Tagungsberichte und dgl. Sonderfragen

Betriebstechnik

Day, S. M. D.: Management im Wandel: Der Computer und die Veränderung. Textile Inst. Ind. **9** (1971) 3, S. 73–77.

Arany, S., Rácz, J.: Staub-Explosionsgefahren in Textilbetrieben. Magyar Textiltechn. **23** (1971) 7, S. 363–367.

Thimm, J.: Chemiefasern – Partner des modernen Transportwesens. Chemiefasern **21** (1971) 9, S. 765–772.

Ökonomie

Wagstaff, A.: Kostensenkung durch Leistung. Hosiery Trade J. **78** (1971) 927, S. 106–107.

Hájková, M.: Richtung der technischen Normung und der komplexen sozialistischen Rationalisierung in der Textil- und Bekleidungsindustrie. Textil. Praha **26** (1971) 7, S. 241–242.

Fazia, H.: Wie man sich die Information über Marketing und technische Entwicklung zunutze machen kann. Mod. Textiles Mag. **52** (1971) 3, S. 65–67.

FSC
www.fsc.org
MIX
Papier | Fördert gute Waldnutzung
FSC® C083411

Zeitfracht Medien GmbH
Ferdinand-Jühlke-Straße 7
99095 Erfurt, Deutschland
produktsicherheit@kolibri360.de